AF349170

La Genética
en 100 preguntas

La Genética
en 100 preguntas

Matteo Berretti

nowtilus

Colección: 100 preguntas esenciales
www.100Preguntas.com
www.nowtilus.com

Título: *La Genética en 100 preguntas*
Autor: © Matteo Berretti
Traducción de © Jaione Pozuelo Echegaray
Director de la colección: Luis E. Íñigo Fernández

Copyright de la presente edición: © 2017 Ediciones Nowtilus, S.L.
Doña Juana I de Castilla 44, 3º C, 28027 Madrid
www.nowtilus.com

Elaboración de textos: Santos Rodríguez

Diseño de cubierta: eXpresio estudio creativo
Imagen de portada: X- & Y-Chromosome Bildquelle: http://www.learner.
org/channel/courses/biology

ISBN Papel: 978-84-9967-865-8
ISBN Impresión bajo demanda: 978-84-9967-866-5
ISBN Digital: 978-84-9967-867-2
Fecha de publicación: octubre 2017

Impreso en España
Imprime:
Depósito legal: M-25058-2017

A mis dos madres

Índice

IV. Ingeniería genética

V. Alteraciones genéticas

I

BASES DE LA GENÉTICA

1

¿Cuál es la pieza fundamental de la herencia?

¿Cuántas veces has escuchado decir «eres idéntico a tu padre», «tienes la misma sonrisa que tu madre», «tienes los ojos de tu abuela», etc.? ¿Cuántas veces? Imagino que una infinidad. Pero ¿a quién nos parecemos realmente? ¿Cómo es posible que las características de nuestros padres y antepasados se transmitan a nosotros y se conserven a lo largo de las generaciones?

La genética es la rama de la ciencia que estudia la transmisión de aquello que llamamos caracteres hereditarios (la sonrisa de tu madre, los ojos de tu abuela…) a las generaciones futuras. No es casualidad que la etimología de la palabra «genética» derive del adjetivo griego *genetikós*, 'que origina o genera'. Aunque la acepción moderna tiene algo más de cien años, es indiscutible que desde el inicio de las civilizaciones el ser humano ya conocía la influencia de la herencia de los caracteres de padres a hijos, y ya aprovechaba estos principios genéticos para mejorar la producción de las cosechas o las características de los animales, mediante la selección de los individuos con los caracteres deseados.

Por ejemplo, una tablilla babilónica de más de seis mil años ya mostraba el pedigrí de los caballos de la época e indicaba las posibles características genéticas. Hace más de cuatro mil años, asirios y babilónicos eran capaces de obtener muchas variedades distintas de palmeras datileras, con diferentes sabores, colores, dimensiones y tiempos de maduración. Ya existían por tanto «ingenieros genéticos», y ya elaboraban teorías sobre los mecanismos de funcionamiento de la herencia. Hipócrates en el año 400 a. C. creía en la transmisión de las características adquiridas, mientras que Aristóteles estaba convencido de que la sangre jugaba un papel fundamental en la transmisión hereditaria, tanto que todavía hoy usamos expresiones como «pura sangre» o «consanguíneo» para indicar la afinidad y la pureza genética.

Aunque los procesos genéticos permanecerían siendo un misterio hasta finales del siglo xix, cuando Charles Darwin en 1859 publica *El origen de las especies* y Gregor Mendel en 1869 publica sus famosos estudios sobre algunos caracteres hereditarios de la planta del guisante, iniciando con ello la genética experimental.

La palabra genética fue empleada por primera vez en 1906 por el biólogo inglés William Bateson (1861-1926), fundador de la genética moderna, en una conferencia sobre la hibridación celebrada en la Royal Horticultural Society (Real Sociedad de Horticultura) de Londres para referirse a la ciencia «de la herencia y de las variaciones», es decir, el estudio científico de los factores responsables de la semejanza y de las variaciones observables entre individuos emparentados. Con sus primeras investigaciones, los genetistas del siglo xix llegaron a establecer que la apariencia de un individuo en cuanto a las características heredadas de sus progenitores estaba controlada por unidades discretas que llamaron genes; que las manifestaciones de formas diferentes de un carácter son debidas directamente a las formas alternativas de los genes, llamadas alelos; y, además, que, respecto a un determinado carácter, un individuo puede ser homocigótico (si sus células contienen dos copias iguales de un gen) o heterocigótico (si las copias son distintas). A partir de estos y otros descubrimientos, sencillos pero fundamentales, la genética se desarrolla a un ritmo abrumador, particularmente en la segunda mitad de siglo. Desvelando también los mecanismos de la evolución biológica, la genética se posiciona al frente de las investigaciones biológicas del siglo xix.

La historia de esta ciencia se puede dividir en dos fases: una previa y otra posterior al año 1953, momento en que se descubre la estructura del ADN, la molécula de la vida. En la primera mitad del siglo se establecen las bases de la genética clásica, mientras que en la segunda mitad aparece la genética molecular, que consigue resultados a menudo inesperados, y que culmina con el conocimiento anatómico del genoma de nuestra especie. Junto a los biólogos, en esta hazaña han participado y participan científicos con formaciones diversas: mujeres y hombres provenientes de las matemáticas, de la física, la química y la medicina.

El gen es, por tanto, la unidad fundamental de la herencia en los organismos vivos. Pero ¿qué es exactamente un gen y de qué está compuesto? Hoy sabemos que la información genética está contenida en una larga molécula llamada ADN, que se copia y transmite a través de las generaciones. El ADN se encuentra en el centro (núcleo) de cada una de las células. Los rasgos, así como todas las instrucciones para construir y hacer funcionar a un organismo, están contenidos en el ADN. Estas instrucciones se encuentran en segmentos de ADN llamados genes.

Considerado el padre de la genética, Gregor Mendel, en el año 1869, define el gen como un determinante específico responsable de un fenotipo, una característica observable y medible en un organismo. Si bien sus conclusiones eran acertadas, Mendel no tenía aún idea de que los genes fueran fragmentos de ADN, molécula que se descubriría años más tarde.

Todos los organismos tienen muchos genes correspondientes a sus diferentes características biológicas, algunas de las cuales son inmediatamente visibles, como el color de los ojos o el número de dedos, y algunas no lo son, como el riesgo de padecer determinadas afecciones como la diabetes o las enfermedades cardiovasculares.

Por lo tanto, las características que un individuo transmite de una generación a otra son llamadas «caracteres», y dichas características están bajo el control de fragmentos de ADN llamados genes. La constitución genética de un organismo se denomina genotipo, y las características visibles del mismo, determinadas por el genotipo en interacción con el ambiente, forman el fenotipo.

Los genes que cada individuo posee determinan solo la posibilidad de presentar una característica fenotípica particular; el modo en que esta capacidad potencial se manifiesta finalmente

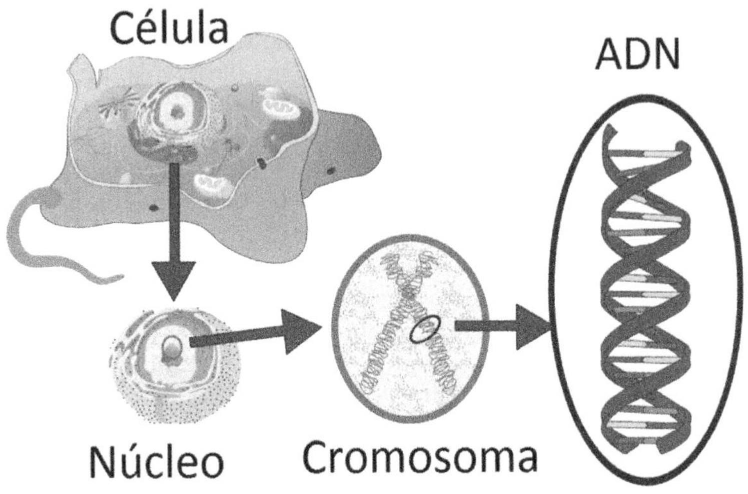

El material genético dentro de una célula.
La figura muestra los cromosomas en el núcleo de una célula. Los cromosomas están formados por ADN empaquetado gracias a la acción de proteínas estructurales. Cada gen ocupa una posición específica dentro de su cromosoma (un *locus*) y porta las instrucciones para cada característica y función del cuerpo humano. Foto adaptada de Radio89, Wikimedia Commons.

depende de varios factores: la interacción con otros genes, la influencia del ambiente y otros eventos casuales que pueden ocurrir. Por ejemplo, la estatura de una persona está controlada por numerosos genes, cuya expresión puede ser modificada considerablemente por diversos factores (el tipo de alimentación, el efecto de las hormonas durante la pubertad, etc.). La afirmación «esta chica es alta como su padre» no tiene una explicación genética simple, en tanto que sus hábitos alimenticios interactúan con su potencial genético relativo a la altura.

Hoy sabemos que la molécula de ADN es un código que puede ser copiado, descifrado y traducido en una proteína usada para la construcción de las características de los individuos (caracteres). A la luz del descubrimiento del ADN, hoy entendemos un gen como un fragmento de ADN, identificable en el genoma, que codifica para crear una proteína, y que puede existir bajo formas ligeramente diversas llamadas alelos.

2

En el descubrimiento de la molécula de ADN, ¿por qué solo se hicieron famosos Watson y Crick?

Hace algunos años James Watson, ya mayor, se vio obligado a vender la medalla del Nobel obtenido junto a su colega Francis Crick y Maurice Wilkins en 1963. Subastada por 4,1 millones de dólares, esta medalla serviría como salida al oscuro túnel económico en que Watson se había visto encerrado tras haber declarado al *Sunday Times* en 2007 que las personas negras «no son tan inteligentes como las blancas». Estas declaraciones le costaron la repulsa social y la pérdida de todos sus cargos. De hecho, no era el primer patinazo del científico, que en el pasado había sido acusado de sexismo por algunas declaraciones acerca de la inferioridad de las mujeres en la investigación científica.

Curiosamente algunos años antes la familia de su colega Crick también había subastado su medalla. Y la cuestión es: ¿de verdad se merecían esa medalla? Paradójicamente, hoy sabemos que la obtuvieron gracias a la contribución fundamental de una mujer, Rosalind Franklin, por muchos años olvidada. Pero ¿cómo llegaron Watson y Crick a recibir ese Nobel?

El haber comprendido que los genes determinan la estructura de las proteínas ha representado una importante piedra angular para el desarrollo de la genética. Sin embargo, este descubrimiento no tuvo una consecuencia inmediata. Hasta que no se conoció la estructura molecular de los genes no había manera de formular hipótesis constructivas sobre las relaciones entre genes y proteínas. De hecho, hasta hace relativamente poco (1950), no existía un acuerdo general sobre cuál era la clase de molécula a la que pertenecían los genes.

Mucho antes de que se confirmara que el ADN es el portador de la información genética, los genetistas ya sabían que esta función la debía cumplir una molécula que (1) debía poseer, de forma estable, la información concerniente a la estructura, función, desarrollo y reproducción de las células de un organismo, (2) debía poder replicarse, de modo que las células de la descendencia tuvieran la misma información genética que la

La figura muestra la famosa foto del biólogo Watson (a la derecha)
indicando un modelo de la doble hélice del ADN al joven físico Crick
(izquierda), despeinado y con la mirada ausente. Pero ¿fue realmente todo
mérito suyo? ¿O falta alguien más en la foto?

de los progenitores, y (3) debía poder mantenerse sin cambios,
permitiendo cierta variabilidad imprescindible para la adaptación
de los organismos.

Desde su descubrimiento en 1896 por el científico suizo
Friedrich Miescher, el ADN era considerado el constituyente
principal del núcleo, de ahí el nombre de ácido nucleico. De hecho, sabemos que en esa época era imposible obtener cromosomas puros, los intentos de purificar los cromosomas casi siempre
terminaban purificando dos componentes principales: el ácido
desoxirribonucleico y una clase de proteínas pequeñas llamadas
histonas. La mayoría de los químicos no centraron su atención
en el ADN porque prevalecía la opinión de que tal molécula
no era tan altamente específica como las proteínas, de las que
se sabía que se podía construir un número ilimitado, alineando
diversas combinaciones de veinte aminoácidos. La convicción
general era que el material genético verdadero estaba constituido
por algunos componentes proteicos presentes en el cromosoma.

El ADN comenzó a llamar la atención de los científicos
de forma seria como posible candidato como molécula clave

de la información genética gracias a un descubrimiento casual sucedido en 1928. El microbiólogo inglés Frederick Griffith, estudiando a las bacterias *Diplococcus pneumoniae* —causantes de la neumonía—, observó que algunas cepas bacterianas eran patógenas (podían provocar la enfermedad) mientras que otras no lo eran. Además, observó que la patogenicidad de las bacterias se debía a la presencia de algunos polisacáridos (azúcares) presentes en la pared bacteriana externa. Griffith observó algo inesperado: algunas bacterias patógenas muertas por calor, cuando se mezclaban con células vivas de bacterias no patógenas y se inyectaban en animales, eran capaces de transformar un pequeño porcentaje de células no patógenas en patógenas. De esta manera, las células no virulentas adquirían los polisacáridos en la pared celular y se volvían virulentas.

Este hecho llevó a Griffith a descubrir la existencia de una sustancia activa (¿de naturaleza genética?) que permanecía sin daños tras la exposición letal de las células al calor, y que era capaz de infectar a otras células no patógenas, induciendo su patogenicidad.

Un par de décadas más tarde, Oswald Avery identificaría este «factor transformante» como el ADN, cuando demostró que el factor activo podía ser extraído de las bacterias muertas por calor y que la actividad transformante desaparecía cuando actuaban sobre las células las enzimas ADNasas —moléculas que destruyen específicamente el ADN— pero no desaparecía al dejar actuar enzimas que destruían las proteínas. Los experimentos de Avery en 1944 revelaron por primera vez que el ADN era el material genético capaz de transformar una célula.

El ADN es una macromolécula (una molécula de grandes dimensiones) constituida por unidades más pequeñas llamadas nucleótidos. Cada nucleótido está compuesto por una pentosa (un azúcar de cinco átomos de carbono), una base nitrogenada y un grupo fosfato. Las bases nitrogenadas se dividen a su vez en dos clases: las púricas (adenina y guanina) y las pirimidínicas (timina y citosina).

En 1953, James D. Watson y Francis C. Crick publicaron el modelo para describir la estructura química y física de la molécula de ADN. Según este modelo, el ADN está formado por dos cadenas de polinucleótidos que se enrollan entre sí en una hélice dextrógira (que gira en sentido horario).

Para elaborar su modelo, Watson y Crick utilizaron tres evidencias fundamentales:

1. Se sabía que la molécula de ADN estaba compuesta por bases, azúcares y grupos fosfato, unidos en una cadena polinucleotídica.
2. Mediante tratamiento químico, Erwin Chargaff había hidrolizado el ADN de numerosos organismos, cuantificando la cantidad de purinas y pirimidinas presentes. Sus estudios revelaron que el número de purinas era igual al número de pirimidinas, que la cantidad de adenina (A) era igual a la de timina (T), y la cantidad de guanina (G) igual a la de citosina (C). El estudio de diversos organismos vivos siempre daba iguales cantidades de A/T y G/C.
3. Rosalind Franklin, trabajando con Maurice H. F. Wilkins, había aplicado técnicas de difracción de rayos X sobre fibras aisladas de ADN, obteniendo información relevante sobre la estructura atómica de esta molécula. Franklin interpretó el modelo de difracción indicando que el ADN tenía una estructura helicoidal, y presentaba dos periodicidades distintas a lo largo del eje de la molécula.

Valiéndose de las evidencias anteriores, Watson y Crick desarrollaron el famoso modelo de la doble hélice según el cual el ADN está formado por dos cadenas antiparalelas, enrolladas en sentido horario. El esqueleto exterior estaría formado por azúcares (pentosas) y fosfatos, y las bases nitrogenadas quedarían en la parte central, unidas con las bases de la cadena opuesta gracias a enlaces débiles (puentes de hidrógeno), por lo que eran posibles solo dos tipos de uniones: A/T y G/C. Esta especificidad en el agrupamiento hace que la secuencia de nucleótidos de una cadena estabilice a la secuencia de la otra.

Indudablemente, en 1963, en el podio para la entrega del Premio Nobel por el descubrimiento de la estructura del ADN faltaba Rosalind Franklin. Fallecida prematuramente a la edad de 37 años debido a un tumor de ovarios, esta científica había conducido todos los experimentos que permitieron fotografiar con rayos X la estructura del ADN, cuya interpretación permitió deducir la estructura tridimensional del mismo.

Rosalind Franklin se tuvo que enfrentar a un ambiente hostil para las mujeres, que supuso un obstáculo para emerger en el panorama internacional como científica, pero su fuerte espíritu

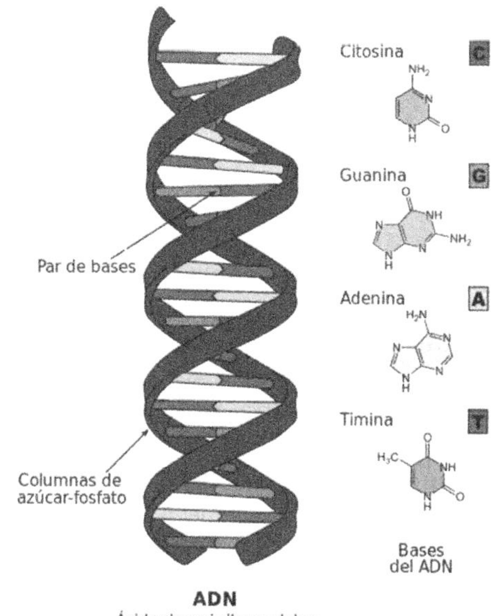

Según el modelo de Watson y Crick, la molécula de ADN está formada por dos cadenas de polinucleótidos unidas por las parejas de bases A/T y G/T, formando una doble hélice. Imagen adaptada de Sponk, Wikimedia Commons.

de independencia y su indiscutible inteligencia le permitieron imponerse de igual manera en la historia de la ciencia y llegar hasta nosotros, que le debemos una revaloración histórica de su trabajo.

Franklin tenía 33 años en febrero de 1953, cuando en su cuaderno de notas escribió que «el ADN está formado por dos cadenas distintas»; dos semanas después, en el laboratorio de Cavendish de Cambridge, Crick y Watson construían su modelo. Para ello, como vimos, estos científicos habían considerado los descubrimientos de Franklin, pero estos nunca fueron publicados oficialmente. ¿Cómo los conocieron?

La razón se halla en Maurice Wilkins, que trabajaba con Franklin en el King's College de Londres. Wilkins, sin permiso de la científica, había mostrado a Crick y Watson en enero de 1953 una fotografía del ADN hecha por Franklin. Lo que Wilkins no imaginaba era que esta información sería vital para que los dos científicos dedujeran la estructura del ADN.

Las dificultades a las que Franklin se enfrentó, unidas a una prematura muerte que no le permitió recibir el reconocimiento justo, la han convertido en un icono del movimiento feminista en el campo de la ciencia.

3

¿Cómo pueden caber más de dos metros de ADN en cada célula?

Ahora que conocemos tanto la estructura como el contenido de la información genética vamos a descubrir el modo en que la célula alberga físicamente esta información.

Imaginemos que tenemos en las manos un papel largo, de varias decenas de metros, y queremos meterlo dentro de una caja muy pequeña. Empujarlo desordenadamente no será una estrategia muy eficaz, porque además arruinaremos el contenido del documento; la estrategia mejor será aquella que lo pliegue con cuidado sobre sí mismo, de modo que, aunque sea muy largo, entre fácilmente dentro de nuestra caja.

La célula debe hacer frente exactamente al mismo problema. En el interior de cada una de nuestras células hay una cantidad total de ADN enorme, comparado con las dimensiones de la propia célula. En el ser humano, el genoma está formado por alrededor de tres mil millones de nucleótidos; dado que la distancia media entre dos nucleótidos sucesivos es del orden de 0,2 nanómetros (recordemos que un metro son 10^9 nanómetros), el ADN contenido en cada célula tiene una longitud aproximada de dos metros. Para poder introducirse en una célula —cuyo diámetro es quinientos millones de veces más pequeño que esos dos metros de ADN—, este larguísimo filamento debe necesariamente replegarse sobre sí mismo y formar una estructura de complejidad creciente que pueda mantenerlo compactado.

Si imagináramos una célula grande como una persona, el filamento de ADN rondaría los ciento setenta kilómetros. La célula hace exactamente como el papel para meterse en la caja, para superar el problema de la excesiva longitud del ADN, lo pliega repetidamente en torno a una estructura proteica. El resultado de este empaquetamiento es un cromosoma.

Ya hemos visto como la estructura del ADN está formada por dos cadenas, cada una de ellas compuesta por secuencias de nucleótidos, que se enrollan una en torno a la otra a lo largo de un eje vertical, tomando la forma de una doble hélice.

Esta doble hélice, a su vez, se enrolla alrededor de una serie de proteínas especiales llamadas histonas, que tienen una función similar a la de una bobina de hilo. Las histonas, en cada vuelta, forman estructuras más grandes denominadas nucleosomas. La formación del nucleosoma representa el primer paso en el proceso de empaquetamiento del ADN.

Cada nucleosoma contiene una partícula central (núcleo) formada por 146 pares de bases de ADN superenrollado que gira en torno a un complejo de ocho moléculas de histonas que forman un cilindro. Los nucleosomas están conectados entre sí por un segmento de ADN de sesenta pares de bases, el *ADN linker*, a los que se asocia una histona H1, originando una estructura similar a un collar de perlas.

Este collar de perlas, con un diámetro aproximado de diez nanómetros, se enrolla de nuevo en forma de hélice en una estructura de solenoide para formar una fibra de treinta nanómetros. La formación de esta fibra de treinta nanómetros es posible gracias a la interacción entre las histonas H1 de los nucleosomas vecinos, de modo que cada vuelta estará formada por seis nucleosomas. Esta fibra de treinta nanómetros representa la estructura de base de la cromatina interfásica (la fase previa a la división celular) y del cromosoma mitótico (el presente durante la división celular). Esta fibra, a su vez, puede ser plegada de nuevo en «lazos» unidos a proteínas de la matriz celular.

El ADN, empaquetado en estas superestructuras, puede comportarse de manera similar a una cuerda enrollada sobre sí misma bloqueando los cabos, torciéndose y creando tensiones; de este modo, la distancia que separa a los nucleótidos puede aumentar o disminuir, así como aumenta o disminuye la distancia entre las fibras de la cuerda dependiendo de que esta se gire en un sentido u otro.

Este fenómeno se llama «superenrollamiento». El ADN es un gran contorsionista, que puede asumir diversos estados de empaquetamiento, entre ellos un particular estado de superenrollamiento definido como su topología.

El conjunto de genes que una persona posee está contenido en la secuencia de nucleótidos presente en el ADN, y todos los procesos de síntesis presentes en la célula se inician con la lectura (transcripción) de estas secuencias. Para que esta lectura sea posible es necesario separar las dos cadenas de ADN de modo que se pueda leer la información contenida en el mismo.

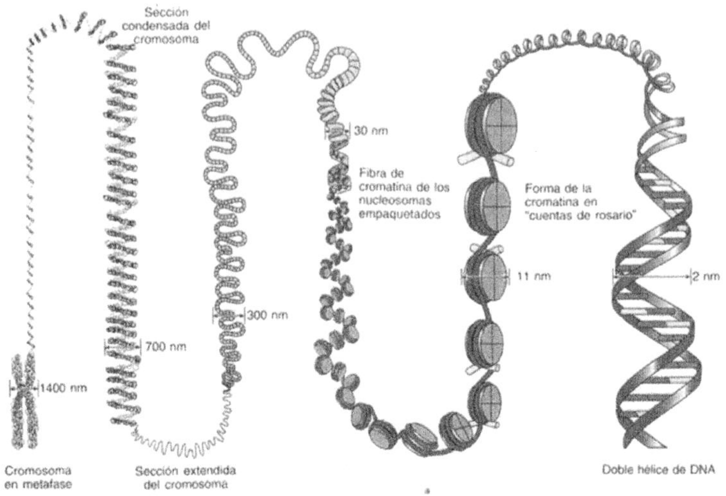

Para caber dentro del núcleo de una célula, la doble hélice del ADN se enrolla con la ayuda de unas proteínas llamadas histonas, y forma así algo parecido a un collar de perlas. Este collar se compacta de nuevo formando solenoides, que a su vez se pliegan en lazos que formarán el cromosoma. Si una célula tuviera la dimensión de una moneda de un euro, el filamento de ADN en ella contenida tendría ¡cerca de trescientos metros! Es casi como hacer entrar un elefante en un coche pequeño. Foto: DNAdude, Wikimedia Commons.

Además, debemos considerar que no todo el ADN es codificante, es decir, contenedor de información genética —de hecho, se piensa que en el ser humano menos de un 5 % lo es— y que a lo largo del filamento de ADN se alternan zonas codificantes y no codificantes. Por todo ello, no es difícil imaginar que el ADN debe ser una estructura altamente compleja y dinámica, que para funcionar debe ser capaz de adoptar formas diversas.

De igual manera que una cuerda girada sobre sí misma, la doble hélice de ADN, en su fase de empaquetamiento máximo, tendrá un grado de tensión que debe ser aminorado para permitir que las dos cadenas se abran y den acceso a las moléculas encargadas de la transcripción. Esta labor viene desempeñada por una clase de enzimas llamadas ADN topoisomerasas, que tienen expresamente la función de eliminar las tensiones que se crean en la doble hélice de ADN a causa de la transcripción.

Las topoisomerasas se consideran de clase I si son capaces de romper una sola cadena de las dos que forman la doble hélice; en este caso, la relajación del ADN sigue a la rotación de la cadena rota en torno a la cadena intacta. La reacción termina con la soldadura del filamento roto, llevada a cabo gracias a la energía de torsión liberada cuando se rompe la cadena. Las enzimas de clase II son capaces de interrumpir ambos filamentos del ADN para desenrollarlo. Las topoisomerasas se comportan, por tanto, como pinzas capaces de cerrarse y abrirse alrededor de la doble hélice durante el proceso de desenrollamiento del ADN.

Este complicado conjunto de superenrollamiento y compactación permite la increíble hazaña de almacenar dos metros de ADN en el núcleo de una célula de unas pocas micras.

4

¿Qué son los cromosomas?

¿Cuántas son las diferencias entre hombre y mujeres? Muchas, y no solo anatómicamente hablando. En genética todas estas diferencias se pueden resumir en una, sustancial, ligada a los cromosomas. La mayoría de las células de hombres y mujeres poseen veintitrés parejas de cromosomas, y entre ambos sexos solo existe una diferencia: en una de esas parejas, la mujer tiene dos cromosomas X, mientras que el hombre tiene un cromosoma X y uno Y. Esta pareja de cromosomas —llamados cromosomas sexuales— determinan, como su nombre indica, el sexo del individuo.

Pero ¿qué son exactamente los cromosomas? ¿Qué son estas estructuras minúsculas con forma de varilla que están presentes en todas las células de cualquier organismo (virus, bacterias, plantas, animales)?

Los cromosomas contienen el ácido nucleico y son encargados de la transmisión de la información genética. Su número, forma y tamaño son constantes y característicos para cada especie. Ya sabemos que toda la información hereditaria está contenida en los genes, y que los genes son fragmentos de ADN. Los cromosomas, por tanto, son las unidades en las que se organiza el ADN en el interior del núcleo celular. En la práctica, no son ni más ni menos que filamentos de doble hélice de ADN superenrollados.

Los cromosomas contienen los genes que proporcionan al embrión las instrucciones químicas necesarias para transformarse y convertirse en un bebé. Los genes pueden por tanto ser considerados una especie de manual de instrucciones que describe paso a paso cómo llegar a construir la estructura interna del cuerpo entero a partir de unas pocas células.

Como hemos visto, en la especie humana tenemos veintitrés parejas de cromosomas en cada célula, formando un total de cuarenta y seis cromosomas. Los dos componentes de cada pareja cromosómica contienen exactamente los mismos genes, y son denominados cromosomas homólogos. Heredamos un cromosoma homólogo de cada progenitor, la última pareja determina nuestro sexo, masculino (XY) o femenino (XX).

El conjunto de los cuarenta y seis cromosomas, es decir, el patrimonio genético completo de la célula, se conoce como el genoma. Los cromosomas no se mueven al azar por la célula, sino que están recogidos en un compartimento específico: el núcleo. Se puede decir que cada célula de nuestro cuerpo contiene en una biblioteca (núcleo) una colección de libros (genoma) formada por veintitrés parejas de libros (cromosomas), divididos en capítulos (genes) y escritos en una lengua encriptada (el ADN).

En los animales con reproducción sexual todas las células tienen una dotación cromosómica diploide (contienen dos copias de cada cromosoma), con la excepción de las células germinales (óvulo y espermatozoide) maduras, que poseen una dotación cromosómica haploide (contienen una sola copia de cada cromosoma). Los cromosomas que determinan el sexo se denominan heterocromosomas o cromosomas sexuales, los restantes se llaman autosomas. En el ser humano, por tanto, tenemos veintidós parejas de autosomas, iguales en ambos sexos, y una pareja de heterocromosomas.

Los cromosomas homólogos son, como hemos dicho, dos copias de un mismo cromosoma, y portan el mismo tipo de genes. Por ejemplo, sabemos que el gen que codifica para la cadena beta de la hemoglobina se encuentra en el cromosoma 11, esto significa que cada persona tiene dos genes para la cadena beta de la hemoglobina, cada uno en un cromosoma 11.

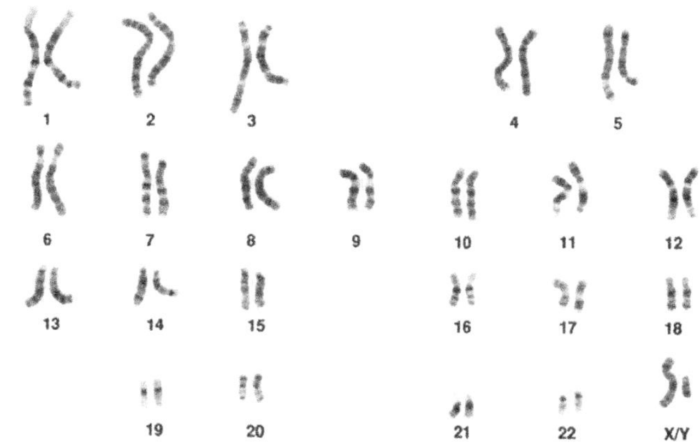

La representación gráfica, obtenida a partir de una fotografía, de los cromosomas humanos se denomina cariotipo. El cariotipo es específico para cada especie, en él los cromosomas se representan en parejas de homólogos (uno de origen paterno, otro de origen materno) alineados de mayor a menor. El análisis del cariotipo permite identificar las alteraciones en el número y características morfológicas de los cromosomas. Imagen adaptada de National Cancer Institute, Wikimedia Commons.

Es importante considerar que los dos cromosomas homólogos no son idénticos, porque uno será de origen materno y otro paterno. De hecho, el motivo por el cual tenemos un set duplicado de cromosomas es porque cada célula de nuestro cuerpo se ha originado a partir de una única célula (el cigoto), formada a partir de la unión de un espermatozoide y un óvulo.

Los espermatozoides y ovocitos son en origen también diploides, pero se convierten en haploides a través de un proceso de división denominado meiosis, que descubriremos en preguntas posteriores.

Normalmente, en una célula somática tenemos parejas de cromosomas (por lo tanto, diploidía), pero, cuando la célula va a dividirse, cada cromosoma replica su ADN y llega, por tanto, a una situación temporal en que tenemos noventa y dos copias de cada gen. Esa copia exacta generada se denomina cromátida hermana, por lo que después de la replicación tendremos veintitrés parejas de cromosomas homólogos, cada uno formado por dos cromátidas hermanas, con la misma información genética.

5

¿En qué nos diferenciamos de otras especies?

Hasta hace unos años, todo lo que sabíamos sobre el origen del hombre se podía contar con los dedos de una mano. En solo cincuenta años hemos desvelado nuestros últimos doscientos mil años de historia, de forma que hoy sabemos bastante bien cuándo aparecimos sobre la Tierra y de dónde venimos; en definitiva, quiénes somos. Sabemos que el ser humano moderno tiene algo más de cien mil años, viene del África oriental y pertenece a una única especie.

Cuando en 2001 se descifró el genoma humano, descubrimos que todos somos iguales y también diferentes: el ADN de dos personas se diferencia como media en solo un 0,2 %. Tenemos, por lo general, más afinidad con las poblaciones más cercanas, pero puede suceder también que entre una persona blanca y una negra existan menos diferencias que entre dos personas blancas. De hecho, no existen razas humanas, no existe tampoco la raza humana, existe la especie humana. El descubrimiento de la igualdad de nuestro patrimonio genético es el descubrimiento social, quizá incluso político, más increíblemente importante de la ciencia. Una verdadera revolución, lejos aún de ser metabolizada en un continente desarrollado como es Europa. La genética ha demostrado que no existen razas, pero las noticias cotidianas demuestran que sí existe el racismo.

Cada uno de nosotros tiene un patrimonio genético único en el mundo, diferente al de sus progenitores, al de sus hermanos y al de todos los seres humanos presentes y pasados. Somos personas muy diversas, incluso sabiendo que, por pertenecer a la misma especie, tenemos los mismos genes.

Y la situación no cambia mucho cuando nos comparamos con otras especies, sobre todo con aquellas más cercanas a nosotros. Si comparamos la secuencia de ADN del genoma humano con la del chimpancé, descubriremos que somos idénticos al 98,5 %. Prácticamente las dos especies tienen los mismos genes, derivados de un antecesor común. No existen genes «típicos» del ser humano o de los monos, simplemente pequeñas diferencias en las secuencias nucleotídicas. Tenemos genes con secuencias muy parecidas, qué dan lugar a proteínas similares que, presumiblemente, tienen la misma actividad molecular y función biológica. Pero entonces, ¿por qué somos diferentes de un chimpancé?

Las diferencias, morfológicas y comportamentales, dependen de la combinación de alelos diversos de los mismos genes que conforman el genoma de las dos especies. En la práctica, una persona es distinta a un chimpancé por la misma razón que dos personas son distintas entre sí: por la distinta combinación de las variantes alélicas de sus genes. Es decir, las diferencias individuales y entre especies filogenéticamente cercanas se producen debido a que un mismo gen puede existir en distintas variantes (llamadas alelos), que tienen pequeñas diferencias en el ADN. Los alelos, aun codificando para la misma función fisiológica, pueden tener diferencias y determinar características distintas. Un mismo gen puede existir en decenas de variantes distintas, de las que portaremos una (si somos homocigóticos) o como máximo dos (heterocigóticos). La diferencia, por tanto, se crea por las combinaciones de los alelos, y esto explica el que dos hijos de los mismos padres sean distintos físicamente.

Contamos, de esta manera, con un mecanismo de mezcla de genes, que introduce variabilidad genética y que produce un número de posibles combinaciones prácticamente infinito. Esta mezcla se lleva a cabo gracias a la meiosis, un proceso de división celular encaminado a formar los gametos (óvulo y espermatozoide). Durante la meiosis, existen dos mecanismos que introducen variabilidad en los genes, por un lado, se produce una mezcla molecular llamada sobrecruzamiento en la que los cromosomas homólogos intercambian segmentos de ADN. Esto implica que un cromosoma heredado de nuestra madre tendrá uno o más segmentos de ADN de nuestro abuelo, y lo mismo pasaría con un cromosoma heredado de nuestro padre. Además del sobrecruzamiento, en la meiosis se produce un reparto aleatorio de los cromosomas en los gametos generados.

En la especie humana existen cerca de veinticuatro mil genes, y muchos de ellos cuentan con diversas variantes. La variabilidad producida por la meiosis hace que la probabilidad de tener dos hijos —no gemelos— genéticamente idénticos sea de 1 cada 6×10^{43}, ¡un número de individuos mayor al número de personas nacidas hasta hoy desde que apareció el género humano! En la práctica, como vemos, la formación de nuestro peculiar patrimonio genético es una gran lotería genética.

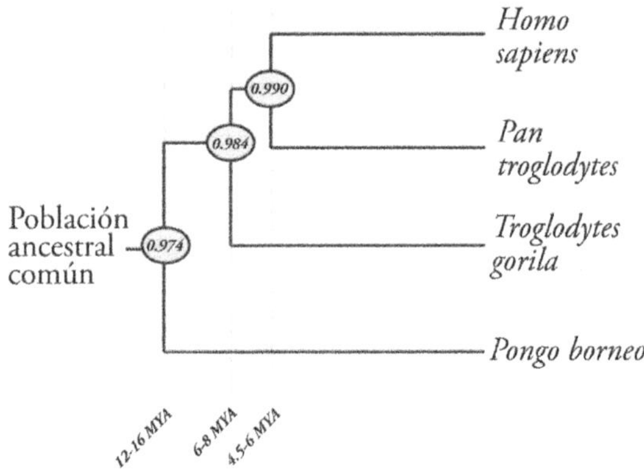

En el diagrama se muestra la filogenia de los primates actuales. Los números rodeados por círculos indican el porcentaje de ADN idéntico entre especies (excluyendo las mutaciones por deleciones o inserciones de bases). Los seres humanos modernos comparten casi el 99 % de ADN con los chimpancés (*Pan troglodytes*), de los que nos separamos hace cuatro y medio a seis millones de años. Es difícil creer que, a pesar de compartir casi el total del material genético, seamos seres tan diferentes.

Obviamente, las diferencias genéticas se agrandan poco a poco cuando nos comparamos con animales filogenéticamente distantes, porque no derivamos de ancestros comunes. La distancia genética se define como la medida de la diferencia genética existente entre dos especies, y viene expresada como probabilidad de compartir un mismo gen. Hay una gran distancia génica entre la especie humana y una bacteria, menos distancia con un reptil, menos aún con un mamífero, y casi nada con los primates.

La distancia genética entre las tres especies *Homo sapiens* (el ser humano), *Pan troglodytes* (el chimpancé) y *Pan paniscus* (el bonobo) es tan limitada que algunos investigadores sostienen que deberían estar todas en el mismo género (*Homo*, el primero que Linneo describió). De hecho, las reglas de clasificación biológica imponían que dos especies que tienen el mismo antepasado común se debían poner en el mismo género. Y este es el caso del ser humano y estas dos especies de primates, que comparten un antepasado común que vivió en el planeta hace seis millones de años, y que es distinto al que originó al orangután y al gorila.

¿Y si los chimpancés fueran «hombres»...? O tal vez al contrario.

6

¿CUÁL ES LA ESPECIE CON MÁS GENES?

¿El tamaño importa? Si hablamos de las dimensiones del genoma, la respuesta es no: tener más genes no significa necesariamente ser una especie particularmente evolucionada. El genoma de la especie humana está formado por unos tres mil millones de pares de bases, un número enorme, aunque antes de celebrarlo, debemos saber que existen numerosas especies con genomas mucho más grandes que el nuestro.

Entre los vertebrados, el récord en tamaño del genoma lo ostenta un pez africano perteneciente a la clase *Sarcopterygii*, el *Protopterus aethiopicus*, con un genoma estimado en unos 130.000 millones de pares de bases. Recordemos que el ADN de cada una de nuestras células extendido mide alrededor de dos metros, el de este pez alcanza una longitud de ¡casi noventa metros!

Lo que el lector probablemente no se haya imaginado nunca es que el organismo viviente con el genoma más grande ni siquiera es un animal. De hecho, el campeón del mundo en esta categoría es un representante del mundo vegetal: la rara flor japonesa *Paris japonica*. Unos investigadores holandeses —cuyo conocimiento sobre plantas no se puede poner en duda— han descubierto que esta especie tiene un genoma de 149.000 millones de pares de bases. De todos modos, este título de récord mundial puede durarle poco a la flor japonesa, ya que es muy probable que existan organismos vivos con genomas aún más grandes que el suyo. Algunas estimaciones hacen pensar que la *Amoeba dubia* (sí, una ameba) pueda tener un genoma de hasta 670.000 millones de pares de bases, pero los métodos utilizados para determinar sus dimensiones no son considerados suficientemente precisos por la comunidad científica.

De hecho, para la pequeña flor japonesa, esta enorme dimensión del genoma es más un inconveniente que una ventaja. Para replicar esta colosal cantidad de ADN hace falta gastar mucha energía, que podría ser utilizada en otras funciones celulares. Y si por casualidad el lector está pensando en plantar una *Paris japonica* en la terraza de casa, quizá sea recomendable escoger otra planta: esta especie no duraría mucho más de un día, dado que

La rara flor japonesa *Paris japonica* es, por el momento, el organismo vivo con el genoma más grande. Con un ADN celular formado por 149.000 millones de pares de bases, si fuese posible apilarlo en vertical, tendríamos una torre más alta que el Big Ben. Foto: Apsdake, Wikimedia Commons.

es extremadamente sensible al estrés ambiental, por ejemplo el causado por la contaminación o el cambio climático. Además, imaginando que se tuviera un don especial para la jardinería y lograse que sobreviviera, la planta tardaría mucho en crecer, dado que necesita mucho tiempo para duplicar su enorme dotación cromosómica. Como puede verse, el ADN es metabólicamente caro.

Por lo que hemos visto hasta ahora, los genomas de los organismos vivos tienen dimensiones que difieren en varios órdenes de magnitud, y lo más curioso es que no existe una razón aparente. En genética se usan tres paradojas para describir este concepto:

1. La paradoja del valor K (siendo K el número de cromosomas): la complejidad de un organismo no se correlaciona con el número de cromosomas (el ser humano tiene cuarenta y seis cromosomas, mientras que algunos insectos llegan a los doscientos cincuenta).
2. La paradoja del valor C (cantidad de ADN contenido en el núcleo de una célula haploide de un organismo):

la complejidad no correlaciona con el tamaño del genoma (de otra manera, seríamos menos complejos qué una
ameba).
3. La paradoja del valor N (siendo N el número de genes):
el número de genes y la complejidad de los organismos
no están relacionados.

Llegados a este punto conviene hacer una matización: tener
un genoma más grande no significa necesariamente tener un
mayor número de genes, sencillamente podría deberse a contener un mayor número de copias del mismo gen. La mencionada
Paris japonica, por ejemplo, es octaploide (*8n*), por lo que posee
ocho copias de cada cromosoma.

Un organismo monoploide o haploide tiene un solo juego
de cromosomas (una copia de cada cromosoma). Por otro lado,
la poliploidía es la condición por la cual un organismo o una
célula poseen un número de juegos cromosómicos superior al
normal (como ocurría en *Paris japonica*), una condición bastante
común entre las plantas.

A la vista de toda esta variabilidad pueden surgir algunas
dudas: ¿por qué el genoma de algunas especies es tan pequeño,
comparado con otras cuyo tamaño es enorme? ¿Existe alguna
razón evolutiva como base para toda esta variabilidad? Como
hemos descrito, la dimensión del genoma no se correlaciona con
la complejidad del organismo, por lo que la explicación no parece ser evolutiva. Entonces, ¿cuáles son los mecanismos por los
que un organismo puede cambiar la dimensión de su genoma?

El primer «truco» para agrandar el genoma es la poliploidiza-
ción. Detrás de este término casi impronunciable se esconde un
mecanismo muy sencillo: se trata básicamente de un gran «copia
y pega» en el que el genoma entero viene duplicado, triplicado, y
así sucesivamente. Otro mecanismo para aumentar la dimensión
del genoma es la duplicación de secuencias repetidas, activadas
por los retrotransposones con LTR, unos fragmentos de ADN
capaces de copiarse a sí mismos en otros puntos del genoma,
pudiendo crear decenas de copias en una sola generación.

El quid de la cuestión, por tanto, es que los genomas muy
grandes no lo son por poseer muchos genes, sino que contienen
cantidades desorbitadas de ADN no codificante. Y ¿para qué sirve todo este material genético que no codifica para formar proteínas? Para dar respuesta a esto, los científicos rusos Patrushev

y Minkevich han elaborado la teoría del ADN altruista, que perfecciona una teoría nacida en los años setenta. De acuerdo con esta hipótesis, el ADN no codificante serviría como protección contra mutaciones en las regiones codificantes. Se estima que en nuestras células se producen aproximadamente veinte mil mutaciones diarias. Por suerte, contamos con mecanismos de reparación del ADN, que arreglan en la medida de lo posible los cambios no deseados. Pero si por alguna razón los agentes mutagénicos son realmente fuertes, se desata el siguiente mecanismo de defensa, propuesto por Patrushev y Minkevich.

En situaciones extremas, la célula lanzaría su comando multiplicador y ordenaría a los retrotransposones con LTR que despertasen de su letargo y comenzasen a copiarse y pegarse en varias zonas del cromosoma, con la intención de aumentar la cantidad de ADN no codificante. De esta manera se reducirían las mutaciones en las regiones codificantes por una sencilla razón estadística. El ADN no codificante sería por tanto un ADN altruista que se sacrifica a sí mismo, exponiéndose a las mutaciones que de otra manera afectarían al ADN codificante.

Todavía, no obstante, faltan algunos datos más para verificar esta hipótesis. Lo que sí está comprobado es que los elefantes raramente sufren tumores, y se ha descubierto que son una de las especies superiores que presenta más duplicaciones en su genoma. En este contexto, la expresión «sano como un roble» podría ser sustituida por «sano como un elefante», que tiene una mayor base científica.

7

¿Por qué la secuenciación del genoma humano ha cambiado el mundo?

Existen descubrimientos científicos que indudablemente suponen un cambio radical, un antes y un después. La publicación de los resultados del Proyecto Genoma Humano ha sido seguramente uno de estos saltos hacia delante. Hasta ese momento, solo podíamos mirar por el ojo de la cerradura, ¡ahora la puerta está abierta!

La envergadura de este proyecto era asombrosa: cerca de dos mil investigadores de todo el mundo trabajando para lograr la secuenciación del genoma humano al completo, un trabajo con unas conclusiones sorprendentes. El desciframiento de los genes que componen nuestro ADN supondría unas implicaciones médicas y farmacéuticas enormes: gracias a la identificación de los genes responsables de enfermedades, la medicina podría prever la probabilidad de un organismo de desarrollar enfermedades de origen genético para después lograr la síntesis *ad hoc* de fármacos específicos.

Uno de los resultados más sorprendentes fue el número de genes encontrados: alrededor de 35.000-40.000 genes. Los textos científicos siempre habían imaginado un número mucho más alto: la longitud del genoma humano es tal (cerca de 3.200 millones de pares de bases) que se esperaba estuviera constituido por, al menos, 50.000-150.000 genes. También se esperaban más genes al contrastarnos con organismos más simples, como las moscas de la fruta. Se creía que, si la humilde mosca de la fruta *Drosophila melanogaster* poseía trece mil genes, un organismo mucho más grande y complejo como el ser humano debía tener muchas más veces esa cantidad, con lo que la estimación de 150.000 genes parecía razonable. En realidad, solo tenemos el doble de genes que esta mosca, y la misma cantidad que algunos cereales. Piensa en esto la próxima vez que desayunes.

El reducido número de genes humanos encontrados supuso un dilema para la ciencia. Cuando este dato se hizo evidente, los investigadores se vieron obligados a buscar otra razón para explicar nuestra enorme complejidad. Si el ser humano está tan evolucionado, ¿cómo es posible que el contenido de sus genes no sea muy diferente al de una hierba o un gusano? Y si, como parece, el genoma del chimpancé es en efecto el más parecido al nuestro, también queda por explicar cómo una especie ha llegado a colonizar el mundo en los últimos ciento cincuenta mil años mientras la otra vive todavía entre los árboles, y a esta pregunta no se puede responder solo en términos genéticos.

La gran ventaja de los recientes descubrimientos es que nos alejan de la idea de que todo puede ser explicado con base en genes individuales. El Proyecto Genoma Humano ha refutado finalmente la idea de que los genes constituyen en buena parte la materia prima a partir de la que se desarrolla un individuo, demostrando en cambio que se trata de un solo elemento en una ecuación mucho más compleja.

En la misma historia del ser humano hay quien ha intentado presentar los genes como los únicos agentes responsables del desarrollo de la conducta, y esto ha comportado terribles consecuencias (piensa, por ejemplo, en el mito de la raza aria creado por el nazismo). El número relativamente escaso de genes encontrados elimina la posibilidad de que sean ellos los responsables de la aparición de modelos de comportamiento como la criminalidad o la orientación sexual, y quedan totalmente desacreditadas posiciones como la de Dean Hammer, que sostenía haber aislado en el cromosoma X un gen cuya presencia predisponía al individuo a la homosexualidad. Afirmaciones similares se han hecho para muchos tipos de características, desde la habilidad para correr o el sentido artístico ¡hasta las tendencias políticas! La secuenciación del genoma humano contradice claramente todas las incongruencias que por muchos años se han propuesto como verdades irrefutables.

La ciencia ha borrado de golpe todas las posibilidades del llamado «determinismo biogenético»: no tenemos suficientes genes en nuestro ADN para que esta idea pueda ser correcta. La maravillosa diversidad de la especie humana no está fija en nuestro código genético, sino que el ambiente es determinante: solo observando el modo en que estos genes se activan o inactivan los investigadores han podido ver la diferencia significativa entre las distintas especies de mamíferos.

El Proyecto Genoma Humano ha determinado también otro factor importantísimo a nivel social: la homogeneidad en la diversidad humana. Esto destruye completamente el mito de la superioridad racial pues, desde un punto de vista biológico, la humanidad es esencialmente igual. La «raza» no tiene significado para la ciencia, ya que todas las personas somos iguales al 99,9 %. Fundamentalmente, todos somos la misma cosa; solo diferimos en 3 de los 3.000 millones de pares de bases de nuestro genoma, lo cual imposibilita que distinciones como la racial tengan alguna base científica. Las diferencias étnicas y culturales que indudablemente existen entre grupos humanos no tienen, por tanto, ningún significado a nivel genético, donde la humanidad es ciertamente una, más allá del color de la piel.

Las ideas racistas ya no pueden ser justificadas y razonadas con argumentos genéticos. El Proyecto Genoma Humano deja fuera

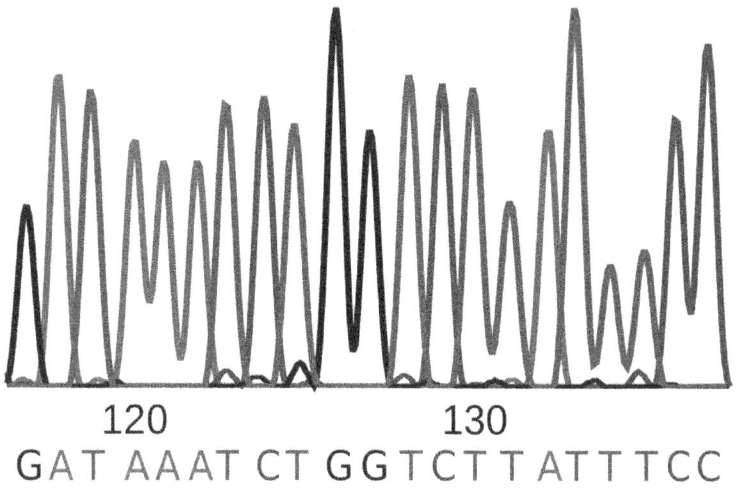

El Proyecto Genoma Humano ha supuesto el análisis del genoma mediante la técnica de secuenciación del ADN, consistente en identificar y ordenar todos los nucleótidos que forman nuestro patrimonio genético. Los nucleótidos son las moléculas básicas que conforman el ADN; existen cuatro tipos, en función de la base nitrogenada que contengan: adenina (A), timina (T), guanina (G) y citosina (C). Secuenciar significa leer el orden en que estos nucleótidos están dispuestos a lo largo del ADN. Imagen de Sjef, Wikimedia Commons.

de juego a aquellas personas que se han esforzado en camuflar su xenofobia con explicaciones sobre la superioridad genética, todas ellas sin ningún fundamento real. Naturalmente, esto no ha puesto fin al racismo, pero al menos ha despojado de argumentos pseudocientíficos a sus defensores. Del mismo modo, ha puesto fin —desde un punto de vista científico— a las absurdas ideas creacionistas que sostienen que el ser humano ha sido creado separadamente de otras especies. Hoy en día, está ampliamente demostrado que no somos criaturas particulares: el Proyecto Genoma Humano prueba definitivamente que compartimos genes con otras especies, que los genes arcaicos ayudaron a hacer de nosotros lo que somos, y que esto existía ya desde el comienzo de los tiempos (de hecho, una pequeña parte de este patrimonio común se remonta hasta organismos tan sencillos como las bacterias).

Los investigadores del Proyecto Genoma Humano han denominado el mapa del código genético «un regalo para la humanidad», destinado a aumentar el conocimiento diagnóstico y a desarrollar nuevas terapias. Un regalo que tal vez nos haya hecho, por fin, a todos iguales.

II

TRANSMISIÓN DE LA HERENCIA

8

¿CÓMO TRANSMITO MI ADN SIN PERDERLO?

Cuando los padres transmiten material genético a los hijos, ¿hay cambios en su propio ADN? El ADN que transmitimos, ¿lo perdemos? ¿Cómo es posible traspasarlo sin perderlo? Y si somos fruto de la unión de los gametos de nuestra madre y nuestro padre —el óvulo y el espermatozoide— cada uno con su ADN, ¿por qué no tenemos el doble de genes que tenían ellos?

Ya hemos visto que los factores hereditarios son los genes, y que dichos genes se localizan en los cromosomas: esto representa la teoría cromosómica de la herencia. Para comprender en qué forma y en qué proporciones se transmiten los genes de nuestros progenitores, debemos detenernos un momento en el comportamiento de los cromosomas, analizando su transmisión de una generación a la siguiente mediante dos procesos de división celular: la mitosis y la meiosis.

Ya sabemos que nuestro material genético está repartido en distintos cromosomas, y que en el núcleo de nuestras células tenemos dos copias de cada uno de ellos, uno de origen materno y otro de origen paterno: somos organismos diploides (*2n*).

Como todos los organismos con reproducción sexual, la primera célula de nuestro cuerpo deriva de la fusión de dos gametos haploides (las células sexuales) y, a partir de esta célula llamada cigoto, se desarrolla el nuevo organismo pluricelular. La reproducción sexual, por tanto, implica la alternancia entre una fase haploide (gametos) y otra diploide (cigoto y organismo).

Los organismos que se reproducen sexualmente tienen dos tipos de células: somáticas y germinales. Todas las células somáticas se generan a través de la mitosis, mientras que las células sexuales o gametos se originan por meiosis.

Para entender estos procesos los situaremos dentro del ciclo celular (ciclo de vida de cualquier célula). Este ciclo consta de dos fases: interfase y división celular. Durante la interfase se produce la replicación del ADN, es decir, los genes se duplican de manera que, en cada célula, cada cromosoma —que constaba de una sola varilla o cromátida— pasará a estar formado por dos varillas (dos cromátidas hermanas). Esta es la razón de que no perdamos nuestro ADN cuando formamos nuevas células. La fase posterior, de división celular, puede ser un proceso de mitosis (en células somáticas) o meiosis (en células de la línea germinal). En ambos casos, los cromosomas se separan y reparten de forma equitativa entre las células hijas formadas. Veamos un poco más en detalle ambos procesos.

La mitosis es un proceso de división nuclear por el que se forman dos núcleos hijos con dotaciones cromosómicas genéticamente idénticas entre ellas, e idénticas a la de la célula madre a partir de la cual se originaron. Para ello, las dos cromátidas hermanas de cada cromosoma se separan y cada una de ellas se queda en uno de los núcleos formados. Este es el mecanismo que utilizan las bacterias para reproducirse, y también es la base de la renovación de todas nuestras células. En la práctica, es una especie de clonación celular.

La mitosis, por tanto, mantiene constante la cantidad de material genético original. Pero como hemos dicho, nuestros gametos son haploides, es decir, contienen la mitad de material genético que una célula normal —de lo contrario, en cada generación duplicaríamos el número de cromosomas, al unir dos gametos para formar el cigoto—. Por ello, la formación de gametos implica un mecanismo distinto a la mitosis, y es aquí cuando la meiosis entra en juego.

La meiosis es un mecanismo de división celular que permite reducir el número de cromosomas en las células hijas (que serán haploides, obtenidas a partir de una célula madre diploide). Además, este proceso aporta variabilidad genética a las células resultantes, cosa que no ocurría en la mitosis. Para ello, la meiosis consta de dos divisiones nucleares sucesivas, sin duplicación del ADN entre medias.

La primera división meiótica (meiosis I) presenta dos características peculiares: los cromosomas homólogos de origen materno y paterno —cada uno de ellos formado por dos cromátidas, como hemos visto— se aparean, formando parejas denominadas tétradas. Y estas parejas intercambian fragmentos de material genético mediante un proceso denominado recombinación o sobrecruzamiento. En el ser humano se formarán veintitrés tétradas, cada una de ellas constituida por dos cromosomas homólogos, que intercambian segmentos de ADN.

Al terminar la meiosis I, se produce la primera división celular, en la que un cromosoma homólogo de cada tétrada es repartido a una de las dos células hijas formadas, que desde este momento serán haploides, al contener solamente una copia de cada cromosoma. No obstante, estos cromosomas estarán formados por dos cromátidas cada uno, por lo que el contenido de ADN sigue siendo alto.

La cantidad de ADN se restablece en la segunda división meiótica (meiosis II), en la que las cromátidas hermanas de cada cromosoma son separadas en las células hijas, en un proceso similar a la división mitótica. El resultado obtenido son cuatro células (dos de cada una de las dos células producidas en meiosis I) haploides (con una sola copia de cada cromosoma) y diferentes a la célula madre (al intercambiarse fragmentos durante el sobrecruzamiento).

Por lo tanto, la meiosis produce gametos haploides, que se fusionarán durante la fecundación y formarán un cigoto con dotación cromosómica diploide. Además, la meiosis introduce variabilidad genética a los gametos, tanto por el sobrecruzamiento como por el hecho de que los cromosomas homólogos de origen materno y paterno, durante la meiosis I, tienen la misma probabilidad de terminar en una u otra célula hija, en

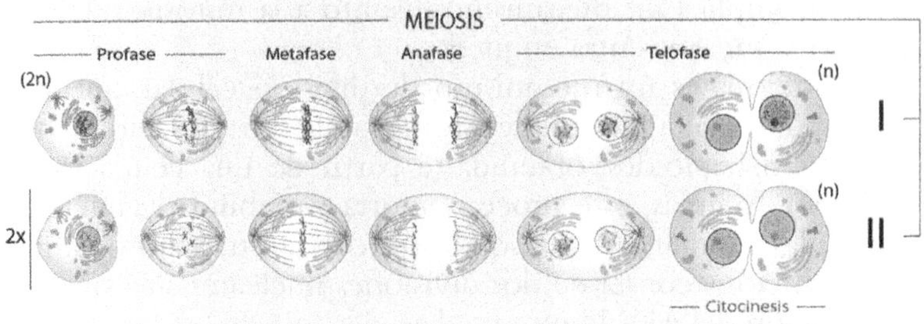

La meiosis es el proceso de división celular típico de las células de la línea germinal, y presenta dos mecanismos particulares en el tratamiento de la información: divide en dos la cantidad de material genético y genera nuevas secuencias cromosómicas respecto a las presentes en la célula de origen. La unión de los gametos formados, cuya dotación cromosómica es haploide, reconstituye la dotación diploide típica de las células somáticas. Foto: Xtabay, Wikimedia Commons.

un proceso de separación totalmente aleatorio. Así, cada núcleo formado contendrá una combinación aleatoria de cromosomas de origen materno y paterno, garantizando la diversidad en la dotación genética.

9

¿ES CIERTO QUE ALGUNOS RASGOS, COMO LOS OJOS AZULES, PASAN DE ABUELOS A NIETOS?

Cuando nace un bebé, todos estamos curiosos por saber cuál será el color de sus ojos, el color de su pelo, si tendrá la nariz de su padre o los labios de su madre… Tantas cuestiones y una única respuesta: todos los rasgos son hereditarios.

Los genes se combinan entre ellos de modo diverso y aleatorio, y por esto un hijo podrá tener cualquier característica similar a sus progenitores, pero nunca será igual a estos. Si uno de sus padres tiene los ojos marrones y el otro tiene los ojos azules, es muy probable que el hijo nazca con ojos marrones, porque este color prevalece sobre el otro. Sin embargo, como vamos a ver, algunos factores hereditarios pueden saltarse una generación. Por esto, aunque ambos padres tengan los ojos marrones, el bebé puede nacer con los ojos azules y el pelo rubio, asumiendo los rasgos de la abuela o abuelo en lugar de aquellos de sus padres. Incluso existen casos de bebés de color, hijos de padres blancos; así como niños blancos cuyos progenitores eran de color. No es ciencia ficción ni infidelidad, se trata de una situación muy rara, pero no imposible.

Veamos la base genética de este salto generacional. Para entenderlo, tenemos que hablar de un monje, Johann Gregor Mendel, apasionado por la ciencia y la jardinería, y de sus estudios sobre los cruces genéticos en la planta del guisante. Mendel cultivaba los guisantes ordenándolos de acuerdo con características particulares —como el color de la flor, la altura de la planta o el color y forma de la semilla— para obtener grupos de plantas que compartían una misma característica.

Si, por ejemplo, obtenía una planta que producía solo guisantes amarillos, y una que producía solo guisantes verdes, las aislaba y las autofecundaba, hasta conseguir plantas que solo producían la característica deseada. De esta manera, Mendel obtenía «líneas puras» para esos caracteres.

Hasta aquí sabemos que los guisantes pueden ser verdes o amarillos, así como los ojos pueden ser azules o marrones, nada excepcional. Lo interesante llega luego, cuando Mendel comienza a cruzar las diferentes líneas puras, asegurándose con la ayuda de un pincel de que el polen de las variedades deseadas era introducido en los pistilos de las plantas que iba a cruzar. Al plantar las semillas obtenidas de este cruzamiento, se obtenía una generación de plantas híbridas. Mendel observó que todas las plantas de esta primera generación híbrida presentaban las características de un solo progenitor. Por ejemplo, cruzando líneas puras para guisantes con flores rojas y flores blancas, todas las flores de la primera generación eran rojas. El monje denominó dominante a la característica presente en la primera generación y recesiva a la característica «desaparecida», al observar que la expresión de la primera claramente dominaba sobre la segunda.

En aquel momento no se habían descubierto los genes, y Mendel hablada de «factores hereditarios» que contendrían las características particulares que se transmitirían a la progenie. Estos factores podían ser dominantes (como el color rojo) o recesivos (como el blanco). En el caso de nuestros ojos y cabello, podemos definir como dominantes el pelo y ojos oscuros, mientras que consideramos recesivos los claros.

A veces notamos, como hemos dicho, un salto de generación, por el que un padre castaño tendrá una hija rubia y de maravillosos ojos azules, como el abuelo. Obviamente el abuelo no ha podido influir directamente en los rasgos de su nieta, sino que ha sido a través de los genes heredados por el padre. Dicho de otro modo, los factores hereditarios —hoy llamados genes— que determinan tener ojos azules se han mantenido en el padre, aunque no se han manifestado, y han sido luego transmitidos a la nieta, en la que sí se han expresado. ¿Y cómo ha ocurrido esto? Volvamos a Mendel.

Tras haber creado las plantas híbridas, Mendel procedió a cruzarlas, observando lo que ocurría. Para su sorpresa, en esta segunda generación volvieron a aparecer plantas con flores blancas. Además, los guisantes producidos parecían presentarse en una proporción constante, que se podía describir matemáticamente. Se observaban en una relación aproximada de 3:1, es decir, de cada cuatro plantas formadas, tres tenían las flores rojas y una tenía las flores blancas. Podría deberse a una casualidad, pero lo mismo ocurría con otros rasgos, como el color de la semilla o la altura de la planta. Esto significaba que el carácter recesivo (del «abuelo guisante») saltaba una generación y aparecía de nuevo en los guisantes nietos, aunque con una probabilidad de ¼ respecto a la probabilidad de ¾ del carácter dominante.

Mendel supuso que los genes estaban presentes en dos formas diversas, los alelos, y que solo uno de los alelos era transmitido a la progenie. Al representar por escrito los cruzamientos de Mendel utilizamos letras para indicar los alelos: mayúsculas para los alelos dominantes, y minúsculas para los recesivos. Además, las razas puras se representan con una letra repetida (dos alelos iguales).

Podemos definir así las plantas con flores rojas como AA y las plantas con flores blancas como aa, y el cruce entre ambas se representaría como AA x aa. Como la descendencia solo hereda un alelo de cada progenitor, tendremos una primera generación formada enteramente por ejemplares Aa, que habrán heredado un alelo A de un progenitor, y un alelo a del otro (ley de la uniformidad en la primera generación). Como el alelo A es dominante, estas flores serán siempre rojas, a pesar de tener dos alelos distintos.

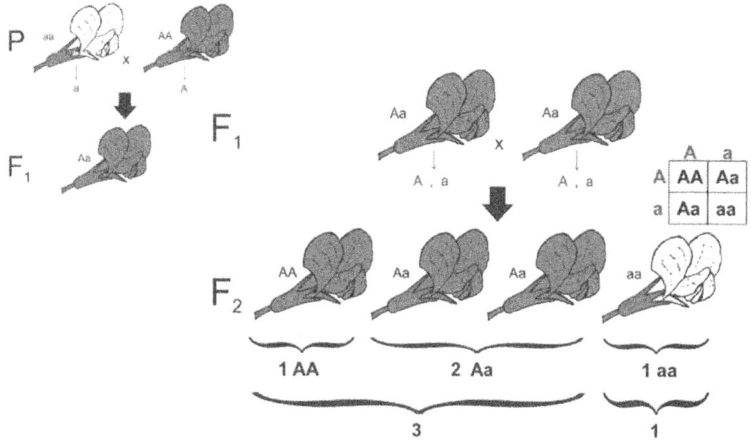

A pesar de ser genéticamente heterocigótica, la progenie híbrida
(F$_1$) obtenida de las dos líneas puras (homocigóticas) presenta el
mismo fenotipo, determinado por el carácter dominante (color rojo).
La generación sucesiva (F$_2$), obtenida a partir del cruzamiento de
los individuos heterocigóticos de la F$_1$, puede producir individuos
homocigóticos para el carácter recesivo, que manifiestan en el fenotipo
dicho rasgo (color blanco). Foto: Wikimedia Commons.

El carácter que se muestra (en este caso, el color rojo) constituye el fenotipo de la planta, que puede ser diferente al genotipo
(el tipo de alelos que ha heredado). El genotipo de las líneas puras lo llamamos homocigótico (cuenta con dos alelos iguales para
un gen), y el genotipo de los híbridos contiene alelos distintos,
por lo que se denomina heterocigótico.

Un carácter recesivo se puede manifestar solo cuando el genotipo es homocigótico para esa característica (aa, en nuestro
ejemplo), porque de otra manera, por ejemplo en un ejemplar
Aa, se expresará el carácter dominante.

En el segundo cruzamiento que Mendel realiza, se autofe-
cundan los híbridos (Aa) obtenidos en la primera generación
(Aa x Aa). Cada alelo de un progenitor se combina con un
alelo del otro progenitor, por lo que las combinaciones posibles
son: AA, Aa, aA y aa. Las tres primeras muestran en el fenotipo el carácter dominante (color rojo), y la tercera el recesivo
(color blanco). De ahí que se obtenga la relación 3:1 antes

mencionada. Esta es llamada ley de la segregación independiente. Estas dos leyes explican cómo caracteres recesivos, que se manifiestan solo en homocigosis, pueden saltar una generación.

10

¿Podría deducir mi grupo sanguíneo sabiendo el de mis padres?

«Dime tu grupo sanguíneo y te diré quién eres». ¿Sabías que en Japón se le da mucha importancia a la relación entre el grupo sanguíneo y la personalidad? Cuando en 2010 el *Yomiuri Shimbun*, periódico japonés relevante, publicó el perfil del nuevo primer ministro, incluyó esta información: «El nuevo primer ministro Naoto Kan tiene grupo sanguíneo de tipo 0».

Es de hecho una convicción muy extendida en el país nipón el creer que el grupo sanguíneo es un indicador fiable de la personalidad y la actitud psicofísica de los individuos. El *ketsuekigata*, la «doctrina de grupo sanguíneo», tiene mucho más crédito que cualquier otra creencia esotérica. Y la cosa viene de lejos, ya en el año 1916 un médico japonés, Hara Kimata, publicó una investigación que ligaba el tipo de sangre con el carácter. En 1925 el ejército japonés usaba esta teoría para identificar los puntos fuertes y débiles de sus soldados, seleccionando así los hombres más aptos para cada tarea. Y en el año 1927, Takeji Furukawa, un exprofesor de la Universidad Ochanomizu de Tokio, publicó una serie de artículos bajo el título «El estudio del temperamento a través del grupo sanguíneo», según el cual las características de cada persona estaban determinadas por su tipo de sangre, atribuyendo distintos tipos de carácter: los individuos de grupo A serían tranquilos, serios, estables y leales; los individuos B dinámicos y brillantes; los de tipo 0 pacíficos y generosos; y aquellos de tipo AB sensibles y delicados. Obviamente la teoría de Furukawa nunca tuvo un verdadero fundamento científico, aunque cada cierto tiempo se vuelve a poner de moda. Tanto, que todavía hoy algunas empresas japonesas preguntan por el grupo sanguíneo a la hora de contratar, y entre los japoneses preguntar «¿de qué grupo eres?», es tan común como para nosotros lo es preguntar «¿de qué signo eres?».

Aunque el lector no crea que efectivamente su grupo sanguíneo determine su personalidad (cosa que espero, dado que ha comprado un libro de genética y no un tarot), conocer nuestro grupo sanguíneo es importante. De hecho, en las transfusiones de sangre el donante debe necesariamente tener el mismo grupo sanguíneo que el receptor (o un grupo compatible) para evitar un rechazo. Ahora bien, ¿qué es exactamente el grupo sanguíneo?

En realidad es un componente hereditario que se identifica gracias a unas moléculas llamadas antígenos, presentes en la superficie de los glóbulos rojos. Un antígeno es cualquier molécula que, reconocida como extraña por el sistema inmunitario de un individuo, estimula la producción de unas proteínas específicas llamadas anticuerpos. Estos anticuerpos se unen a los antígenos, bloqueando su acción. Los antígenos usualmente no son reconocidos como extraños en el organismo que los produce.

El sistema de clasificación de los grupos sanguíneos usado de manera universal es el sistema AB0 (A B cero), y en él encontramos cuatro grupos: A, B, AB o 0. Además, cada uno de estos grupos puede ser Rh positivo o negativo, según la presencia o ausencia del antígeno Rh D.

Para responder a la pregunta planteada, debemos ver cómo funciona la herencia genética de los grupos sanguíneos. Los cuatro grupos son consecuencia de las combinaciones de tres alelos, es decir, tres formas alternativas del mismo gen: I^A, I^B e i. Las personas homocigóticas para el alelo recesivo i (ii) son del grupo 0. Ambos alelos, I^A e I^B, son dominantes sobre i (recordemos que el alelo dominante es aquel que determina el fenotipo, en este caso el grupo sanguíneo), por lo que serán del grupo A los individuos homocigóticos para I^A (I^A I^A), así como los heterocigóticos I^Ai. De esta misma manera, serán del grupo B los individuos homocigóticos para I^B (I^B I^B), así como los heterocigóticos I^Bi.

Respecto al grupo AB, estará formado por aquellas personas heterocigóticas I^A I^B, dado que estos dos alelos son codominantes. La codominancia significa que el fenotipo del heterocigoto presenta los fenotipos de ambos alelos.

Ahora que sabemos todo esto, retomemos la cuestión: ¿puedo saber mi grupo sanguíneo a partir del de mis padres? Veamos caso a caso. Una persona de grupo 0 (ii) podría tener

	Grupo A	Grupo B	Grupo AB	Grupo O
Eritrocito	A	B	AB	O
Anticuerpos en plasma sanguíneo	Anti-B	Anti-A	Ninguno	Anti-A y Anti-B
Antígenos en los eritrocitos	Antígeno A	AntígenoB	Antígenos A y B	Ninguno

Los glóbulos rojos pueden presentar diferentes antígenos y en la sangre poseemos anticuerpos contra los antígenos extraños. Este es el motivo por el que rechazamos la sangre de un grupo no compatible, ya que nuestros anticuerpos reaccionan intentando destruir las células con antígenos diferentes a los nuestros. Foto: InvictaHOG, Wikimedia Commons.

ambos padres 0 (ii x ii), ambos A con genotipo $I^A i$ ($I^A i$ x $I^A i$), ambos B con genotipo $I^B i$ ($I^B i$ x $I^B i$), uno A y otro B ($I^A i$ x $I^B i$), uno A y otro 0 ($I^A i$ x ii), y uno B y otro 0 ($I^A i$ x ii). Dicho de forma más sencilla, cada padre podría ser homocigótico para i o heterocigótico, teniendo por lo menos un alelo i.

En el caso de una persona de grupo A, al menos uno de los padres debe portar el alelo I^A, y el otro, o bien ser homocigótico recesivo (ii), o heterocigótico que porte un alelo I^A. Algo similar ocurre con alguien de grupo B, en este caso con el alelo I^B.

Por último, un individuo de grupo AB puede tener dos progenitores AB ($I^A I^B$ x $I^A I^B$), uno AB y otro 0 ($I^A I^B$ x ii), o un progenitor A y otro B (I^A x I^B).

A la vista de estos datos, podemos observar que es casi siempre imposible deducir el grupo sanguíneo propio conociendo el de los progenitores, salvo en el caso de dos progenitores de grupo 0, que siempre tendrán hijos 0. Lo que seguramente es más sencillo es el procedimiento inverso: utilizar un análisis genético para excluir la posible paternidad de un hijo. Por ejemplo, un niño AB (I^A I^B) nunca podrá ser hijo de un padre o una madre de grupo 0 (ii).

Una vez conocida la transmisión de los grupos sanguíneos, ¿cómo podríamos determinar genéticamente la compatibilidad entre ellos?

Los individuos del grupo A presentan el antígeno A en la superficie de sus glóbulos rojos, y anticuerpos anti-B en su sangre. Lo mismo ocurre en las personas de grupo B (tienen antígenos B en sus glóbulos rojos y anticuerpos anti-A). El grupo 0 no presenta antígenos, pero sí cuenta con anticuerpos anti-A y anti-B. Y, por último, los individuos del grupo AB tienen antígenos A y B en sus eritrocitos, pero no tienen anticuerpos anti-A y anti-B en la sangre.

Esto implica que, si realizamos una transfusión de sangre de una persona A a una persona con antígenos anti-A (alguien B o 0), estos reaccionarían intentando destruir los glóbulos blancos extraños. Algo similar ocurrirá en la dirección opuesta (transferir sangre del grupo B a alguien de grupo A o 0). Las personas de grupo AB no portan ningún anticuerpo contra estos antígenos, por lo que pueden recibir sangre de cualquier grupo, aunque solo pueden donar a individuos de su mismo grupo. Por último, las personas de grupo 0 solo pueden recibir de otro 0, pero pueden donar —dada la ausencia de antígenos en sus glóbulos rojos— a cualquier grupo. Quizá por esto los japoneses los definen como personas generosas, ya que en el fondo son los únicos que pueden donar a todos los demás sin recibir nada a cambio… ¡menuda generosidad incondicional!

11

¿POR QUÉ SOLO LOS HOMBRES PUEDEN TENER PELO EN LAS OREJAS?

¿Sabías que la presencia de pelo en las orejas es una cualidad exclusivamente masculina? El gen responsable de esta característica se encuentra en el cromosoma Y, por lo que las mujeres, aunque quisieran, nunca podrían tenerlo.

En cada fecundación, existe un 50 % de probabilidades de que nazca una niña (XX) y un 50 % de probabilidades de que el recién nacido sea niño (XY). Los cromosomas sexuales determinan el sexo de un individuo, de hecho, contienen los genes específicos que codifican para las características sexuales femeninas y masculinas. Estos dos cromosomas son diferentes en dimensiones y contenido. El cromosoma Y es más pequeño y está formado por menos genes que el X. En estos dos cromosomas, además de encontrarse los genes que determinan el sexo del individuo, están presentes genes que contienen información referente a una serie de características y procesos fisiológicos del organismo.

En la pregunta 4 ya vimos que los cromosomas de una especie se representaban en el cariotipo, agrupados por parejas. Cada pareja está formada por dos cromosomas homólogos, esto es, que presentan información para los mismos genes. Esto ocurre así en todos los cromosomas excepto los sexuales. Dado que el cromosoma Y contiene menos genes que el cromosoma X, los individuos masculinos de la especie humana (XY) tienen genes presentes en su copia del cromosoma X que no presentan su gen correspondiente en el cromosoma Y.

La herencia de dichos genes y de los caracteres definidos por ellos será por tanto distinta en función del sexo del individuo; se habla así de «herencia ligada al sexo». Se define como hemicigóticos a los individuos que poseen una sola copia de un gen determinado. Los hombres son, por tanto, hemicigóticos para casi todos los genes que se encuentran en el cromosoma X.

Dichos genes, por lo tanto, se heredarán acorde a unos patrones diferentes de los mendelianos, que como ya vimos son típicos de los genes situados en los autosomas (cromosomas no sexuales). Los caracteres correspondientes a estos genes son llamados «caracteres ligados al sexo».

Los primeros estudios sobre la herencia de los caracteres ligados al sexo se llevaron a cabo en *Drosophila melanogaster*, una mosca de la fruta cuyos ojos de tipo selvático son de color rojo. En el año 1910 Morgan descubrió una mutación capaz de producir ojos blancos. Experimentando con cruzamientos entre moscas de tipo selvático y moscas mutantes, este científico demostró que el *locus* para el color de los ojos se encontraba en el cromosoma X. ¿Cómo lo hizo?

Morgan observó que cuando cruzaba una hembra homocigótica de ojos rojos con un macho (hemicigótico) de ojos blancos,

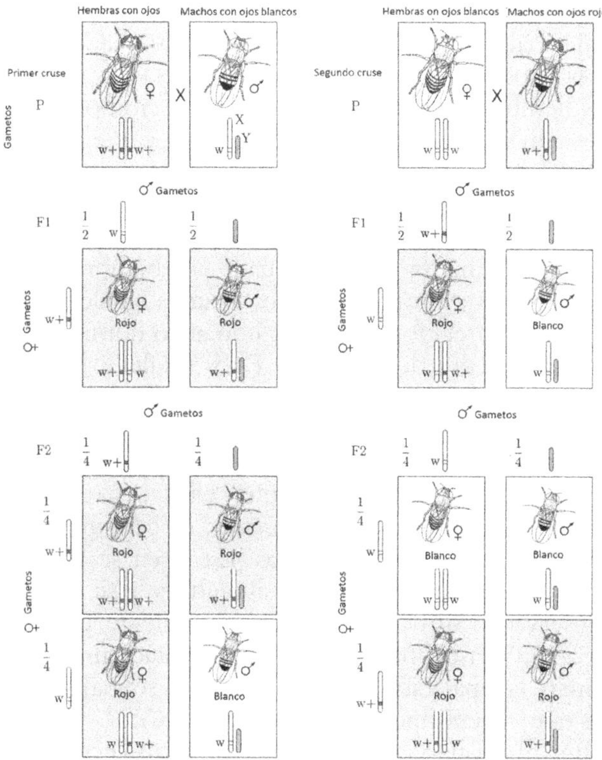

Los experimentos de Morgan explicaron por primera vez la herencia de los caracteres genéticos presentes en los cromosomas sexuales. Los genes que codifican para el carácter dominante «ojos rojos» en *Drosophila* se localizan en el cromosoma X y no cumplen las leyes de segregación mendelianas. La descendencia masculina siempre hereda el cromosoma X de la madre y el cromosoma Y del padre. La descendencia femenina, por otro lado, tendrá un cromosoma X de origen materno y otro paterno. Figura modificada de YassineMrabet, Wikimedia Commons.

toda la descendencia, masculina y femenina, tenía los ojos rojos. Esto era así porque todos habían heredado el cromosoma X de tipo selvático de la madre, y porque el rojo es dominante sobre el blanco.

En un cruzamiento inverso, en el que una hembra de ojos blancos se cruzaba con un macho de ojos rojos, todos los hijos machos tenían los ojos blancos, mientras que las hijas hembras los tenían rojos. Esto se explicaba porque los descendientes masculinos habían heredado su único cromosoma X de la madre (de ojos blancos), y su cromosoma Y no tenía el *locus* para el color de ojos. Las hembras, sin embargo, recibían un cromosoma X de la madre —con el alelo para los ojos blancos— y el otro cromosoma X del padre —con el alelo para los ojos rojos, dominante—. Eran, por tanto, heterocigóticas con fenotipo de ojos rojos.

Cruzando estas hembras heterocigóticas con machos de ojos rojos, se obtenía una progenie formada por hembras de ojos rojos y machos de ojos rojos y blancos a partes iguales (en función de que heredaran el cromosoma X con alelo dominante o recesivo, respectivamente, de la madre). Estos resultados demostraban que el color de los ojos en la mosca *Drosophila* se encuentra en el cromosoma X.

El cromosoma Y humano es pequeño y contiene apenas unas pocas docenas de genes. Entre ellos está el SRY (*Sex-determining Region of the Y chromosome*), el gen que determina las características típicas masculinas. Este gen se encuentra en todos los mamíferos examinados hasta ahora, y se presenta muy bien conservado. SRY es necesario y suficiente para activar la diferenciación masculina. De hecho, las mutaciones en este gen determinan la aparición de un fenotipo sexual femenino a pesar de que el genotipo del individuo sea XY.

El SRY funciona como un interruptor molecular y, en este sentido, es considerado el gen de la determinación del sexo en mamíferos. Aunque los estudios de numerosos investigadores en los últimos años se hayan centrado en analizar la expresión de SRY y su función como determinante del sexo, empiezan a aparecer datos que apuntan a la presencia de otros genes involucrados en el desarrollo de las características sexuales.

En el cromosoma X humano se han identificado alrededor de dos mil genes cuyos alelos siguen un modelo de herencia igual al del color de ojos de *Drosophila*. Existen numerosas enfermedades provocadas por genes presentes en el cromosoma X, muchas de ellas asociadas a alelos recesivos (se manifiestan solo en ausencia del alelo dominante).

El patrón de transmisión de estos caracteres recesivos cumple una serie de características comunes:

1. El fenotipo recesivo aparece más en los hombres que en las mujeres, dado que para manifestarse en el hombre es

suficiente con la presencia de un solo alelo, mientras que en las mujeres se necesitan dos alelos recesivos, en sendos cromosomas X.

2. El hombre con la mutación puede transmitirla solo a las hijas, ya que a los hijos les transmite el cromosoma Y.

3. Las hijas que reciben un solo cromosoma X mutado son heterocigóticas portadoras, fenotípicamente normales, pero con la capacidad de transmitir este alelo mutado a sus descendientes, hijos o hijas.

El fenotipo mutante, por tanto, puede saltar una generación y pasar del padre a la hija —que será fenotípicamente normal—, y de esta a su vez a su hijo, que podrá desarrollar dicha característica o enfermedad. Algunas de estas enfermedades recesivas ligadas al sexo serán tratadas en las preguntas siguientes.

12

¿DE QUÉ DEPENDE NUESTRO TONO DE PIEL?

Bajo el pelaje, el gorila tiene la piel negra, mientras que el chimpancé la tiene blanca (aunque su cara sea negra). En los primates, así como en los humanos, la epidermis puede presentar varios colores. Cualquiera que sea el color reflejado en el espejo, aquel que el lector ve cada mañana, es solo una de las innumerables tonalidades de piel que existen. Y entre los lectores estarán probablemente muchas de ellas: somos tan distintos por fuera, pero tan similares por dentro. De los 33.600 genes que componen nuestro genoma, es posible que solo tres —seis como máximo— puedan codificar para nuestro tono de piel. Una diferencia evidente desde el punto de vista externo, pero casi imperceptible a nivel genético.

Si miramos el planeta en su conjunto, es evidente que el color de la piel presenta variaciones a nivel geográfico que difícilmente se pueden entender como una distribución aleatoria. ¿Qué determina, por tanto, esta distribución de tonalidades? Desafortunadamente, la respuesta no es sencilla, si bien es cierto que la intensidad de las radiaciones ultravioletas aporta una explicación parcial: se tiende a tener la piel más oscura allí donde los rayos UV son más fuertes, es decir, donde hay más sol. La explicación biológica se halla en la mayor o menor presencia de melanina —el pigmento que oscurece la piel—, molécula que nos protege de los rayos ultravioleta de manera directa, bloqueando las radiaciones, e indirecta, funcionando como limpiador molecular de los peligrosos radicales libres que estos generan.

¿Qué ventaja tiene entonces tener la piel clara? Pues sencillamente que la luz ultravioleta estimula la producción de vitamina D. Mientras que tener la piel oscura nos protege de los rayos ultravioleta, puede también suponernos una deficiencia en la vitamina D, necesaria para la absorción del calcio y el crecimiento del tejido óseo. Una de las hipótesis actuales sobre la evolución de los diferentes colores de la piel humana afirma que los antecesores peludos de los humanos, como sucede con los modernos primates afines al ser humano, tenían la piel clara bajo el pelaje. Una vez se perdió el pelo, el color de la piel se fue oscureciendo progresivamente como defensa a los rayos solares intensos de la soleada África.

Cuando los seres humanos migraron hacia regiones más septentrionales, donde la exposición a los rayos solares era menor, la carencia de vitamina D se convertiría en un problema significativo y la piel clara volvió a aparecer. Los colores de nuestra piel son, por tanto, un compromiso evolutivo entre la necesidad de protegerse de los rayos ultravioletas y la absorción de vitamina D.

Tanto el tipo como la cantidad de melanina están determinados por genes que funcionan según un mecanismo de dominancia incompleta. ¿Qué significa esto? Se habla de dominancia incompleta cuando el fenotipo heterocigótico expresa un fenotipo intermedio entre los de los homocigóticos, de forma que no prevalece un fenotipo sobre el otro (como ocurría en otros tipos de herencia con dominancia de uno de ellos). Además, el tono de piel no es debido a la acción de un solo gen, sino que se trata de un típico ejemplo de herencia poligénica, aquella que se produce cuando un carácter fenotípico es el resultado de la expresión de dos o más genes. El color de la piel, la altura o el color del iris son varios ejemplos de este tipo de herencia.

Para entender su funcionamiento, debemos dar un paso hacia atrás y pensar en las leyes de Mendel: el color de la flor del guisante podía ser rojo o blanco, nunca un tono intermedio. Las plantas eran largas o cortas, nunca de una altura

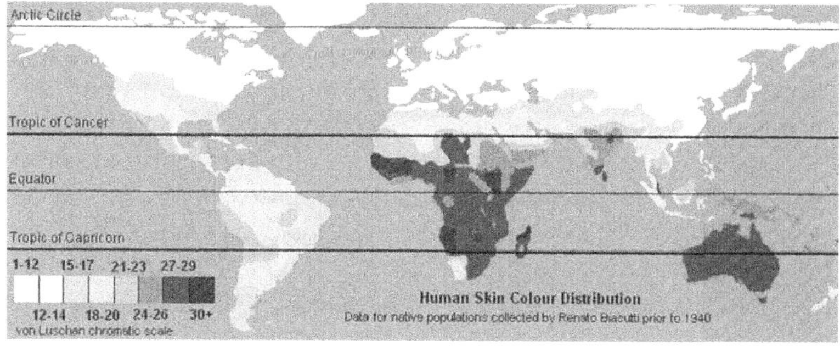

La escala cromática de Von Luschan (o Escala Luschan) es una metodología de clasificación de la piel basada en su color. En las regiones con mayor cantidad de radiación solar la piel se oscurece, dado que la mayor producción de melanina protege la piel de los niveles bajos de ácido fólico (destruido por las radiaciones ultravioletas). En las regiones con menos rayos ultravioleta predomina la piel clara, que favorece la absorción de la vitamina D. Foto: The Ogre, Wikimedia Commons.

intermedia. Las características fenotípicas regidas por una herencia poligénica, por el contrario, presentan opciones intermedias. Piensa en el color de la piel: existen muchísimos tonos, resultado de la interacción de varios genes.

Los caracteres que presentan patrones de herencia poligénica se denominan caracteres cuantitativos: en ellos, el efecto cooperativo de diversos genes es el que determina la intensidad del carácter fenotípico. El color de la piel depende al menos de tres genes, y su combinación determina la amplia gama de colores presente en la especie humana.

En todos los caracteres poligénicos hay dos categorías de alelos, llamados factores. Los factores positivos (+) empujan la manifestación del carácter hacia el extremo más alto, y los factores negativos (-) lo empujan hacia el otro extremo. La expresión del carácter dependerá por tanto de la combinación particular de factores positivos y negativos.

La piel humana es un ejemplo de variación continua. Este tipo de caracteres presenta en la población una distribución de frecuencia en forma de curva o campana de Gauss. Si representáramos la altura de la población humana frente a la frecuencia con que los individuos de una determinada altura aparecen en la población, obtendríamos una distribución perfecta en campana, donde los individuos que presentan el valor extremo del carácter (con todos los factores positivos o negativos) son muy raros, mientras que acercándonos a los valores intermedios los individuos aparecen con mucha mayor frecuencia.

Los caracteres que se manifiestan en una graduación de fenotipos están generalmente controlados por dos o más parejas de genes distintos. Usualmente se definen los caracteres controlados por un solo gen como mendelianos, y aquellos controlados por dos o más genes son llamados no mendelianos. La herencia de estos caracteres es más compleja. De hecho, estas características no se pueden seleccionar como hacía Mendel (escoger una planta con flores blancas, o con guisantes verdes).

13

¿Podemos tener un ojo de cada color?

Desmontemos un mito: David Bowie, el célebre cantante inglés, no tenía un ojo de cada color. Los tenía azules, aunque el derecho parecía azul y el izquierdo casi negro, secuela de un puñetazo en la cara dado por un amigo durante la adolescencia. Este trauma le provocó una parálisis del nervio que contrae la pupila, lo que estéticamente resultaba en una pupila dilatada, con la consecuente percepción de un ojo más oscuro que el otro.

A pesar de esto, tener los iris de colores distintos es posible. Se trata de la heterocromía, una característica somática que afecta a menos del 1 % de la población, y que se debe a una concentración de melanina diferente en cada ojo. Se dice que el famoso líder Alejandro Magno tenía un ojo color marrón y un ojo verde, y siempre quería montar caballos con estas mismas características. La heterocromía no es exclusiva del género humano, de hecho, es más frecuente (llegando al 5 %) en algunos animales, como el caballo, el gato o el perro.

Esta afección es genética, pero no se hereda. A menudo se trata de quimeras, una condición que afecta principalmente a los mellizos, y especialmente a aquellos concebidos mediante fecundación *in vitro*. En su larga y cercana convivencia, los fetos pueden adquirir algunas células a través de la sangre, multiplicando la información. También puede suceder que dos óvulos fertilizados se fusionen, convirtiéndose en uno solo. En este caso, el bebé formado es una especie de doble, llamado quimera, con dos ADN, por lo que entre sus células puede haber ADN distinto. Las quimeras, entre otras cosas, pueden tener ojos de colores distintos. Veamos cómo funciona a nivel genético el color de los ojos.

Antes se creía que el color de los ojos dependía de un solo gen, pero los estudios en el campo de la genética han revelado que la herencia del color de los ojos es poligénica, se debe a la interacción de diversos factores. La variación del color depende de la cantidad de melanina presente en el estroma del iris y de la densidad de concentración del tejido epitelial. Los ojos marrones, los más extendidos en nuestro planeta, contienen una concentración de melanina muy alta, lo que no ocurre en los ojos verdes, grises o azules, más raros y presentes en descendientes del norte de Europa, y migrantes de América y Oceanía.

Según un estudio desarrollado por el profesor Hans Eiberg, del Departamento de Medicina Molecular y Celular, todos los humanos tenían, en origen, los ojos marrones. Durante el proceso evolutivo, una mutación afectó al gen *OCA2* de nuestros cromosomas, resultando en la creación de un «interruptor» que, literalmente, era capaz de apagar la capacidad de producir ojos marrones. El gen *OCA2* codifica para la llamada proteína P, involucrada en la producción de melanina, el pigmento que da color a nuestro pelo, nuestros ojos y nuestra piel. Esta mutación de *OCA2* no provocó que el gen dejase de funcionar, pero limitó su acción en la producción de melanina del iris. Es así como aparecen los ojos azules.

Según estas consideraciones, el color marrón de los ojos se diluyó, creando el color azul. Esto mismo ocurre en los casos de albinismo: el gen *OCA2* no es funcional en los seres humanos afectados por esta enfermedad, por lo que no presentan melanina ni en el cabello, ni en los ojos ni en la piel.

Los ojos azules se diferencian de los ojos verdes en pequeñas cantidades de melanina y en su disposición sobre el iris, por lo que podemos concluir que todos los individuos de ojos azules están vinculados a un ancestro común. Todos han heredado un mismo interruptor que actúa exactamente en el mismo punto de su ADN. Los individuos de ojos oscuros, sin embargo, tienen

La heterocromía es una característica somática muy rara en los seres humanos, pero muy extendida en el reino animal. Se produce cuando los individuos presentan coloraciones distintas en dos partes del cuerpo homólogas, generalmente ocurre en el iris de los ojos. Existe un caso aún más raro y espectacular, que sucede cuando se presentan diferentes colores en un mismo ojo. Los gatos son con diferencia los seres vivos más afectados de heterocromía. Seguro que el lector se ha encontrado, al menos una vez en la vida, con uno de estos felinos cuyos ojos presentaban distintos colores, usualmente uno claro y otro oscuro.
Foto de Keith Kissel, Wikimedia Commons.

notables variaciones individuales en la zona de su ADN que controla la producción de melanina.

Para llegar a esta conclusión, el profesor Eiberg y su equipo han comparado el ADN de distintos individuos de ojos azules, en países tan diversos como Jordania, Dinamarca y Turquía. Una investigación iniciada en 1996, cuando Eiberg se dio cuenta de que la gente de ojos claros manifestaba la misma mutación en el mismo *locus* del gen *OCA2*, lo cual evidenciaba que todos tenían un ancestro común, un individuo que mostró por primera vez los rarísimos ojos azules, en un mundo de personas cuyos ojos eran marrones. Este antecesor transmitió a la descendencia la capacidad de heredar esta mutación, que obviamente no causaba ningún riesgo para ellos.

Esta mutación se habría producido cerca del mar Negro, hace entre seis mil y diez mil años. Es en ese momento cuando aparecen los primeros seres humanos con ojos azules, que comienzan a poblar nuestro continente. Muchos investigadores se han preguntado cómo este rasgo ha logrado extenderse tanto a lo largo de Europa, ya que *a priori* no implica ninguna ventaja selectiva. La respuesta podría ser simple: los individuos con ojos azules eran considerados más atractivos, por lo tanto eran elegidos como pareja con mayor probabilidad, y de esta manera podían transmitir sus rasgos a la descendencia en mayor proporción. De esta manera los ojos azules se extendieron, y aún son dominantes en el norte de Europa.

El gen *OCA2* es uno de los muchos genes involucrados en el color de los ojos; se conocen al menos seis genes implicados en este rasgo, pero se sospecha que puede haber muchos más, y cada uno de ellos presenta polimorfismo, variaciones que son importantes en la determinación de los infinitos matices que puede tener el iris de nuestros ojos.

14

¿ES POSIBLE SABER SI ME VOY A QUEDAR CALVO?

¿Recuerdas al conde Drácula, el famoso vampiro de Transilvania? ¿Quién no se ha disfrazado de él, al menos una vez en la vida, por carnaval? Probablemente uno de los detalles que has añadido a tu disfraz —además de los dientes de vampiro— habrá sido el típico peinado en forma de triángulo, el llamado «pico de viuda», denominado así porque recuerda a un sombrero en punta usado por las viudas en el pasado. Lo que quizá no sabías es que este rasgo es genético. Y es uno de los pocos caracteres mendelianos determinados por un solo gen dominante. Esto significa que probablemente papá Drácula, abuelo Drácula y bisabuelo Drácula también tenían pico de viuda.

Obviamente no hablamos de que tener pico de viuda signifique tener una predisposición genética hacia el vampirismo, pero no te fíes demasiado: en muchas películas ¡los malos lo tienen! El cine ha usado muchas veces individuos con esta característica porque normalmente quien la tiene también presenta una mayor distancia entre los ojos, que puede ser enfatizada para dar apariencia maligna al personaje.

En genética se define como epistasia un fenómeno por el que un gen influye en la expresión fenotípica de otro. En nuestro ejemplo, la mayor distancia entre los ojos influye en la aparición de pico de viuda.

En caso de epistasia las proporciones fenotípicas propuestas por Mendel se ven modificadas. Para evidenciar un fenómeno epistásico es conveniente estudiar la progenie que se forma a partir del cruzamiento de dos dihíbridos (dos individuos heterocigóticos para dos genes distintos).

Un ejemplo de ello es el del color del pelaje de los perros de raza labrador, que depende de dos genes, B y E. El gen B controla la producción del pigmento (melanina): el alelo dominante B produce pigmentación negra, mientras que el alelo recesivo b produce pigmentación marrón. Por otro lado, el gen E controla la deposición del pigmento: en presencia del alelo dominante E la melanina se deposita de forma normal sobre el pelaje, mientras que el alelo recesivo e impide la deposición del pigmento, de manera que el fenotipo resultante es amarillo.

Como consecuencia de esto, los perros BB o Bb son negros, y aquellos bb son marrones (solo si son EE o Ee). Y los perros ee serán amarillos, independientemente de la presencia de los alelos B o b. El alelo recesivo e es, por tanto, epistásico sobre los alelos B y b, hipostáticos. Volviendo al ejemplo anterior, la morfología de los ojos es epistásica sobre el pico de viuda.

Hemos visto por tanto como este tipo de pérdida de cabello frontal es genético y se transmite de forma dominante, pero ¿qué ocurre con la calvicie? ¿Se transmite igual que el pico de viuda?

La opinión más compartida a este respecto es que la causa principal que desencadena la calvicie está seguramente ligada a la herencia. Son muchos los estudios que sostienen que la calvicie precoz se debe sobre todo a factores hereditarios. Antiguamente se pensaba que, si el padre era calvo, el hijo estaba destinado a serlo. Pero los datos actuales nos han hecho cambiar de idea: la calvicie se debería a un gen materno. Una investigación desarrollada por el profesor Markus Nöthen de la Universidad de Bonn y publicada en el *American Journal of Human Genetics* ha establecido que la herencia de la calvicie es poligénica —determinada por varios genes— y deriva del abuelo materno. A partir del análisis de los antepasados masculinos de aquellas familias que, generación tras generación, manifestaban pérdida de cabello, total o parcial, el estudio ha determinado que el gen ligado a la alopecia androgenética está localizado en el cromosoma X, que todo hombre hereda de su madre. Este gen codifica para un receptor androgénico, una proteína que responde a los estímulos de las hormonas masculinas. De hecho, la calvicie precoz se inicia cuando se produce una variación en el gen en cuestión: estas condiciones genéticas causan una pérdida de pelo inicial (las llamadas «entradas») que continúa sucesivamente, retrayendo el lugar donde comienza a salir el cabello hasta la calvicie completa.

De todos modos, en el fenómeno de la calvicie precoz no están implicados solo genes localizados en el cromosoma X, sino que existen muchos más genes que pueden tener influencia en la caída del cabello, genes que están conectados a factores hormonales y psicológicos.

Por lo tanto, y visto lo visto, no te preocupes si tu padre es calvo, pero ¡ojo a tu abuelo!

15

¿CÓMO SE HACE UN MAPA GENÉTICO?

Me gusta comparar la secuenciación del ADN humano con una gran aventura de piratas en la búsqueda de piedras preciosas. En este campo se han encontrado muchas gemas de gran valor, muchas de las cuales se sospechaba su existencia, pero también se ha encontrado un mineral inesperado, del que no se tenía idea que existía: un verdadero tesoro escondido.

Cuando se secuenció nuestro ADN, en el seno del Proyecto Genoma Humano, la presencia de genes y de otro tipo de secuencias no causó realmente una gran sorpresa, eran «piedras preciosas» que ya se conocían gracias a los avances desarrollados hasta ese momento en el campo de la genética. Sin embargo, se encontró un tesoro escondido más importante aún: las pequeñas diferencias, a veces tan solo en una base nucleotídica, entre individuos diversos.

Y como toda búsqueda del tesoro que se precie, esta aventura necesitaba un mapa. En genética tenemos uno propio: el mapa genético. La tripulación partió, por tanto, ¡hacia el descubrimiento del mapa de la vida!

Construir un mapa genético supone localizar los genes, individualizando sus posiciones relativas en los cromosomas. El padre del mapeado genético tiene, curiosamente, el nombre de un famoso pirata: Morgan. Este científico fue el primero en sentar las bases del ligamiento entre genes, concepto fundamental que está en la base de la creación de un mapa de este tipo.

Como nos enseñó Mendel en su famosa ley de la segregación independiente, sabemos que, cruzando individuos que se diferencian entre sí en dos o más caracteres, cada copia de alelos para cada carácter se hereda de manera independiente. Esto significa, por ejemplo, que si nuestra madre tiene el cabello rubio y los ojos azules, y nuestro padre es moreno y de ojos oscuros, nosotros no tenemos necesariamente que tener el pelo y los ojos claros —o el pelo y los ojos oscuros—; existen muchas más combinaciones.

La cuestión es: ¿esto es siempre así? Hoy sabemos que los genes se localizan en cromosomas y que los cromosomas homólogos se reparten al azar en los gametos durante la meiosis. Obviamente, los genes localizados en cromosomas no homólogos seguirán las leyes de la segregación independiente de Mendel, pero ¿sucede lo mismo en aquellos localizados en cromosomas homólogos? En este caso, puede ocurrir que los genes se hereden conjuntamente.

Los genes que no se reparten de forma independiente muestran un ligamiento y se denominan genes ligados (o asociados). Ya en 1905, Bateson, Saunders y Punnet, estudiando los mecanismos de herencia del guisante dulce, descubrieron la primera excepción a la ley de la segregación independiente de Mendel. Cruzando líneas puras (homocigóticas) de plantas con flores púrpuras y polen alargado con plantas de flores rojas y polen redondo, observaron que todas las plantas de la primera generación tenían flores púrpuras y polen alargado. Hasta aquí todo era normal, el púrpura domina sobre el rojo, y la forma alargada sobre la redonda. Pero cuando autopolinizaron esta generación, obtuvieron un resultado sorprendente. De las 381 plantas que componían la progenie, 305 tenían las flores púrpuras, 76 las tenían rojas; 305 plantas tenían el polen alargado, y 76 lo tenían redondo. Estos porcentajes diferían de aquellos esperados, ya que los rasgos recesivos —que se pueden manifestar solo si el individuo es homocigótico para el alelo recesivo— debían presentarse en una proporción de ¼ de la población, es decir, en 96 plantas, pero no ocurría así. Es más, los caracteres dominantes (flor púrpura y polen alargado) se presentaban juntos, y en una frecuencia mucho mayor a la esperada.

En torno al año 1911, Morgan había acumulado un gran número de mutantes de *Drosophila melanogaster*. En esta mosca de la fruta, los genes w (*white*: ojos blancos) y m (*miniature*: alas cortas) están ligados al sexo, esto es, son genes presentes en el cromosoma X. Recordemos que las hembras tienen dos cromosomas X (XX) y que los machos tienen un cromosoma X y uno Y (XY). Morgan cruzó una hembra de ojos blancos y alas cortas (w/m w/m) con un macho selvático (W/MY). Todos los machos de la primera generación (F_1) tenían los ojos blancos y las alas cortas (w/mY), mientras que las hembras eran selváticas tanto para los ojos como para la longitud de las alas (W/M w/m). Evidentemente, los machos habían heredado el cromosoma X de las hembras mutantes, mientras que las hembras habían heredado dos cromosomas X, uno de origen materno y otro paterno: como los rasgos selváticos eran dominantes, todas las hembras resultantes tenían este fenotipo.

Entonces Morgan cruzó entre sí a los individuos de esta primera generación, y analizó 2.500 moscas de la segunda generación (F_2). Como era de esperar, los machos de la F_1 producirían gametos portadores del cromosoma X (con los alelos recesivos para ambos genes) y gametos portadores del cromosoma Y, sin alelos para estos genes. En la F_2, las clases fenotípicas más frecuentes en ambos sexos fueron aquellas de los abuelos o parentales (moscas de ojos blancos y alas cortas, y moscas de ojos rojos y alas normales).

Morgan observó que 900 moscas de las 2.500 que formaban la F_2 (cerca de un tercio, concretamente un 36 %) tenían combinaciones no parentales —ojos blancos y alas normales, u ojos rojos y alas cortas—; estas combinaciones no parentales de genes ligados se conocen como recombinantes.

En el caso de una segregación independiente, la frecuencia de fenotipos recombinantes esperada es del 50 %, y un porcentaje menor implica la presencia de ligamiento entre genes, como es el caso expuesto. Morgan analizó un gran número de cruzamientos de este tipo. En todos los casos, las clases fenotípicas parentales eran más frecuentes de lo esperado, mientras que las

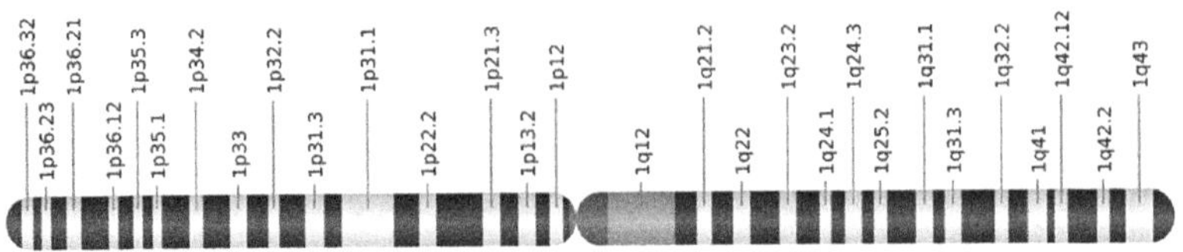

A menudo se confunde el mapa genético con la secuencia génica. Secuenciar un gen significa identificar la secuencia de bases nitrogenadas de su cadena de ADN, mientras que mapear implica localizar la posición que ocupa un determinado gen en el cromosoma. El lugar en que se encuentra cada gen se denomina *locus*. En la figura se muestra el mapa genético del cromosoma 1 de la especie humana. Imagen de Mysid, Wikimedia Commons.

clases recombinantes aparecían con una frecuencia mucho menor. Además, las dos clases parentales aparecían en un número relativo similar, y lo mismo ocurría con las clases recombinantes.

Esto indica que, durante la segregación de los alelos en la meiosis, algunos de ellos tienden a mantenerse juntos porque están situados en el mismo cromosoma. De hecho, cuanto más cerca se encuentren, más tenderán a mantenerse juntos durante la meiosis. Los recombinantes, por tanto, son producto del intercambio de material entre cromosomas homólogos durante la meiosis. Cuanto más cerca estén dos genes, menor es la probabilidad de que se intercambien fragmentos en el espacio entre ellos.

Morgan y su colega Cattel introdujeron el término *crossing-over* para describir el proceso de intercambio recíproco de segmentos de cromosoma entre posiciones correspondientes de los cromosomas homólogos (gracias a la ruptura simétrica y posterior unión cruzada de los filamentos de ADN de los dos cromosomas).

Los descubrimientos de Morgan, por tanto, han supuesto la base para la construcción de los mapas genéticos. Si dos genes no están ligados, se segregan de forma independiente y deben necesariamente estar en cromosomas diferentes. Sin embargo, cuando los genes están ligados, la distancia entre ellos puede deducirse a partir de la frecuencia de recombinación (el *crossing-over*) hallada entre ellos: cuanto más cerca estén los genes, menos probable es que se produzca recombinación y menor será la frecuencia de las clases recombinantes.

Hoy en día existen instrumentos y técnicas de biología molecular capaces de secuenciar los cromosomas, y los mapas genéticos ya no se realizan a partir de cruzamientos, pero todo esto no hubiera sido posible sin el trabajo pionero del pirata Morgan y su búsqueda del «mapa del tesoro».

16

Dos hermanos gemelos, ¿tienen la misma huella digital?

Se remonta a hace un siglo el primer caso judicial resuelto gracias a las huellas dactilares dejadas por el culpable en la escena del crimen. Las yemas de los dedos, las palmas de las manos y las plantas de los pies están salpicadas de minúsculas papilas cónicas que se suceden unas a otras formando sutiles crestas separadas por pequeños surcos interpapilares. Estas crestas forman diseños característicos, tan absolutamente individuales (islotes, arcos, puntos) que dos gemelos monocigóticos, incluso teniendo el mismo ADN, poseen distintas huellas dactilares.

Pero si de verdad los genes controlan la expresión de todos nuestros caracteres, ¿por qué dos gemelos cuyo ADN es totalmente idéntico tienen huellas dactilares diferentes? ¿Cómo se genera esta diversidad? La razón se encuentra en que las huellas dactilares son una característica física que no depende solo de los genes. La manera en que se forman depende también de las condiciones ambientales en las que se desarrollan (las del útero materno). Por esto, a pesar de haber una similitud entre las huellas de ambos hermanos, estas serán completamente distinguibles. Es decir, la expresión de los genes está influenciada por el efecto del ambiente. Y no solo se cumple para las huellas dactilares, sino para casi todos nuestros rasgos, así como para su nivel de expresión.

Existe la opinión generalizada de que la genética es una especie de condena heredada. Heredamos, por ejemplo, la predisposición a enfermedades y pensamos que si en la familia ha habido casos de tumores, con una gran probabilidad también nosotros lo padeceremos. El riesgo existe, sin duda, y deben tomarse medidas de prevención, pero la ciencia, como sucede a menudo, consigue giros impresionantes en la imposición de sus dogmas. Y la genética no es una excepción.

Sabemos que el ADN es una especie de libro de la vida en el que está escrito todo lo que nos ocupa, pero ¿de verdad está todo escrito? La buena noticia es que esto no es totalmente cierto. El ambiente, la alimentación, el estilo de vida e incluso nuestros pensamientos y emociones modelan el ADN. Y gracias a estas interacciones podemos defendernos de las enfermedades, a pesar de tener una historia familiar incómoda. El ADN de nuestros genes codifica la posibilidad de expresar un determinado carácter, pero su expresión real dependerá de la influencia ambiental.

De hecho, nadie comparte más patrimonio genético que los gemelos y, sin embargo, se ha descubierto que no tienen el mismo riesgo de desarrollar cáncer. Un estudio publicado en el *New England Journal of Medicine*, llevado a cabo en 45.000 gemelos, demostraba que la genética no juega el papel principal en el establecimiento del factor de riesgo de padecer cáncer. Al parecer, el ambiente y el estilo de vida sí que juegan un papel clave, así como la alimentación.

Si un bebé nacido de dos progenitores con numerosos casos de tumores en la historia familiar —y, por tanto, con una alta predisposición genética a padecerlos— es adoptado por otra familia, ¿qué sucede? ¿Se olvida de su predisposición genética o se manifiesta independientemente de la familia en la que crece? Un estudio conducido por el doctor Sorensen ha demostrado que la predisposición genética heredada de los padres no tiene ninguna influencia sobre el riesgo de los hijos a desarrollar ciertos tipos de tumores. No obstante, la investigación puso de manifiesto un hecho aún más interesante: si los hijos de personas que nunca habían tenido casos de tumores en la familia eran adoptados por familias con una alta predisposición a los tumores, su riesgo de desarrollar cáncer se multiplicaba por cinco.

Por tanto, la constitución genética del cigoto solo determina la potencialidad del organismo para desarrollarse y funcionar, mientras que el ambiente puede influenciar en la expresión génica durante el desarrollo y diferenciación del organismo. El desarrollo, al fin y al cabo, no es más que una serie programada de cambios fenotípicos bajo un control temporal, espacial y cuantitativo. Una red de rutas bioquímicas complejas, cuyas etapas están bajo control genético. Cada una de estas etapas puede ser expuesta a la influencia del ambiente. Aunque los genes influyen en el desarrollo, ningún gen por sí mismo determina completamente un determinado fenotipo, por lo que dos individuos con el mismo genotipo no tienen necesariamente el mismo fenotipo.

Obviamente, no todos los genes se ven afectados por el ambiente del mismo modo. La frecuencia con la que un alelo dominante o uno homocigótico recesivo se manifiestan en los individuos de una población se define como penetrancia. Algunos genes tendrán una penetrancia completa, del 100 %, por ejemplo los alelos del grupo sanguíneo AB0 —¡el ambiente no puede cambiar el tipo de sangre que tenemos!—, pero otros genes, en cambio, tienen penetrancia incompleta. Es el caso de la braquidactilia, un rasgo dominante que supone el acortamiento del dedo índice y de los dedos de los pies, que muestra solo un 50 % de penetrancia. Esto significa que, incluso siendo portadores del gen, podemos tener los dedos totalmente normales.

Usualmente se habla de influencia del ambiente interno y externo. Por ambiente interno se entiende el conjunto de estímulos provenientes del organismo y que son capaces de activar rutas bioquímicas complejas. El ambiente externo está formado por todos los estímulos que proceden del exterior del individuo. Ejemplos típicos de ambiente interno son la edad y el sexo. La edad del organismo se refleja en cambios a nivel interno: los genes no funcionan de continuo, sino que lo hacen de forma programada acorde a la edad del sujeto. Lo mismo sucede con el sexo; por ejemplo, pensemos en la aparición de cuernos en algunas especies de ovejas, en las que los machos los desarrollan mientras que las hembras, aun poseyendo los genes que los determinan, no tienen cuernos. Un caso similar es el de la distribución del pelo sobre la cara de los hombres, o la capacidad misma de producir óvulos y espermatozoides. Todos estos aspectos pueden ser potencialmente activados tanto en machos como en hembras, pero será el ambiente interno (el sexo) el que determine los genes que se expresan y los que no.

En lo que se refiere al ambiente externo, un ejemplo típico es el de la fenilcetonuria. Los individuos que sufren esta anomalía metabólica han heredado de ambos progenitores una forma modificada del gen que codifica la enzima capaz de degradar la fenilalanina, un aminoácido muy común en la dieta. Esto provoca una acumulación de fenilalanina que, por encima de un cierto nivel, resulta tóxica, obstaculizando el desarrollo cerebral y

El color negro de orejas, nariz y patas del conejo del Himalaya está determinado por el ambiente externo. Estos conejos, normalmente blancos, desarrollan el color oscuro solo cuando la temperatura externa es baja. Foto de Wikimedia Commons.

causando retraso mental. Por lo tanto, cualquier persona portadora de esta anomalía genética desarrollará la enfermedad. Solo si se diagnostica a tiempo y se administra una dieta libre de fenilalanina se puede evitar que el individuo enferme. En este caso, la dieta determinará el fenotipo del individuo.

Por todo ello, debemos tener cuidado. No somos autómatas genéticos víctimas de la herencia biológica de nuestros antepasados. Somos, en cambio, los cocreadores de nuestra vida y nuestra biología.

17

¿Te pareces más a mamá o a papá?

Una madre es siempre una madre. A menudo se atribuye a las madres una supremacía entre los progenitores, un vínculo especial con los hijos que el padre, aunque importantísimo, no llega a tener de la misma forma, sobre todo en los primeros meses de vida del recién nacido. Sin intención de menospreciar a los papás, debemos reconocer que es la madre la que lleva al bebé durante nueve meses en el vientre, la que da a luz y la que lo amamanta, por lo que seguramente se merece una especial consideración en este campo.

Sin embargo, a nivel genético, ¿se puede decir que las madres son «más progenitoras» que los padres? En otras palabras, ¿es totalmente cierto que heredamos exactamente la misma cantidad de ADN del padre y la madre? Porque puede ser que nuestra madre nos pase algo más. Vamos a averiguarlo.

Todos sabemos que el inicio de la vida de un individuo, el punto cero, es el encuentro entre un espermatozoide y un óvulo. El ADN del espermatozoide —con sus veintitrés cromosomas— se une al ADN del óvulo —con sus correspondientes veintitrés cromosomas— formando la primera célula del embrión: un cigoto con cuarenta y seis cromosomas, contenedores de toda la información necesaria para la formación de un nuevo individuo. Estos cromosomas que los progenitores pasan en igual cantidad al cigoto residen en los núcleos de los gametos (óvulo y espermatozoide). La cuestión es: ¿es el núcleo el único lugar donde la célula tiene ADN? En realidad no, fuera del núcleo también hay material genético, concretamente en dos importantes orgánulos celulares: las mitocondrias (estructuras presentes en células animales y vegetales) y los cloroplastos (propios de células vegetales).

La mitocondria, por un lado, es el orgánulo responsable de la llamada respiración celular, esto es, el conjunto de procesos metabólicos por los que la célula obtiene energía a partir de la descomposición de los nutrientes en componentes más sencillos. En pocas palabras, es una pequeña fábrica celular de desmontaje que obtiene energía de los nutrientes (azúcares) mediante el uso de oxígeno. Sin mitocondrias, la célula no podría respirar y no tendría energía para llevar a cabo sus funciones celulares. Por su lado, el cloroplasto es la sede de la fotosíntesis clorofílica, un proceso químico mediante el cual las plantas verdes y otros organismos fotosintéticos producen sustancias orgánicas —principalmente carbohidratos— en presencia de luz solar, a partir de dióxido de carbono atmosférico y agua metabólica.

Estos dos orgánulos presentes en el citoplasma tienen su propio ADN interno, separado del ADN nuclear (el de los cromosomas), un material genético con capacidad para replicarse de forma autónoma. La razón de la presencia de ADN en estas dos estructuras reside en su origen. Tanto la mitocondria como el cloroplasto hace mucho tiempo, y aunque suene difícil de creer… ¡eran bacterias! Fueron convertidas en orgánulos mediante endosimbiosis, un proceso de convivencia entre dos especies en el cual una de ellas vive dentro de la otra sin hacerle daño. De hecho, el propósito de esta interacción es, para las dos especies involucradas, el obtener ventajas en términos de supervivencia.

Las células eucariotas, como sabemos, presentan una gran complejidad estructural debida a la presencia de numerosos orgánulos que desempeñan funciones diversas para el mantenimiento de la vida. Las primeras células eucariotas, las primordiales, debían ser relativamente simples, carecían de estas estructuras internas. En la práctica, eran similares a las células procariotas. Las células eucariotas actuales (llenas de orgánulos como por ejemplo mitocondrias y cloroplastos) se formaron gracias al proceso de endosimbiosis, por unión (mediante fagocitosis) con células más sencillas —las bacterias simbiontes— capaces de llevar a cabo algunas funciones peculiares, como extraer energía de los compuestos orgánicos a través de la respiración aerobia. Algunas bacterias se integraron tan bien que proporcionaron una ventaja evolutiva a la especie, de manera que llegaron a convertirse en parte integrante y necesaria para su vida. Mitocondrias y cloroplastos son ejemplos de ello, antiguas bacterias simbiontes que ahora son orgánulos, y que conservan todavía su propio ADN bacteriano.

Pero retomemos el punto cero de la vida: la fecundación y formación del cigoto. El óvulo y el espermatozoide, como todas las células, para funcionar necesitan energía y, por ende, mitocondrias para conseguirla. En el momento de la fusión de gametos, cuando el espermatozoide penetra en el óvulo, se fusionan sus núcleos (con sus cromosomas) y las dos células se encuentran en el mismo entorno citoplasmático. ¿Qué sucede entonces con las mitocondrias del citoplasma del óvulo y el espermatozoide? Pues que ambas formarán parte del cigoto, pero claro, debemos considerar que el gameto femenino (el ovocito) es mucho mayor que el espermatozoide y contiene mucho más citoplasma. Como consecuencia de esto, casi todo el citoplasma del cigoto deriva de la madre, por lo que el ADN mitocondrial deriva casi por completo de la madre.

Este tipo de herencia materna, uniparental, implica genes extranucleares que, obviamente, no siguen las leyes de herencia vistas hasta el momento, no presentan las proporciones de segregación

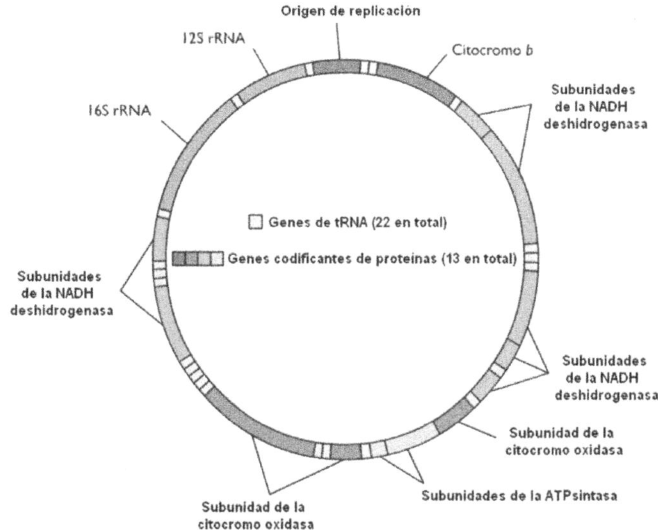

El ADN mitocondrial, o ADNmt, es el ácido desoxirribonucleico que reside en el interior de las mitocondrias, los orgánulos encargados de la respiración celular. Este ácido nucleico presenta algunas peculiaridades, tanto estructurales como funcionales, que lo hacen único. Entre ellas, la estructura circular de su cadena de nucleótidos, el contenido de genes (formado solo por treinta y siete elementos) y la ausencia casi total de secuencias no codificantes.
Imagen de Nosce-commonswiki, Wikimedia Commons.

esperadas según Mendel, y no pueden ser mapeados en los cromosomas nucleares que conocemos.

Un ejemplo típico de herencia materna es la transmisión del carácter variegado en las hojas de *Mirabilis jalapa*, una planta llamada dama de noche porque sus flores se abren cuando se pone el sol. En esta planta se produce una alternancia entre zonas verdes y zonas blancas o más pálidas de lo normal (variegación). Estas plantas no siguen las reglas típicas de segregación mendeliana, ya que pueden poseer ramas verdes, blancas o variegadas; las flores de las ramas verdes darán lugar a semillas verdes, las flores de las ramas blancas solo producirán progenie blanca (que muere bastante rápido), mientras que las flores de las ramas variegadas dan lugar a semillas verdes, variegadas o blancas, sin unas proporciones fijas. Cuanto más grandes son las zonas verdes, más numerosa la progenie de este color, y así con los demás tipos.

De esta manera, las semillas formadas serán del mismo color que la flor femenina que las produjo, y el origen del gameto masculino (polen) —ya sea de una flor de semillas verdes, blancas o variegadas— no tiene ninguna influencia en el tipo de progenie formada. En otras palabras, el fenotipo de la descendencia viene determinado exclusivamente por el parental femenino. Esto se explica porque el color verde de las hojas depende de la presencia de clorofila, pigmento presente en los cloroplastos. Las semillas verdes de la dama de noche tienen cloroplastos normales, mientras que las semillas blancas tienen cloroplastos anormales, carentes de clorofila, denominados leucoplastos. Estos orgánulos anormales se deben a la mutación de un gen presente en el ADN cloroplasmático. Las células de esta planta, por tanto, pueden producir cloroplastos (darán lugar a ramas verdes), leucoplastos (origen de las ramas blancas), o una mezcla de ambos (responsables de las ramas variegadas). Como los únicos cloroplastos que se heredan son los del óvulo —el grano de polen no aporta ninguno—, es la madre la responsable final del color de la descendencia formada.

18

El mismo gen, ¿puede tener un efecto distinto si proviene de la madre o del padre?

Que levante la mano el que no haya bailado alguna vez, bien en casa o en el cole, la canción de los patitos («Que viene mamá pata, pachín»). En un episodio de los dibujos animados *Tom y Jerry*, un patito recién nacido cree que Tom es su madre porque es el primer adulto al que ve nada más salir de huevo. Y es que los gansos y los patos, justo en el momento de nacer, tienden a seguir al primer objeto en movimiento o persona que ven, identificándolo como su propia madre. Este fenómeno, denominado impronta o *imprinting*, se manifiesta tanto en aves como en mamíferos y, en menor medida, también en seres humanos.

Los etólogos definen la impronta como el desarrollo, en un animal joven, de una preferencia social por sus progenitores, o por otro individuo al cual ha estado expuesto desde el momento de su nacimiento. En la práctica, ser improntado por alguien significa que desde el momento en que le ves, todo cambia. Podrías hacer cualquier cosa por esa persona. ¿Existe entonces la impronta genética?

Se define la impronta genética como la expresión diferencial del material genético según este haya sido transmitido por el padre o por la madre. Esto significa un efecto parental (efecto de los genes paternos y maternos) sobre la expresión génica de la descendencia: alelos idénticos pueden manifestar efectos distintos en la progenie, según hayan llegado al cigoto a través del óvulo o del espermatozoide. Del mismo modo que el comportamiento del patito viene determinado por ese primer contacto con los progenitores, en genética algunos genes se ven afectados por su origen paterno o materno. Algunos genes son, de hecho, improntados, y en ellos los alelos heredados del padre se expresan de forma diversa a aquellos correspondientes a la madre.

Existen muchas evidencias que demuestran que esta expresión diferenciada que hemos denominado impronta genética está relacionada con el proceso de metilación del ADN (adición de un grupo metilo $-CH_3$ a una base nitrogenada del ADN), responsable de la inactivación de la transcripción durante la gametogénesis masculina o femenina (formación de espermatozoide y óvulo). La metilación diferenciada de un determinado *locus* génico constituye una especie de huella, que impone la expresión de uno solo de los dos alelos presentes en ese *locus* específico, bien sea el de la madre o el del padre. Por supuesto, solo una pequeña parte de los genes está sujeta a la impronta, y cuando esto sucede, esos genes no siguen las leyes clásicas de herencia mendeliana.

¿Sabías, por ejemplo, que la dirección de la espiral de los caracoles depende siempre del genoma de la madre? Este es un ejemplo clásico de impronta genética denominado «efecto materno». No hay que confundir la herencia materna debida a genes localizados en los genomas citoplasmáticos, generalmente heredados de la madre (el caso visto en la pregunta anterior), con el efecto materno, que no se debe a genes extranucleares sino a genes de los cromosomas del núcleo, cuyo fenotipo se fija antes de la fecundación del óvulo (y es, por tanto, controlado por la madre). En el caso del efecto materno, el fenotipo del individuo viene determinado por el genoma nuclear de la madre a través de la acción del ARNm o proteínas que son depositadas en el

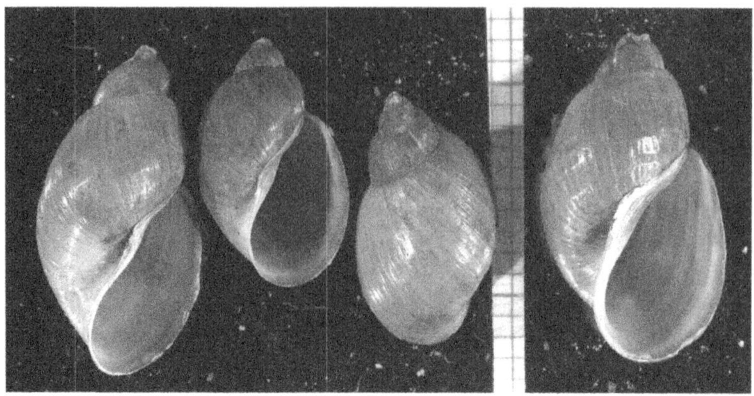

En los caracoles de la especie *Limnaea peregra*, el sentido de giro de la concha puede ser dextrógiro o levógiro, y depende siempre del genoma nuclear de la madre, según un fenómeno conocido como efecto materno. Por esta razón, un individuo siempre tendrá el sentido de giro heredado de la madre, aunque su genotipo (si atendemos a las leyes de Mendel) codifique para el giro inverso. Foto de Francisco Welter Schultes, Wikimedia Commons.

óvulo antes de la fecundación y dirigen el desarrollo inicial del embrión.

En la especie de caracol *Limnaea peregra*, por ejemplo, el sentido de giro de la espiral de su concha depende solo de una pareja de alelos nucleares: el alelo D produce un giro dextrógiro (en el sentido de las agujas del reloj), mientras que el alelo d es responsable de un giro levógiro (contrario a las agujas del reloj). A pesar de que el alelo D domina sobre d, el fenotipo de la espiral resultante siempre viene determinado por el genotipo de la madre. Es decir, si se cruzan dos líneas puras (DD x dd), toda la descendencia (F_1) tendrá el mismo genotipo heterocigótico (Dd) pero distinto fenotipo, en función de los parentales: si la hembra era dextrógira (DD) y el macho levógiro (dd), la descendencia será Dd y tendrá la concha enrollada de forma dextrógira. Sin embargo, si autofecundamos a esta F_1 obtenida, tendríamos una segunda generación (F_2) con tres genotipos —DD, Dd y dd— en proporciones 1:2:1 (recordemos a nuestro querido Mendel), pero fenotípicamente todas las hembras tendrán la concha dextrógira, ¡incluso las que tienen el genotipo dd! He aquí el efecto materno. Los caracoles dd tienen el mismo fenotipo en espiral que la concha de la madre (que era, recordemos, Dd). Y lo mismo sucedería si cruzáramos una hembra con concha levógira (dd) con un macho dextrógiro (DD), toda la progenie sería Dd, ¡pero levógira!

¿A qué se debe esto? La respuesta se ha localizado a partir del análisis citológico de los huevos en desarrollo, en los que se ha visto que la orientación del huso acromático en la primera división mitótica tras la fecundación determina el sentido de giro de la espiral de la concha. La madre codifica los productos que se depositan en el óvulo y que dirigen la orientación del huso y, por tanto, el sentido de giro. Una madre D/– depositará productos genéticos que darán lugar a giros dextrógiros, mientras que una madre d/d, depositará productos responsables del giro en sentido inverso.

19

¿Se heredan los malos hábitos?

Se suele decir «tiene las mismas manías que su padre» o «eso mismo hacía su abuelo». Son expresiones populares, comunes en el ámbito coloquial, aunque algunas de ellas no carecen del todo de fundamento. De hecho, estas frases podrían ser más ciertas de lo que cabe imaginar, al menos de acuerdo con un reciente estudio de la Universidad de Adelaida, en Australia. En la investigación se establece que los hijos heredarían no solo el carácter de sus progenitores, también, y sobre todo, sus malos hábitos. Este estudio revive el eterno dilema de la genética: ¿pesan más los genes o el ambiente en la formación del carácter? Hay quien defiende que es una transmisión totalmente genética, y quienes por el contrario opinan que todo es aprendido. Y la verdad es que ninguno de ellos está en lo cierto, o al menos no están del todo en lo cierto.

Hasta la publicación del estudio de Adelaida, se pensaba que el legado de los padres solo era relevante si estaba activado. En la mano de los hijos estaría entonces la capacidad, durante su desarrollo, de activar o inactivar genes en circunstancias particulares. La novedad introducida por los científicos australianos radica en el hecho de que los progenitores pueden transmitir, junto a los genes, la voluntad de activar o inactivar genes concretos. Tanto la madre como el padre envían al hijo, a través del óvulo y el espermatozoide, un patrimonio genético en el que se incluyen también los malos hábitos, el alcoholismo, los trastornos de alimentación, las manías, etc., adquiridos antes de la concepción, a través de un mecanismo bastante novedoso: la epigenética.

Técnicamente, nos encontramos frente a «cambios heredables en la expresión de un gen, no atribuibles a una variación en la secuencia de nucleótidos del mismo». Estamos hablando, aunque parezca increíble, del efecto ambiental (no mutagénico) sobre el ADN, y las consiguientes modificaciones en la síntesis proteica: el estilo de vida no muta al ADN, pero puede silenciar o resaltar algunas de sus páginas más críticas. Un gen apagado no sirve para nada, para hacerse oír debe ser encendido y, en algunas circunstancias, se puede transmitir esta predisposición a encender o apagar uno u otro gen. Esto es la epigenética.

De acuerdo a los investigadores australianos, los rasgos del carácter tienen su origen en los antepasados. Así que no bastaría con seguir una dieta, evitar el alcohol o dejar de fumar durante el embarazo. Los malos hábitos, incluso del pasado, son genéticamente heredables por los hijos e hijas. Durante mucho tiempo pensó que esto no importaba, porque un nacimiento es siempre un nuevo comienzo. Pero en realidad ningún niño comienza de la nada; los padres transmiten a sus futuros hijos también estos «recuerdos».

No obstante, recordemos que la epigenética es un terreno aún poco explorado, por lo que debemos asumir con cautela los resultados de este estudio, aunque no podemos negar que hay una dosis de realidad detrás del mismo. Que la tendencia al alcoholismo u otros vicios materiales era hereditaria lo sabíamos desde hace tiempo, pero no se entendía bien cómo ocurría. Ahora sabemos que el padre y la madre transmiten, a través de los gametos, el patrimonio genético a sus hijos e hijas, con la adición de un «billete» que les dice algo así como «trata de usar este gen y no usar este otro». Es una sugerencia, no una imposición, pero en muchos casos se trata de una sugerencia fuerte.

Sabiendo todo esto, nos podemos preguntar: ¿qué somos realmente nosotros? Pues somos hijos de nuestros genes, de la vida que hemos llevado hasta hoy, y de una serie de complicaciones, generalmente aleatorias, que modulan la acción de los genes y de nuestro propio estilo de vida. Algunas de estas complicaciones

Con el término «epigenética» nos referimos a los cambios heredables en la expresión de los genes, no atribuibles a variaciones en las secuencias nucleotídicas. Las modificaciones epigenéticas pueden ser inducidas por diferentes factores, uno de ellos es la dieta. La diferencia en el color y la obesidad de los ratones de la imagen, genéticamente idénticos, se debe a la alimentación de las madres. Cuando las madres embarazadas son alimentadas con suplementos ricos en grupos metilo, como el ácido fólico y la vitamina B12, su descendencia desarrolla un pelaje marrón, diferente al amarillo de la variedad normal. Foto de Randy Jirtle, Wikimedia Commons.

pueden ser estudiadas hoy en día mediante la epigenética, y esto nos ayuda a comenzar a entenderlas mejor.

Ahora bien, ¿cómo funciona la epigenética? La epigenética estudia cómo la función del genoma se ve afectada por mecanismos de regulación de la expresión génica. Los factores epigenéticos incluyen la regulación de los patrones espaciales, como la disposición tridimensional del ADN en torno a las proteínas histonas, y la modificación bioquímica de los componentes de la cromatina.

Durante la división celular, el destino de las células individuales viene determinado por la activación y silenciamiento selectivo de los genes. En nuestro cuerpo tenemos cientos de tipos distintos de células. Teniendo en cuenta que contamos con aproximadamente treinta mil genes en nuestro genoma, la importancia del «silencio» no se puede subestimar, como no lo haríamos en la actuación de una orquesta.

Los patrones de metilación del ADN (modificación del mismo por la unión de un grupo metilo $-CH_3$ a una base nitrogenada) juegan un papel clave en los fenómenos de activación y desactivación de genes, y provocan efectos que van desde la diferencia en la coloración de los pétalos de una flor hasta el crecimiento de un tumor maligno.

La represión y activación de un gen es un proceso muy delicado que puede conllevar consecuencias peligrosas. Una metilación muy reducida del ADN puede modificar la configuración de la cromatina, lo cual influye en la activación y represión de determinados genes después de la división celular. Una metilación excesiva, por otro lado, puede destruir el trabajo protector que realizan los genes supresores de tumores y los genes reparadores del ADN. Estas «epimutaciones» se han observado en un amplio número de tumores. La epigenética abre así el camino a la exploración de nuevas vías terapéuticas.

La epigenética también supone un instrumento para explicar cómo el material genético responde a las condiciones ambientales. Algunas investigaciones han demostrado que la exposición a estrés ambiental es capaz de activar modificaciones estructurales en la cromatina que pueden activar o silenciar genes. Igual que un director de orquesta decide la dinámica de ejecución de una sinfonía, los factores epigenéticos regulan la interpretación del ADN en el interior de cada célula viva. Resulta por tanto evidente que los factores epigenéticos presentes en el óvulo o en los espermatozoides pueden influir y dirigir la expresión de los genes en el bebé fruto de su unión.

Visto lo visto, esperamos que el lector tenga cuidado con lo que hace, ya que sus hijos lo recordarán.

20

¿CÓMO SE CONSTRUYE UN ORGANISMO A PARTIR DEL ADN?

Tenemos tendencia a pensar que todo gira en torno a nosotros, somos seres antropocéntricos. A menudo pensamos en la humanidad como el resultado final de todo lo que ha sucedido en el planeta, y por ello pensamos en nosotros, los seres humanos, como las piezas centrales, el producto principal. Y suponemos que todo lo microscópico que existe dentro de nosotros, dentro de cada célula y de cada núcleo de cada célula está ahí porque resulta necesario para construir y llegar al diseño final, el ser humano.

Pero ¿has pensado alguna vez que la vida podría estar toda en manos de nuestro material genético? ¿Y que el cuerpo podría ser un producto secundario, con la única función de conseguir la reproducción de los genes. «El gen —escribió Dawkins— es egoísta: se construye el cuerpo que le resulte más cómodo». Y es que la investigación en el mundo submicroscópico ha revelado un mundo insospechado. En las profundidades invisibles de las células vivas no se encuentra una gelatina, un caldo, un ruido de fondo comprometido con el funcionamiento de la vida. En lugar de esto, existen cristales elegantes, espirales perfectas, geometrías maravillosas. El material hereditario, el famoso y conocido ADN, es una cadena envuelta en una larguísima hélice regular, de medidas constantes y perfectas. Mirándola desde un punto de vista distinto: el secreto de la vida radica en su composición química, sus reacciones moleculares, su estructura más íntima.

Entonces, ¿cómo se logra construir un organismo entero a partir del ADN? O, cambiando la perspectiva a una menos antropocéntrica, ¿cómo consiguen nuestros genes producir otros genes utilizando un organismo? Para entender esto, debemos abandonar el reino de lo macroscópico al que estamos acostumbrados, para entrar en el fantástico mundo de lo microscópico, de las células, de las moléculas que las forman. No es casualidad que los genetistas den respuesta a esta pregunta utilizando el llamado «dogma central de la biología molecular».

Para entender este proceso, debemos primero identificar su punto inicial y final. Actualmente, está bastante claro para todos que el ADN es nuestro punto de inicio; dentro de este conocido ácido se encuentra la información, las instrucciones para la vida. Pero ¿cuál es el punto final? El producto en el que el ADN se transforma para construir un cuerpo. En otras palabras, ¿de qué está hecho un organismo?

Se puede decir que las proteínas (del griego *proteios*, 'primario') son el componente principal de todas las células constituyentes de los seres vivos. De acuerdo con algunas estimaciones, el ser humano posee alrededor de cien mil proteínas diferentes, de las cuales hasta el momento solo un 2 % se ha descrito de forma adecuada. Estas estructuras llevan a cabo la mayor parte de las funciones vitales: constituyen las enzimas, proteínas imprescindibles en las distintas transformaciones químicas que se producen en el interior celular; son directoras de diferentes funciones celulares; responsables del movimiento y la contracción muscular; llevan a cabo muchos procesos de transporte (la hemoglobina, por ejemplo, transporta el oxígeno y el dióxido de carbono dentro del cuerpo) y juegan un papel muy importante en la defensa del organismo frente a agentes extraños.

Por supuesto, no estamos hechos solo de proteínas, también contenemos agua, lípidos (grasas), vitaminas y otras sustancias. Pero siempre son las proteínas las responsables de transformar, modificar y catalizar todas las reacciones químicas en las que el resto de elementos están implicados, por lo que el punto final son las proteínas, y con ellas se monta todo un organismo. Antes de continuar, por tanto, debemos comprender qué son exactamente las proteínas, cómo están hechas y cómo llevan a cabo sus funciones.

Una proteína consiste en una cadena formada de pequeñas moléculas orgánicas denominadas aminoácidos. Todas las proteínas conocidas están formadas por combinaciones de solo veinte tipos de aminoácidos. En ellas, los aminoácidos están unidos mediante enlaces peptídicos. La secuencia específica de aminoácidos determina la estructura primaria de una proteína.

Además, la molécula proteica tiene varias cadenas laterales, cuyos grupos pueden interactuar con el agua o entre ellos, de manera que la cadena polipeptídica se puede replegar sobre sí misma en mayor o menor grado —gracias a la ayuda de filamentos proteicos— formando una estructura tridimensional que constituye el gran secreto de su increíble capacidad constructiva. Las combinaciones casi infinitas en las que se pueden alinear los aminoácidos, unidas a la forma tridimensional que pueden adoptar, explican la gran diversidad de tareas llevadas a cabo por las diferentes proteínas que forman los seres vivos. Cada proteína, por tanto, sería una especie de pieza de lego que puede adoptar funciones diversas dentro del gran puzle que es el organismo.

Y ahora volvamos a nuestro dogma central de la biología molecular, que se puede resumir en la siguiente frase: «un gen, una proteína», o más exactamente «un gen, un polipéptido». En palabras sencillas, este dogma establece que un gen es un segmento de ADN que contiene la información necesaria para producir una cadena polipeptídica específica, pero no contiene información para elaborar el resto de proteínas, el ARN o el

ADN. En palabras de Crick: «una vez que la información se ha transformado en proteína, ya no puede volver atrás».

Las proteínas son fabricadas en el citoplasma de las células, concretamente en unos orgánulos denominados ribosomas, pequeñas fábricas de proteínas que llevan a cabo funciones relevantes en el ensamblaje de las mismas. El caso es que el ADN, contenedor de las instrucciones necesarias para crear estas proteínas, nunca abandona el núcleo. Entonces, ¿cómo llega esta información hasta los ribosomas del citoplasma? Además, tenemos un segundo problema por resolver, ¿cómo puede una determinada secuencia de nucleótidos del ADN convertirse en una secuencia específica de aminoácidos de una proteína?

Las células han encontrado solución para ambos obstáculos. A partir del segmento de ADN contenedor del gen que se va a transformar en proteína se forma una copia complementaria (como el negativo de una foto) en una molécula de ARN (ácido ribonucleico), un ácido estructuralmente similar al ADN. El proceso de formación de este ARN se denomina transcripción, y cada secuencia de ADN de un gen que codifica para una proteína se expresa como secuencia de ARN (en la práctica, una secuencia de nucleótidos de ADN se copia en otra secuencia de nucleótidos de ARN). Este ARN (denominado ARN mensajero, o ARNm) sale entonces del núcleo hacia el citoplasma donde, una vez llega a los ribosomas, sirve de molde para la síntesis proteica.

Para sintetizar proteínas, es necesario que los aminoácidos también lleguen a los ribosomas. En este punto, hace falta una molécula adaptativa capaz de unirse de forma específica a un aminoácido y al ARNm. Está provista, por tanto, de dos regiones funcionales: una para unirse al aminoácido, y otra para reconocer la secuencia de nucleótidos del ARNm. Estamos hablando del ARN transferente o de transferencia (ARNt). Esta molécula reconoce el fragmento de ARNm y se une a él, aportando el aminoácido que lleva con ella y los aminoácidos se irán uniendo para formar las proteínas. Esta unión no es casual sino que, como veremos en preguntas posteriores, sigue un patrón de unión específico y ordenado.

Los ARNt son, por tanto, capaces de traducir el lenguaje del ADN (secuencias nucleotídicas en forma de ARN) en el lenguaje de las proteínas (cadenas de aminoácidos). Este paso de ARNm a proteínas se denomina traducción.

21

¿Qué diferencia existe entre ARN y ADN?

ARN y ADN, dos términos que aprendimos en el colegio y que vuelven a aparecer, de forma regular, cada vez que se habla de medicina o genética. El secreto de todo ser humano se esconde detrás de estos acrónimos, así que trataremos de aclarar bien los conceptos, partiendo de lo que tienen en común, y analizando las diferencias entre estas dos moléculas.

Hoy en día es bien sabido que el ADN engloba la información genética de cada uno de nosotros. Es una especie de memoria física donde están registradas las instrucciones de programación del *software* humano. El código genético viene dado por la peculiar disposición de los nucleótidos en secuencias, y ahora sabemos que este código contiene las instrucciones para elaborar las proteínas, ladrillos fundamentales de los que estamos construidos. El paso de la información contenida en el ADN a las proteínas no es, como ya hemos visto, directo. Se produce a través de dos procesos importantes: la transcripción (el paso de ADN a ARNm) y la traducción (paso de ARNm a proteínas).

Se requiere, por tanto, una molécula intermedia entre el ADN y las proteínas, una especie de ADN duplicado, con algunas diferencias estructurales. Esta molécula es el ARN, ácido ribonucleico. Al ser generado a partir de la transcripción del ADN, desde el punto de vista químico, el ARN es muy parecido a su molécula de origen, pero consta de una sola hebra de nucleótidos en lugar de una doble hélice.

Diciéndolo de forma sencilla, entonces, el ARN no es más que el fruto de la transcripción de una cadena de ADN, en el que la información genética viene copiada en una nueva molécula que, aun siendo una copia, asume funciones diferentes. En el proceso de la transcripción genética, de hecho, no se crean hebras de ARN solo para su traducción a proteínas, sino que también se forman moléculas para llevar a cabo otras funciones biológicas.

A nivel estructural el ARN es muy similar al ADN, aunque contiene un azúcar distinto (ribosa en lugar de desoxirribosa) y también una base nitrogenada diferente (uracilo en lugar de timina). Al copiar el ADN en ARN, el ADN permanece estable y sin cambios en el tiempo. Podríamos decir que el ADN es el disco duro y las moléculas de ARN que de él derivan son las copias para utilizar en la práctica, el *pen drive* de uso inmediato. Y es que, en realidad, la información del ADN solo se puede utilizar una vez ha sido traspasada a ARN (cuando pasa del disco duro al *pen drive*). Como el ADN no sale del núcleo, para expresarse necesita ser copiado a una molécula móvil que pueda salir del núcleo y adentrarse en el citoplasma.

Durante la transcripción, el ADN se desenrolla y se usa como molde en un proceso molecular catalizado por enzimas específicas denominadas ARN polimerasas. Estas enzimas unen los «ladrillos» de los que está hecho el ARN, alineándolos uno tras otro de acuerdo a la información contenida en el ADN. El primer paso de este proceso es la unión de la ARN polimerasa al promotor, una secuencia de ADN que controla la expresión del gen que se va a transcribir (porque no se transcribe todo el ADN). Además, otras proteínas, las llamadas «factores de transcripción», se unen a porciones de ADN que, aunque a veces están alejadas del gen en cuestión, son necesarias para su expresión. La función de estas secuencias es tan importante que su alteración puede conducir incluso al desarrollo de enfermedades. Algunos virus asociados a tumores, por ejemplo, afectan a secuencias de genes que estimulan la proliferación de células, haciendo que la expresión de estos genes se incremente mucho.

Para la síntesis del ARN solo se utiliza una hebra de ADN (hebra molde), y la ARN polimerasa cataliza la unión lineal de los nucleótidos complementarios a aquellos de la hebra de ADN que se está copiando, formando una cadena de ARN prácticamente idéntica a la hebra de ADN que no se usa, con la particularidad de que, en lugar de timina, el ARN contiene uracilo. La transcripción es un proceso complejo y sujeto a numerosos ajustes, el control de la transcripción es, de hecho, uno de los principales mecanismos de control de la expresión génica.

Una vez formado, el ARN puede salir del núcleo y transportar al citoplasma de la célula las instrucciones necesarias para la síntesis de las proteínas. El ARN que contiene la información para esta síntesis se denomina, como vimos, ARN mensajero, al

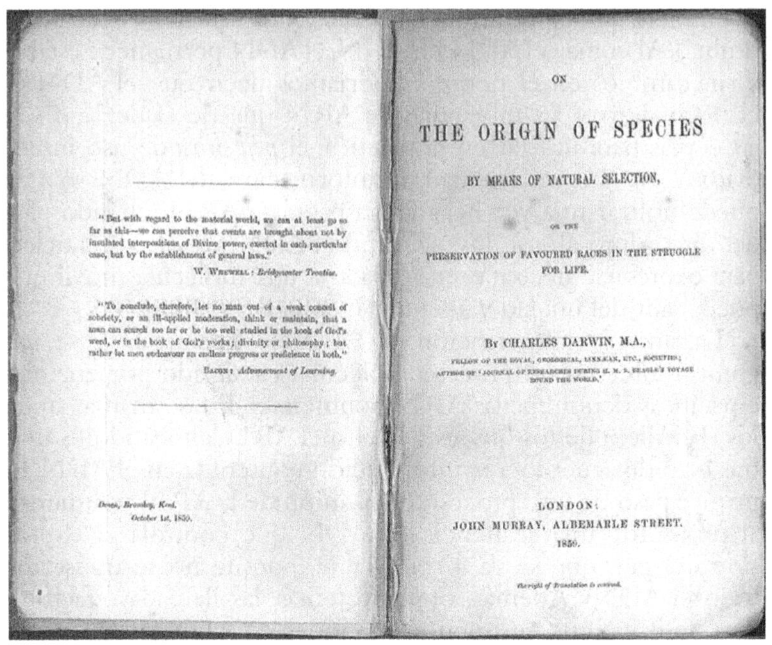

Esta es la primera edición del famoso libro *El origen de las especies*, de Charles Darwin. Obviamente, este ejemplar es tremendamente valioso, y costoso. ¿Le dejaría el lector esta copia a su hijo para estudiar genética? Imaginamos que no. Lo mismo hacen nuestras células, que protegen su precioso ADN dentro del núcleo, una biblioteca segura, y usan copias económicas en forma de ARN para su uso diario. Foto de Wikimedia Commons.

contener el mensaje del ADN, la información clave para fabricar proteínas. Existen, así mismo, otros tipos de ARN que no serán convertidos en proteínas: por ejemplo, el ARN ribosómico, que formará parte de la estructura de los ribosomas (orgánulos encargados de la síntesis proteica) o el ARN transferente, utilizado en la traducción de ARNm a proteínas.

En conclusión, se puede decir que el ADN es una copia «preciosa» de la vida, un libro conservado bajo llave en la caja de seguridad de la célula (el núcleo), mientras las moléculas de ARN son las copias «de batalla», las hojas donde se copia el mensaje. Un mensaje que debe volar de una parte a otra de la célula para poder ser usado de manera cotidiana.

22

¿El ADN se «corta y pega»?

¿Cuántas veces has hecho «corta y pega» en el teclado del ordenador o en la pantalla de tu teléfono móvil?

Las mágicas combinaciones Ctrl+X y Ctrl+V para cortar y pegar se encuentran seguramente entre las más usadas del teclado. Admitámoslo: ¡somos la generación del corta y pega! No obstante, esta habilidad no es nueva; recordará el lector las cartas anónimas de las películas policíacas clásicas, cuidadosamente hechas a base de recortes de periódicos, una labor que seguramente les llevaría mucho más tiempo de lo que nos supone a nosotros actualmente cortar y pegar.

Pero no solo nosotros lo hacemos… nuestras células también cortan y pegan.

En los genes de los organismos eucariotas, no todo el ADN es codificante (se traduce a proteínas). Los fragmentos codificantes, llamados exones, se intercalan entre secuencias que aparentemente (y solo aparentemente) no sirven para nada, llamados intrones. La abundancia de estas secuencias no codificantes varía mucho en función del tipo de organismo: en algunos hongos y líquenes son casi inexistentes, mientras que en la especie humana suponen una porción importante del genoma.

Como habíamos visto, para ser utilizadas, las secuencias de ADN deben ser transcritas en ARN mensajero, un ácido que se desplazará al citoplasma para su traducción a proteínas. Dado que en el ADN de partida los exones —secuencias codificantes de un gen— se encuentran intercalados entre regiones nucleotídicas cuya información no sirve para la síntesis de la proteína, el ARN mensajero formado contiene regiones codificantes y no codificantes. Antes de ser transformado en proteínas, debe existir un mecanismo capaz de cortar esos fragmentos «útiles» y pegarlos entre sí, eliminando así las secuencias no codificantes y creando un mensaje continuo que pueda ser traducido a proteínas. Es este un procedimiento de corta y pega a nivel molecular que en genética se denomina *splicing* (corte y empalme).

Quizá en este punto el lector se pregunte la razón de la existencia de gran cantidad de intrones en nuestro genoma, ya que estos segmentos no codifican para formar proteínas. La verdad es que tienen otras utilidades. Hay muchos experimentos que demuestran que si se eliminan los intrones de un gen, la proteína por él codificada no se pliega correctamente, por lo tanto no asume su forma normal —y ya sabemos que las proteínas son como piezas de lego, por lo que su función depende principalmente de la forma que tengan—.

Además, los intrones representan un modo muy conveniente de acumular variantes genéticas. Imaginemos las proteínas como artefactos prefabricados, donde los genes estarían formados por muchos elementos constructivos (los exones) metidos dentro de un embalaje (los intrones). Podríamos pensar que estos elementos se pueden montar de modo diverso creando diferentes combinaciones, variantes, proteínas diferentes pero parecidas, del mismo tipo de familia. Los intrones son, por lo tanto, una forma provechosa de embalar el material que luego, con calma, será utilizado de una manera u otra. En genética se conoce como «*splicing* alternativo» al proceso por el cual, mediante una disposición diferente de los exones del mismo gen, pueden producirse proteínas distintas, llamadas isoformas.

Los intrones, además, son esenciales para la regulación de la transcripción, ya que a menudo en esas secuencias se esconden sitios promotores, activadores y silenciadores, regiones de ADN reconocidas por factores de transcripción capaces de promover, activar o silenciar la expresión de un gen en determinadas condiciones. El ADN sería una especie de anciano que no tira nada porque, antes o después, puede serle útil. Veamos cómo funciona, a nivel molecular, este mecanismo de corta y pega.

Ya hemos explicado que el mensaje del ADN está repartido en fragmentos discontinuos, mientras que el ARN debe tener un mensaje continuo para ser traducido a proteínas. La discrepancia entre la organización discontinua del ADN y la continua del ARN mensajero implica la necesidad de un procesamiento del producto generado en la transcripción, el ARN transcrito primario. Antes de dejar el núcleo, este ARN primario (o pre-ARN) sufre varias modificaciones, entre ellas la eliminación de los intrones. Si estas secuencias de ARN no fueran eliminadas, el resultado de la traducción sería una secuencia de aminoácidos muy diferente, que desencadenaría, con mucha probabilidad, una proteína no funcional.

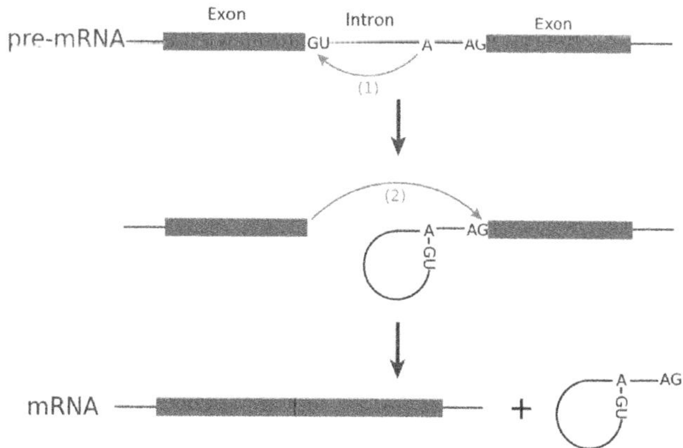

Un intrón inicia generalmente con una secuencia GU (guanina-uracilo) y termina con una secuencia AG (adenina-guanina), a una distancia variable de dieciocho a treinta y ocho nucleótidos. Antes del final del intrón existe una secuencia llamada «punto de ramificación». La eliminación del intrón se inicia con el corte en la primera unión exónintrón (1), el extremo liberado se pliega, formando un lazo con una adenina (A) del punto de ramificación. A continuación se produce otro corte en la siguiente unión exónintrón (2). Los extremos de los exones se van soldando, mientras las estructuras en lazo (intrones) son liberadas. Foto: Wikimedia Commons.

En la eliminación de los intrones y la unión de los exones (el *splicing*) intervienen ribonucleoproteínas nucleares (moléculas hechas de ARN y proteínas) llamadas snRNP o RNPpn (ribonucleoproteínas pequeñas nucleares).

Existen distintos tipos de RNPpn que se unen al pre-ARN mientras es transcrito, reconociendo las secuencias particulares situadas entre exones e intrones, llamadas secuencias de consenso. Estas secuencias son pequeños tramos de ADN que se conservan apenas sin cambios en muchos genes distintos. Una RNPpn contiene una secuencia de bases complementarias a la secuencia de consenso presente en el extremo 5´ del límite entre exones e intrones, y se une al pre-ARNm por complementariedad de bases. Otra RNPpn se une al pre-ARNm del extremo 3´. Cabe aclarar que los dos extremos de cada filamento de ADN son distintos porque en uno de ellos se encuentra siempre un grupo fosfato unido al carbono número 5 de la desoxirribosa (5´-PO) mientras que en el otro extremo existe un grupo hidroxilo unido al carbono número 3 (3´-OH).

El primer paso en el proceso de *splicing* es el corte en las uniones exones-intrones para separar los exones, de forma que se separa el primer exón de la molécula. En ese momento, el extremo libre del intrón se pliega en una estructura tipo lazo que se une a una adenina que forma parte de la secuencia presente en el interior del intrón mismo, llamada secuencia de ramificación, y colocada un poco antes de la unión con el exón (ver figura 21). En este punto, el intrón se escinde de manera precisa con otro corte en la unión con el siguiente exón, y las dos piezas se unen por la acción de una proteína llamada ligasa, capaz de catalizar la unión de los dos extremos 5´ y 3´ libres con un enlace químico (enlace fosfodiéster). El lazo libre será finalmente degradado. Este mecanismo complicado ocurre en el núcleo gracias a la acción de un complejo llamado espliceosoma (complejo de corte y empalme), formado por RNPpn.

23

¿Está encriptado el ADN?

Cuando se secuenció por primera vez el genoma humano, el ADN utilizado era un mosaico proveniente de diferentes individuos, «cosidos» juntos para construir una secuencia de nucleótidos. El desciframiento de esa secuencia de nucleótidos significaba por fin poner en fila las palabras que constituyen nuestro gran libro de instrucciones.

El caso es que poseer las palabras no implica necesariamente comprender el sentido de la frase, especialmente si estas palabras están encriptadas. Durante la Segunda Guerra Mundial, las fuerzas militares alemanas usaban una famosa máquina llamada Enigma para cifrar los mensajes y esconder su contenido al enemigo; el desciframiento de estos códigos por parte de los aliados fue precisamente una parte de su éxito en la guerra.

Si lo pensamos un poco, el código genético también es un código encriptado; de hecho, el ADN está constituido por una secuencia de nucleótidos, y codifica para formar proteínas, que son secuencias de aminoácidos. Es evidente que ambas cosas están escritas en lenguajes diferentes. La cuestión es: ¿cómo se relacionan ambos alfabetos?

Los apasionados de los misterios sabrán que el punto de partida para descifrar un código consiste en establecer una correlación entre el número de letras del alfabeto usado para encriptarlo y la lengua a encriptar. En el código binario, por ejemplo, se usan solo dos valores (cero y uno), por lo que para formar todas las letras de nuestro alfabeto es necesario usar varias combinaciones de letras del alfabeto binario: por ejemplo, la letra a se corresponde con ocho caracteres (01000001), y para escribir «hola» necesitamos una secuencia de treinta y dos caracteres.

Sabemos que en el ADN existen tan solo cuatro nucleótidos distintos, mientras que las proteínas están formadas por combinaciones más o menos largas de veinte posibles tipos de aminoácidos. Por lo tanto, tenemos un alfabeto de solo cuatro letras para codificar uno de veinte. Resulta evidente que la correspondencia no puede ser uno a uno. La hipótesis más probable podría ser que se necesite un código de, al menos, tres letras. Si el código fuera de dos letras, se podrían codificar solamente dieciséis aminoácidos (4^2), mientras que un código de tres letras genera un conjunto de sesenta y cuatro combinaciones posibles (4^3), más que suficientes para codificar los veinte aminoácidos necesarios.

El código genético es, por tanto, un código en tripletes: cada grupo de tres nucleótidos (llamado codón) codifica para un aminoácido. La prueba definitiva de esto se obtuvo en los primeros años sesenta, a partir de experimentos genéticos llevados a cabo sobre el bacteriófago T4 (un virus que infecta a bacterias). El grupo de investigadores formado por Crick, Barnett, Brenner y Watts–Tobin demostró que en este bacteriófago era posible revertir una mutación por deleción (aquella en la que se pierde una base) mediante la inserción de una base o de un múltiplo de tres bases. Y es que, en un código, el aspecto más relevante es el patrón de lectura; si quitamos una letra en una frase y movemos todas las demás letras un lugar, la frase perderá su significado. En este caso, ¿cómo se podría reconstituir un código en tripletes? O bien restituyendo la letra que falta, o insertando tres letras que permitan recuperar el patrón de lectura, aunque la frase resultante presentará un error.

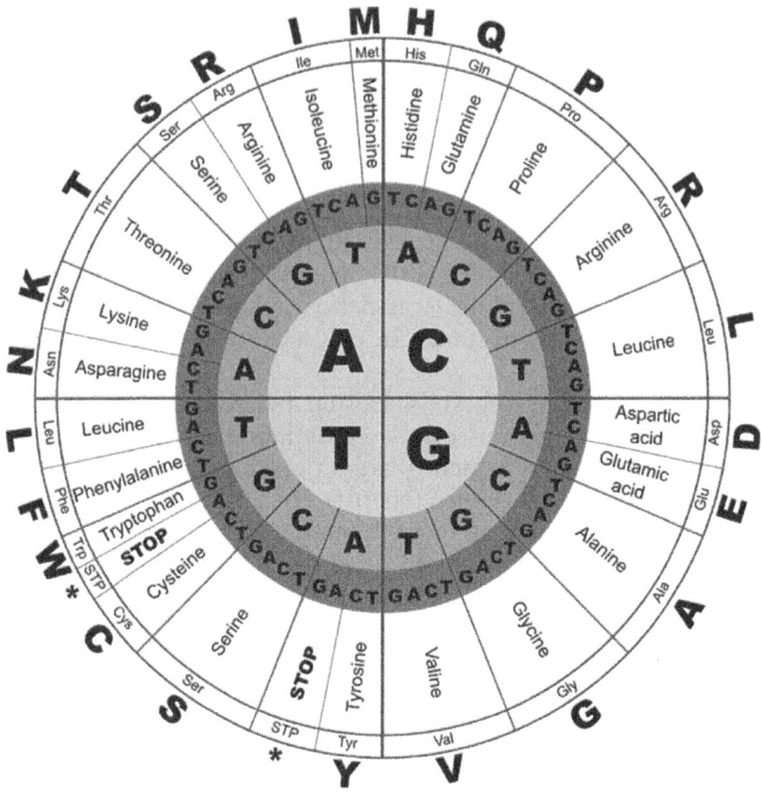

La figura representa las relaciones existentes entre las secuencias de bases nitrogenadas del ADN de un gen y las secuencias de aminoácidos de una proteína. El ADN contiene cuatro nucleótidos distintos, que deben codificar para los veinte aminoácidos que componen nuestras proteínas. Esto es posible porque los aminoácidos vienen determinados por tripletes de nucleótidos, llamados codones. No todos los codones codifican para aminoácidos, algunos son señales de inicio y terminación. Fuente: Pixabay.

La relación exacta que vincula los sesenta y cuatro codones con los veinte aminoácidos fue determinada gracias a unos experimentos llevados a cabo principalmente en los laboratorios de Marshall Nirenberg y Gobind Khorana, para los que resultó esencial el uso de sistemas de síntesis *in vitro* de proteínas llamados *cell-free* (sin células), que contenían ribosomas, ARNt unidos a aminoácidos, y todos los factores proteicos necesarios para la síntesis de polipéptidos, componentes aislados y purificados de la bacteria *Escherichia coli*. A partir del marcaje radiactivo de los aminoácidos unidos, se pudo determinar qué polipéptidos se sintetizaban al traducir secuencias conocidas de ARNm.

Este código en tripletes tiene unas características fundamentales:

1. Son necesarios tres nucleótidos de ADN (por lo tanto, también tres nucleótidos de ARN mensajero transcrito a partir del mismo) para formar un codón, que codifica para un aminoácido.
2. El código no tiene ningún signo de puntuación, por lo que se lee de forma continua, cada codón a continuación del anterior, sin saltarse ningún nucleótido.
3. No es solapante, un mismo nucleótido no pertenece a más de un codón o triplete.
4. Es prácticamente universal: todos los organismos comparten el mismo idioma.
5. Para cada uno de los veinte aminoácidos existe más de un codón que lo codifica (con dos excepciones: AUG codifica para metionina, y UGG para triptófano). Este fenómeno se llama degeneración del código y afecta solo a la tercera letra, por lo que los codones que codifican para el mismo aminoácido generalmente difieren en la última letra. Así se evitan fallos en traducción a proteínas ante mutaciones puntuales en un solo nucleótido.

Dado que el código genético es un código en tripletes, sin signos de puntuación y cuya lectura es continua, resulta necesario establecer un mecanismo para indicar dónde comenzar y dónde finalizar su lectura. Para ello, un codón específico se usa como inicio de lectura (AUG, que codifica para el aminoácido metionina) y tres codones son señales que indican el final del polipéptido: los codones de terminación (UAG, UAA y UGA).

Es así como nuestro código encriptado puede ser completamente descifrado, dejándolo listo para desvelar el secreto de la vida.

24

¿Cómo se fabrican las proteínas?

Para sobrevivir y reproducirse, nuestras células deben estar continuamente produciendo proteínas: son proteínas las enzimas que posibilitan las múltiples reacciones químicas que suceden en nuestro interior, y son proteínas muchas de las estructuras de la propia célula.

Cada proteína consta de una o más cadenas polipeptídicas, formadas por aminoácidos unidos en secuencias específicas, exactamente como cada palabra de nuestra lengua es una secuencia concreta de letras unidas entre sí: si nos equivocamos en una letra, la palabra no tendrá sentido o tendrá un significado totalmente distinto. Lo mismo ocurre con las proteínas: si falla la inserción de un aminoácido obtenemos una proteína equivocada que, o bien no funciona, o funciona mal. La síntesis proteica debe ser, por tanto, un trabajo de precisión.

En el citoplasma de la célula existen «fábricas» de proteínas altamente especializadas, los ribosomas. Las instrucciones para la construcción de proteínas llegan al ribosoma directamente del ADN a través del ARN mensajero, en el que la información genética de la cadena nucleotídica del ADN ha sido transcrita en una cadena nucleotídica de ARN.

Los ribosomas son estructuras complejas formadas por dos subunidades (mayor y menor), cada una de las cuales está constituida por un complejo de ARN ribosómico y un gran número de proteínas ribosómicas. La síntesis de las proteínas se conoce como traducción, dado que el mensaje del ADN, escrito hasta ese momento en código nucleotídico, se traduce finalmente en el lenguaje de las proteínas: los aminoácidos. La traducción es uno de los procesos mejor conservados en todos los organismos vivos, y constituye posiblemente el proceso celular más complejo —por el número de componentes e interacciones moleculares implicados— y costoso, ya que utiliza una gran parte de los recursos energéticos de la célula. De hecho, el aparato de síntesis proteica incluye, además del ARNm y los ribosomas (formados por entre cincuenta y ochenta proteínas distintas y varios ARN ribosómicos), más de treinta tipos de ARN transferente (ARNt), una veintena de enzimas implicadas en la activación de los aminoácidos, y numerosos factores proteicos necesarios para la fase de iniciación, elongación y terminación de la traducción.

En una célula procariota (en bacterias) son necesarios cerca de veinte mil ribosomas y doscientas mil moléculas de ARNt para traducir entre mil y dos mil moléculas de ARNm. De hecho, entre el 30 y el 50 % del peso seco de una célula procariótica se dedica a la síntesis proteica. En una célula eucariótica superior, los ribosomas ARNt y ARNm son más abundantes aún (unos doscientos mil a un millón de ribosomas por célula), aunque representan un porcentaje menor, ya que estas células son mucho más grandes y complejas que las células procarióticas.

La síntesis proteica consiste en la construcción de proteínas por parte del ribosoma, que se desplaza sobre el ARNm, descifrando la información codificada y catalizando la unión progresiva de aminoácidos, de uno en uno, en una cadena proteica en formación. A una misma molécula de ARNm se pueden unir varios ribosomas, comenzando la traducción en varios puntos al mismo tiempo hasta formar un polisoma o polirribosoma.

La traducción implica la interacción entre tres moléculas diferentes de ARN: el ARNm (ARN mensajero), el ARNt (ARN transferente) y el ARNr (ARN ribosómico). Estos tres ácidos se forman a partir de la transcripción de ADN del núcleo, para luego desplazarse al citoplasma. El ARN mensajero es el portador de la información necesaria para la producción de proteínas, unos datos en forma de tripletes (codones), donde cada codón codifica para un aminoácido.

El ARN transferente actúa como adaptador entre el lenguaje genético portado por el ARNm y la secuencia de aminoácidos de las proteínas sintetizadas. Cada célula tiene, al menos, un tipo de ARNt para cada uno de los veinte tipos de aminoácidos utilizados en la síntesis proteica, aunque generalmente tiene más de uno. Los ARNt presentan una estructura característica en forma de trébol, resultado del apareamiento de sus bases en algunas regiones de la molécula. La hoja central del trébol contiene un anticodón, una secuencia de tres nucleótidos que se aparean de forma complementaria con los codones del ARNm. El otro lado de la molécula se une a un aminoácido específico gracias a la acción de la enzima específica aminoacil-ARNt sintetasa. Una vez cargado con el aminoácido, el ARNt interactúa con un factor de elongación de la traducción que lo dirige al sitio correcto del

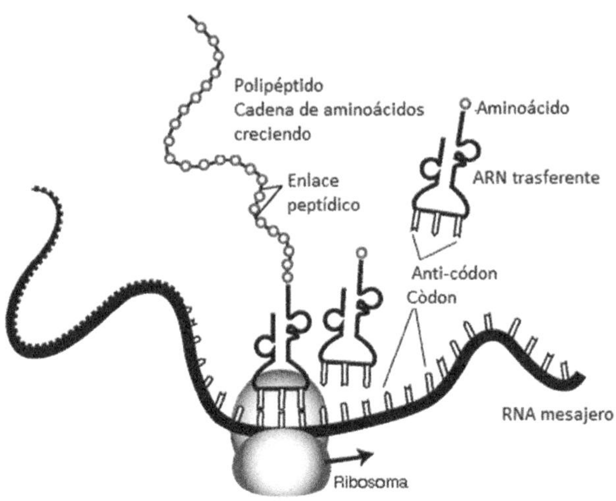

En la traducción, el ARN mensajero funciona como molde para la síntesis proteica. Los codones del mensajero codifican para los aminoácidos, siendo reconocidos por los anticodones complementarios del ARN transferente, capaz de unirse al aminoácido codificado por cada triplete. El ribosoma se coloca sobre el filamento de ARN mensajero a partir de un sitio de inicio (codón AUG) y lo recorre mientras se sintetiza la cadena de polipéptidos, hasta llegar a un codón de terminación (UAA, UAG o UGA). Figura modificada de Wikimedia Commons.

ribosoma. Los ARN ribosómicos tienen funciones estructurales, y forman parte de las subunidades del ribosoma, donde generan una especie de andamios sobre los que se ensamblan las proteínas.

La síntesis de todas las proteínas se inicia siempre con el aminoácido metionina, codificado por el codón AUG. Esta metionina se carga sobre un ARNt particular, el ARNt de inicio, distinto del ARNt utilizado para las metioninas que se integrarán en el interior de la secuencia aminoacídica. Aunque la traducción se inicia siempre con una metionina, esta suele ser eliminada posteriormente, de manera que no todas las proteínas de todos los organismos vivos tienen metionina como primer aminoácido. El codón AUG funciona sencillamente como señal de inicio de traducción.

Para ello, la subunidad menor del ribosoma «camina» sobre el ADN, escaneándolo y buscando esta secuencia, fundamental para comenzar la lectura del resto de tripletes. Una vez se localiza este codón, el ribosoma se completa (acoplándose a la subunidad mayor) y se inicia la fase de elongación, en la que el ribosoma se mueve sobre el ARNm mientras se unen aminoácidos (que llegan al mismo cargados en moléculas de ARNt). Este ciclo de elongación se interrumpe cuando el ribosoma se encuentra con un codón de terminación (UAA, UAG o UGA). No existen ARNt con anticodones complementarios a los tres codones de terminación, por lo que estos son reconocidos por factores proteicos de liberación, que activarán el corte del polipéptido por la enzima peptidil-ARNt.

25

¿Es el núcleo el «cerebro» de la célula?

En este momento, el lector podría tener la impresión de que nuestros genes y todo lo que está inmerso en sus secuencias de nucleótidos (adenina, citosina, guanina y timina), así como todo lo que somos, podrían ser una complicada serie de repeticiones, transcripciones y traducciones de la famosa molécula de la vida, con el objetivo de producir las míticas proteínas, los ladrillos que componen todo el conjunto de nuestro cuerpo. Tal vez por ello se piensa que el ADN presente en el núcleo celular es el cerebro de la célula, el encargado de mandar órdenes al organismo sobre cómo deben disponerse los aminoácidos o qué tipo de proteína debe ser formada. Pero cuidado, el ADN no es el cerebro de la célula, si tuviéramos que buscar un símil el ADN sería... ¡su aparato reproductor!

Pensemos en las células madre, células sin especializar, fundamentales para reemplazar a las células envejecidas. Cada día renovamos millones de células a partir de células madre que se diferencian y especializan para cumplir funciones concretas dentro del organismo. ¿Cuál es el mecanismo que controla el destino de estas células madre? ¿Qué decide si una célula dada se convertirá en una célula del aparato digestivo, o formará parte de la piel? Dado que todas las células de nuestro cuerpo tienen genomas idénticos, su destino no puede estar determinado únicamente por los genes. De hecho, el destino celular está marcado por todo lo que rodea a estos genes, el llamado «ambiente». Y en ese ambiente también se incluyen las proteínas, que a su vez están influenciadas por el propio ambiente.

Las proteínas son como engranajes que deben moverse para llevar a cabo sus tareas. La pregunta es: ¿qué las empuja a moverse? Estas moléculas se mueven porque reciben una señal. Hasta hace poco se pensaba que esta señal era química o bioquímica, pero se ha demostrado que también puede ser debida a un campo de energía, una revolución para la biología tradicional. Los genes están controlados por proteínas, las proteínas controlan a otras proteínas, entonces ¿qué ocurre primero? Probablemente nada. Si se quiere entender realmente la genética, se debe superar la idea de gen. Para comprender la expresión de nuestros caracteres debemos considerar el todo. Y es que el control de esta diferenciación celular se lleva a cabo a varios niveles: sobre los genes, sobre las proteínas, sobre su síntesis, transcripción, traducción y configuración. Todo en biología está estrechamente ligado, los genes controlan a las proteínas, que a su vez controlan a los genes. Es la vieja historia del huevo y la gallina.

Generalmente se esquematizan los niveles de control de la expresión génica en varios puntos críticos: el control transcripcional, el control de la maduración del ARN mensajero (control postranscripcional), el control de la traducción del ARNm (síntesis de proteínas) y el control postraduccional, sobre las propias proteínas.

En el control de la transcripción están involucradas proteínas, los llamados factores de transcripción, que se unen a secuencias específicas de ADN, promoviendo o inhibiendo la transcripción al facilitar o dificultar el trabajo de la ARN polimerasa (enzima encargada de este paso de ADN a ARNm). Las regiones de unión pueden estar situadas justo antes del gen, mucho antes del gen o incluso detrás del gen. Algunas regiones son bien conocidas por ser sitios de unión para factores como los elementos TATA (repeticiones de timina y adenina), necesarios para definir dónde debe iniciarse la transcripción.

También el propio estado de compactación del ADN es capaz de controlar su transcripción. En los cromosomas, de hecho, el ADN está enrollado en torno a proteínas (histonas) formando estructuras denominadas nucleosomas, que pueden «competir» con los factores que se unen a los elementos TATA, inhibiendo de esta forma la transcripción de los genes (que, de hecho, no se suelen transcribir cuando el ADN está compactado en forma de cromosoma).

Otros mensajes para la transcripción provienen del exterior de la célula. Pensemos por ejemplo en la influencia de las hormonas, percibidas por receptores presentes en el exterior de la membrana celular, una especie de sensores de presencia que a su vez activan a proteínas reguladoras capaces de interaccionar con los factores de transcripción. De nuevo proteínas que controlan a genes.

El ARN resultante de la transcripción del ADN debe ser después madurado. Sabemos que los intrones (porciones que no codifican para proteínas) son eliminados mediante un mecanismo de corta y pega (*splicing*), y que este proceso puede controlarse. Es decir, se puede controlar la expresión de una determinada isoforma de una proteína respecto a otra en función de cuál de los posibles exones (regiones que sí codifican) se elijan en el proceso de corta y pega.

También a nivel de síntesis proteica el control es muy intenso. No siempre la cantidad de una proteína presente en una célula depende directamente de su cantidad de ARNm; muy a menudo las dos concentraciones no son proporcionales. En estos casos, la concentración de la proteína de la célula viene determinada por factores que actúan después de la maduración del ARNm. El proceso de traducción puede ser afectado por las condiciones del interior celular. Por ejemplo, el control de la traducción puede servir para mantener un equilibrio adecuado en los casos en que varias subunidades se asocien para formar una unidad funcional, como ocurre en la molécula de hemoglobina. Esta proteína está formada por cuatro subunidades (cadenas polipeptídicas denominadas globinas) y cuatro grupos de pigmento hemo. Cuando la síntesis de las globinas es menor que la del pigmento, algunos grupos hemo permanecen libres en la célula, a la espera para unirse a las globinas. Este exceso de grupos hemo actúa en el ribosoma eliminando un bloque al inicio de la traducción y, al hacerlo, aumenta la tasa de traducción del ARNm para formar globina.

Por último, tenemos el control postraduccional, todo aquello que actúa después de la traducción del ARNm a proteínas. Este mecanismo abarca desde el control de la vida media de una proteína (es decir, de su degradación) hasta la modificación química de su forma, función o uso. Un mecanismo de control muy frecuente es, por ejemplo, la acetilación, consistente en la adición de un grupo acetilo (-COCH$_3$), la metilación (adición de un grupo metilo, -CH$_3$) y la acilación, o unión de un grupo acilo.

Hemos resumido aquí una pequeñísima parte de los mecanismos de control de la expresión génica de las células, un terreno en el que queda mucho por explorar y que aún representa una frontera en la investigación en genética.

26

La personalidad, ¿está escrita en nuestros genes?

La personalidad humana es, desde hace siglos, el foco de estudios de numerosas disciplinas, diferentes y distantes entre sí. Históricamente estudiada por la filosofía, más tarde por la psicología, ahora también es investigada ampliamente por médicos y biólogos, en particular, neurólogos y genetistas. Pero ¿qué tienen que ver las neuronas y los genes con la mente de la gente?

A lo largo de mi vida, más allá de las personas que se dedican a la ciencia, casi siempre me he encontrado con personas que creen que la mente y, por ejemplo, el páncreas son cosas completamente distintas, hechas de distinta materia. La mente no se considera como física, es un poco como el alma… algo muy serio, casi noble. Sin embargo, con un golpe fuerte en la cabeza se van la memoria, los sentimientos, etcétera.

Entre los científicos, sin embargo, a menudo he escuchado hablar del carácter de las personas en meros términos de niveles de neurotransmisores, como si no existieran otros factores: la historia personal, las características personales…

Científicos y no científicos, ¿podrían hablar entre ellos sobre este tema? Yo, por mi parte, hablaré como un científico para los no científicos.

Algunos genes están involucrados en la predisposición al desarrollo de ciertos rasgos de la personalidad, así como trastornos de la misma. Predisposición significa tener, por herencia, una probabilidad mayor que la media de desarrollar un determinado rasgo o trastorno. Lo más frecuente es que esta probabilidad mayor a la media se manifieste en respuesta a un cierto contexto ambiental. En otras palabras, individuos con esta predisposición pueden no desarrollar el rasgo o trastorno en ausencia de un evento o un ambiente específico. Por ejemplo, los individuos genéticamente predispuestos al trastorno de estrés postraumático (TEPT) tienen una probabilidad mayor que la media de desarrollar depresión, pero solo en respuesta a un evento traumático de su vida. Si ese evento no sucede, no diferirán en modo alguno —en el carácter y en la probabilidad de desarrollar depresión— del resto de personas no predispuestas.

Es por esto que se piensa que la personalidad de un individuo, en un momento determinado, es el resultado de la interacción entre genes y ambiente, una interacción que comienza en el momento de su nacimiento y continúa haciendo efecto durante el resto de su vida. Ni los genes ni el ambiente, de forma independiente, determinan nuestro carácter, es un efecto global.

La cuestión más importante radica en el uso que debe hacerse, a nivel social, de los conocimientos adquiridos por la ciencia y otras disciplinas. Lo explicaremos con algunos ejemplos.

Un ejemplo de rasgo del carácter con un componente genético es la personalidad altamente sensible. Este rasgo heredable no supone una patología, sino que forma parte de las características variables que contribuyen a una diversidad, sana y normal, entre individuos, definiendo parte de la personalidad de las personas que lo experimentan. Comprender sus características es útil para la sociedad, como lo es el conocimiento de otros aspectos de la psicología de las personas. En casos como este, entendiendo el componente genético se comprende cómo no es oportuno intervenir para prevenir o modificar este rasgo, sino que es la sociedad la que debería adaptarse a las diversas realidades en las condiciones psicológicas de sus miembros.

Otro ejemplo es la depresión. Con un componente genético es una patología que afecta a una parte importante de la población mundial y que cuenta con numerosos subtipos, entre los que está el citado trastorno de estrés postraumático. En este caso, entender esta enfermedad con todas sus causas es fundamental para intentar prevenir su aparición en aquellas personas con predisposición genética, y ayudar a quien la sufre a gestionarla, a tomar medidas para eliminarla o, al menos, reducirla.

La influencia de los factores genéticos en la formación de la personalidad no implica que las personas nazcan sensibles, emprendedoras, agresivas, criminales, etc., solo define una probabilidad. Respondiendo a la pregunta inicial: la personalidad no está escrita en los genes.

Pensando en la posibilidad de uso futuro de los conocimientos científicos en este campo, se abren muchas posibilidades: opciones de prevención, y quizá algún riesgo de discriminación. Un niño, identificado como predispuesto genéticamente a un determinado trastorno mental, podría ser tratado y criado con un cuidado especial. El conocimiento de su predisposición genética no debe, sin embargo, implicar la discriminación de dicho niño.

Por otro lado, en los casos no patológicos, por ejemplo aquellos en los que se obtiene información de que un niño tiene la predisposición genética para desarrollar un determinado rasgo de personalidad, este puede ser usado para sugerir la mejor manera de educarlo.

Pero no siempre las cosas son tan nítidas y definidas. La diferencia entre un rasgo de personalidad y un trastorno no en todos los casos es fácil de establecer. Existen casos controvertidos debido a la correlación entre algunas enfermedades mentales y rasgos «positivos» de la personalidad. Por ejemplo, se ha demostrado una correlación entre la depresión y la creatividad. El tratamiento de una puede suprimir la otra. ¿Sería esto correcto? Y en todo caso, ¿quién debería tomar la decisión?

Se podría debatir mucho sobre las aplicaciones del conocimiento científico sobre la personalidad, un debate al que toda la sociedad debería estar invitada, sin limitarlo a la comunidad científica.

III

Variabilidad genética

27

¿Por qué tenemos sexo?

Es inútil negarlo, al hablar de reproducción lo primero que pensamos es en sexo.

En realidad, muchos de los lectores probablemente estuvieran pensando en el sexo de todos modos; según un estudio desarrollado por un grupo de investigadores de la Universidad de Ohio, los hombres pensarían en este tema diecinueve veces al día, y las mujeres le dedicarían diez pensamientos diarios. No se trata de perversión… ¡es genética! También les pasa a los gusanos, y a todos los animales que se reproducen de forma sexual. Y ocurre sobre todo a los machos de estas especies. La obsesión por copular es, en cierta medida, muy natural.

Una investigación publicada recientemente en la revista *Nature* ha explicado algunos de los mecanismos que yacen en la base de estas conductas. En particular, se ha identificado un grupo de neuronas presentes solo en los cerebros masculinos con la tarea específica de recordar constantemente el imperativo biológico de la reproducción, incluso a expensas de algo no menos importante como es la alimentación.

El estudio publicado por Michael Sammut, del University College de Londres y sus colegas del Albert Einstein College of Medicine de Nueva York ha aclarado uno de los mecanismos neuronales básicos de este proceso de maduración, estudiando el nematodo *Caenorhabditis elegans* (un pequeño gusano), uno de los modelos animales más utilizados en la investigación biológica, donde se identificaron neuronas específicamente utilizadas para los pensamientos sexuales.

Está claro que nuestro cerebro se preocupa del sexo, pero ¿por qué es tan importante el sexo a nivel genético? Después de todo, hay muchos organismos que se reproducen de forma asexual. ¿Qué ventajas implica la sexualidad, genéticamente hablando?

Los organismos unicelulares (aunque no solo ellos) se reproducen asexualmente por división: de una célula se forman dos iguales, a partir de esas dos se forman cuatro, luego ocho, y así sucesivamente, todo ello a través de un proceso de división celular conservador llamado mitosis. Los individuos generados por mitosis son genéticamente idénticos a sus progenitores.

Por el contrario, la reproducción sexual permite tener organismos similares, pero cada uno distinto al resto. Todos nos parecemos a nuestros padres, pero somos distintos a ellos, no somos copias idénticas. Lo mismo pasa en el resto de animales que se reproducen sexualmente, y esta diversidad implica una ventaja a nivel biológico, ya que les aporta mayores posibilidades de sobrevivir ante dificultades en el ambiente. Para las personas la diversidad también es útil, incluso desde un punto de vista social: imaginad lo aburrido que sería el mundo si todos fuéramos iguales.

La reproducción sexual es, por tanto, útil. Aporta recombinación genética y aumenta la variabilidad de los organismos, lo que favorece su capacidad de adaptación al medio a través del tiempo. La reproducción asexual, en cambio, es una propagación de copias genéticamente idénticas unas a otras, lo cual es útil cuando una especie quiere colonizar rápidamente un entorno estable, pero no permite una respuesta rápida a presiones selectivas (cambios en las condiciones ambientales que impiden la supervivencia de los individuos no adaptados).

En nuestra especie, esta recombinación genética se genera en dos momentos: durante la fecundación, con la fusión de los genomas distintos contenidos en los gametos (óvulo y espermatozoide), a lo que se une el hecho de que los genomas de estos gametos son distintos de los de los progenitores gracias a la recombinación genética (intercambio de fragmentos de ADN entre cromosomas homólogos) producida durante la meiosis (división celular que da lugar a las células sexuales o gametos).

Hablando en términos biológicos, el sexo no es más que el fenómeno biológico por el cual se lleva a cabo el intercambio de material genético entre individuos distintos o, en algunos casos, en el mismo individuo. En los animales, la sexualidad está asociada a la reproducción incluso cuando estos dos eventos en ocasiones se podrían separar. Un animal, de hecho, se puede reproducir sin mantener relaciones sexuales: además de la división en unicelulares que comentábamos anteriormente, otros animales pluricelulares se pueden dividir en dos o más partes, que formarán individuos nuevos (como ocurre en la estrella de mar); o pueden producir yemas, a partir de las que se desarrollarán descendientes (como ocurre en las esponjas, los pólipos de cnidarios como la medusa o los tunicados). Estas estrategias, no obstante, producen una descendencia genéticamente idéntica a los padres (literalmente, clones), en la que no se aumenta la variabilidad genética.

Obviamente, en la reproducción asexual es posible la generación de algún gen «nuevo», debido a mutaciones por errores de replicación del ADN, mutaciones que en ocasiones pueden resultar positivas y aportar una ventaja evolutiva al individuo. Pero siguen siendo mutaciones que, en una especie con reproducción asexual, se mantendrán aisladas en el individuo afectado y en su descendencia. En una especie con reproducción sexual, dicha mutación positiva (así como las ventajas que la misma implicara) trascendería al resto de la población.

Es también un error común asociar sexualidad a las diferencias entre los sexos. Pero la verdad es que en muchas especies los individuos de ambos sexos son idénticos entre sí, a pesar de contar con numerosos procesos sexuales activos. El quid de la cuestión es siempre el mismo: el sexo en genética significa intercambiar material genético, ni más ni menos.

A pesar de las ventajas de este intercambio genético, la reproducción sexual implica también alguna desventaja. No podemos olvidar que el sexo es costoso, en términos de tiempo y gasto de energía. Implica el encuentro de gametos de distinto sexo: presentes en dos individuos de la misma especie diferentes entre sí (un macho y una hembra), o en el mismo individuo (hermafrodita). La primera situación, la más frecuente,

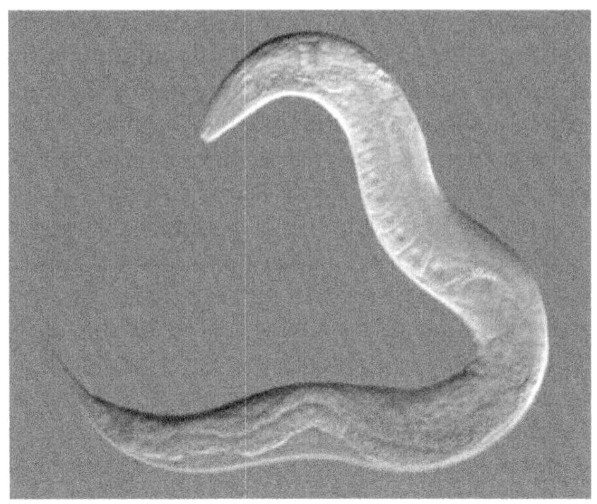

Caenorhabditis elegans es una especie con dos sexos: individuos hermafroditas que pueden autofecundarse y machos que pueden fecundar a los organismos hermafroditas. Se ha encontrado en el macho una pareja de neuronas llamada MCM (*Mystery Cells of the Male*). Después de la maduración sexual, estas neuronas se diferencian y se vuelven esenciales para desarrollar una forma de aprendizaje que permite equilibrar las respuestas a los estímulos ambientales y priorizar la reproducción. Por ejemplo, se ha descubierto que, ante la presencia de un compañero sexual, las neuronas MCM provocan que el macho prefiera el sexo a la comida. Imagen de Bob Goldstein, UNC Chapel Hill (http://bio.unc.edu/people/faculty/goldstein/)

supone que solo la mitad de la población (la parte femenina) puede generar nuevos individuos. Además, ambos sexos deben desarrollar órganos específicos y aparatos (gónadas y genitales externos) que produzcan gametos y aseguren el encuentro con los gametos del sexo contrario. Después se requiere ese encuentro, precedido en muchas ocasiones por rituales de cortejo o combate, con la consecuente producción de adaptaciones específicas para ello (plumas, cuernos, coloraciones…). Todo esto implica un importante gasto energético.

Por esta razón, muchos organismos han optado por separar completamente la sexualidad y la reproducción, de modo que pueden aprovechar la rapidez y el gran número de descendientes garantizado en la reproducción asexual (donde la multiplicación es exponencial), a la vez que se aseguran un futuro evolutivo a través de los denominados fenómenos protosexuales, en los que se producen cambios en parte del genoma propio y no en todo como en los procesos eusexuales, de un donante a un receptor. De alguno de estos procesos hablaremos con más profundidad en preguntas posteriores.

28

Si cada mitad de nuestro ADN proviene de uno de nuestros padres, ¿por qué a veces somos tan distintos a ellos?

Ya hemos dejado claro que la clave de la evolución es la variabilidad genética, por lo que para garantizar un futuro a nuestros hijos, evolutivamente hablando, debemos garantizarles un perfil genético nuevo y único.

Hemos visto como el secreto de las enormes diferencias fenotípicas entre los individuos reside en las variantes alélicas de los genes, variaciones en las secuencias que en ocasiones suponen cambios en unas pocas bases. También hemos visto que el reparto aleatorio de los genes se produce porque, durante la gametogénesis, cada cromosoma de origen materno y paterno termina en un gameto u otro, con igual probabilidad.

Y es que, para cada cromosoma que recibimos de nuestra madre, tenemos un 50 % de probabilidad de que derive del abuelo materno y otro 50 % de probabilidad de que lo haga de la abuela materna, y lo mismo sucede con los cromosomas que heredamos de nuestro padre. Es decir, si nuestra madre y nuestro padre nos transmiten veintitrés cromosomas cada uno, los genes contenidos en dichos cromosomas deberían ser totalmente idénticos a aquellos de nuestros progenitores, e iguales a los que tenían a su vez nuestros abuelos. Entonces, no deberíamos diferenciarnos tanto de nuestros antepasados, ¿verdad?

Considerando que un cromosoma puede contener más de cuatrocientos genes, la similitud con nuestros progenitores debería ser altísima, y también entre hermanos. Después de todo, tenemos un 50 % de probabilidades de recibir el mismo cromosoma de nuestro padre o madre. ¡Cromosomas que contienen más de cuatrocientos genes! Además, la distribución aleatoria de los cromosomas maternos y paternos garantiza una reorganización pero no crea nuevos genes porque en teoría no altera la secuencia de ADN. ¿O sí lo hace?

La realidad es que sí. Los genes que heredamos de nuestros padres no son perfectamente iguales entre sí, ni iguales a los de nuestros padres. La clave de ello se esconde en un mecanismo molecular denominado recombinación homóloga, esto es, el intercambio de secuencias de ADN entre cromosomas homólogos (materno y paterno). Así, durante la gametogénesis no solo se produce el reparto de cromosomas parentales, sino que estos también intercambian tramos de sus secuencias, de manera que los cromosomas transmitidos a la descendencia son realmente nuevas combinaciones, con secuencias distintas a las de los parentales.

¿Cómo se produce este intercambio? ¿Cómo consigue una secuencia de ADN moverse de un cromosoma a otro? Los cromosomas se intercambian segmentos de genes de acuerdo con el modelo de la ruptura e intercambio según el cual primero se rompe la molécula de ADN de los dos cromosomas homólogos, seguido de un intercambio y una unión posterior de los segmentos rotos.

El primer paso de la recombinación es la ruptura de una (o ambas) hebras de la doble hélice de ADN (ver figura 25). Esa hebra de ADN separada «invade» una región complementaria de una molécula homóloga de ADN de doble hélice, desplazando a uno de los filamentos que la forman. A continuación se produce un proceso de reparación del ADN, que origina una estructura transversal llamada Holliday, por la que pasa una sola hebra de cada doble hélice de ADN y se une de nuevo con la doble hélice opuesta.

Una vez se ha formado la estructura Holliday, el desenrollamiento y enrollamiento de la doble hélice de ADN provoca un movimiento hacia delante y hacia atrás a lo largo de la molécula desde el punto de intersección (de un modo similar a como funciona una cremallera). Este fenómeno, llamado migración de la rama, puede aumentar rápidamente la longitud del ADN monocatenario que se intercambia entre dos moléculas de ADN. Tras la migración de la rama, la estructura Holliday se rompe y las hebras de ADN rotas se unen de nuevo para formar dos moléculas separadas de ADN.

El primer paso en la recombinación homóloga es la ruptura de una o dos cadenas de ADN de uno de los cromosomas homólogos (a), tras lo cual esa cadena invade la región complementaria del cromosoma homólogo (b). Se forma así una estructura Holliday (c), que puede resolverse en una recombinación homóloga de los genes (e) o en la formación de regiones no complementarias (d) cerca del lugar donde se formó la estructura Holliday. Imagen modificada de http:// atlasgeneticsoncology.org.

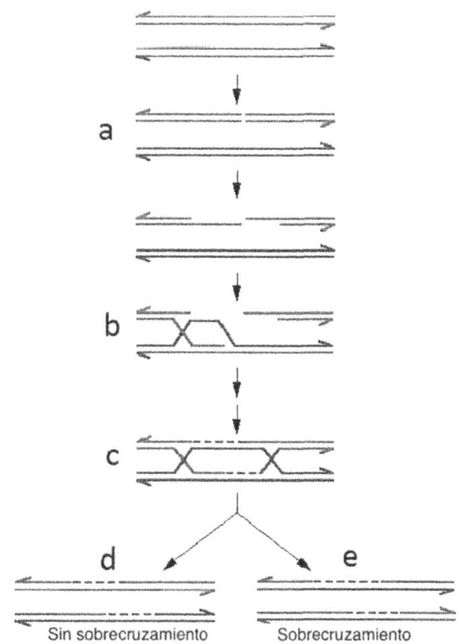

Hay dos formas en que una estructura Holliday se puede romper y unir. Si se corta en un plano, las dos moléculas de ADN producidas experimentarán sobrecruzamiento o *crossing over*, esto es, el ADN cromosómico que se encuentre más allá del punto donde se corta la molécula se intercambiará completamente entre los dos cromosomas. Si, por el contrario, la estructura Holliday se corta en el otro plano, no se produce *crossing over*, sino que la molécula de ADN mostrará una región no complementaria cerca del sitio donde se formó la estructura Holliday. ¿Y qué ocurre con esas regiones no complementarias? Si permanecen intactas, las divisiones mitóticas sucesivas separarán las cadenas de ADN no complementarias y cada una servirá como molde para la síntesis de nuevas cadenas complementarias. El resultado final serán dos nuevas moléculas de ADN con diferentes secuencias de bases y por tanto dos células que contienen genes ligeramente diversos (alelos distintos) en las regiones afectadas.

La elección de los sitios en los que se puede producir la recombinación homóloga es en principio aleatoria, aunque se han descubierto algunos *hot spots* (puntos calientes), regiones donde es más probable que esto ocurra.

De esta manera se explica a nivel molecular el secreto de la variabilidad genética y de la creación de nuevos alelos, imprescindibles para la evolución de las especies. Este mecanismo de intercambio de material genético no sucede solo durante la meiosis, momento en que es más frecuente (al aparearse los cromosomas homólogos), sino que, teóricamente, puede acontecer en cualquier región del ADN con secuencias complementarias (capaces de aparearse). En el genoma humano existen muchas regiones con secuencias similares, capaces de aparearse por complementariedad de bases, por lo que es posible (y a veces sucede) que, ante determinadas conformaciones de ADN, las regiones que se encuentren cerca se intercambien fragmentos de ADN.

La recombinación homóloga, por tanto, se confirma como un mecanismo molecular capaz de explicar la traslocación de algunos nucleótidos de un lado a otro del genoma, introduciendo una variabilidad adicional a nuestro ADN.

29

¿Tienen sexo las bacterias?

En la pregunta anterior veíamos que la recombinación en eucariotas es un proceso estrechamente ligado a la reproducción, y que se produce entre los cromosomas homólogos durante la meiosis. En los organismos procariotas, sin embargo, estos dos procesos son distintos y se llevan a cabo de forma separada, tanto que a veces la recombinación ni siquiera requiere la participación de dos células enteras. Sabemos que, generalmente, las bacterias se reproducen asexualmente, pero ¿existe en ellas algún mecanismo de reproducción sexual? o, lo que es lo mismo, ¿tienen sexo las bacterias?

Hemos visto como en genética entendemos sexo como la mezcla de genes; si esto es así, las bacterias podrían tener sexo, ya que disponen de varias formas de recombinar su genoma. De hecho, también para ellas el sexo es extremadamente útil desde el punto de vista evolutivo, pues lo necesitan para introducir variabilidad genética en la población, de manera que puedan sobrevivir ante eventuales cambios en el ambiente.

En las bacterias el genoma está albergado en un único cromosoma (a menudo circular) y en ocasiones también en estructuras extracromosómicas, llamadas plásmidos, que tienen la misma estructura superenrollada pero con menor diámetro. Los plásmidos cuentan con sistemas de replicación autónomos y pueden codificar, por ejemplo, para toxinas, *pili*, bacteriocinas o factores de resistencia. Algunos plásmidos pueden también integrarse en el genoma bacteriano; en estos casos se denominan episomas. En general, por lo tanto, en los plásmidos podemos hallar información genética de carácter auxiliar, no indispensable para la supervivencia de la bacteria.

Algunos plásmidos tienen un espectro restringido de potenciales huéspedes, mientras otros tienen un espectro más amplio, lo que implica que pueden ser transferidos a bacterias muy diversas. Para transferir material genético, bien sean plásmidos o secuencias genómicas, las bacterias han elaborado diversos mecanismos, algunos puestos en práctica directamente por ellas y otros que requieren la intervención de vectores externos (como, por ejemplo, los virus).

Uno de estos mecanismos es la transformación, que consiste en la recombinación que sufre una bacteria al incorporar en su genoma ADN exógeno, que se encuentra en el ambiente y se introduce a través de la membrana bacteriana. Este fenómeno se manifiesta en la naturaleza en algunas especies de bacterias cuando las células del ambiente mueren y liberan su ADN. Una vez el ADN transformante (libre) consigue entrar en una nueva célula, el cromosoma de la célula huésped incorpora nuevos genes en un proceso muy similar a la recombinación eucariótica. Por ello es fundamental que el ADN transformante tenga un alto grado de analogía con el ADN receptor, de manera que puedan aparearse por complementariedad de bases. La célula receptiva, por su parte, debe estar en un estado fisiológico de competencia. Una célula es competente cuando se encuentra al final de su crecimiento exponencial o logarítmico. En esta fase, la síntesis proteica es máxima, y se expresan los factores de competencia (proteínas que permiten la entrada de ADN extraño).

Otro mecanismo por el que una célula bacteriana puede introducir material genético exógeno es la conjugación. Este proceso consiste en la transferencia directa de material genético mediante el contacto físico entre dos células bacterianas. Algunas bacterias (llamadas F+) contienen un plásmido, llamado factor de

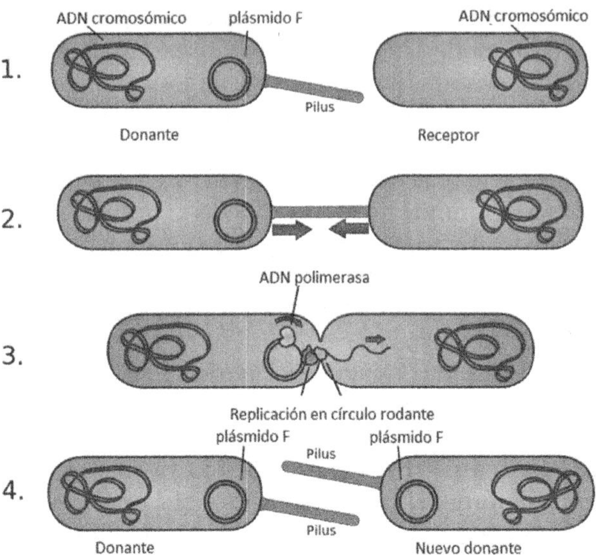

La conjugación bacteriana es uno de los mecanismos sexuales mediante los que los procariotas pueden recombinar su material genético. 1) La célula donante produce un *pilus*; 2) El *pilus* se une a la célula receptora formando un puente de conjugación; 3) A partir de una hebra de la doble hélice se corta el plásmido sexual F y se transfiere a la célula receptora por un mecanismo de círculo rodante; 4) El plásmido integrado se enrolla de nuevo y se sintetiza la cadena complementaria; a partir de ahora será capaz de producir *pilus*, por lo que se ha convertido en un donante potencial. Imagen modificada de Adenosine, Wikimedia Commons.

fertilidad o factor F, que codifica para las proteínas que componen el *pilus* de conjugación. Este plásmido, dotado de replicación autónoma, posee los genes que le permiten replicarse y transferirse de una bacteria F+ a otra (F–). Cuando una bacteria F+ se encuentra con una bacteria F– se forma un puente de unión. En ese momento el plásmido comienza a replicarse con un mecanismo de *rolling circle* o círculo rodante (en dirección 5´-3´), durante el cual una de las dos cadenas pasa a través del *pilus*. Al final de la replicación y la transferencia, tendríamos dos bacterias F+, ya que la primera mantiene la copia del plásmido, mientras que la segunda recibe una cadena, que se duplica y forma un plásmido nuevo en su interior (capaz de codificar para las proteínas que forman el *pilus* de conjugación).

Aunque es raro, a veces el plásmido de una célula F+ puede integrarse en el cromosoma. Si esto sucede, las nuevas células donde el plásmido se ha integrado se denominan HFR (alta frecuencia de recombinación). En estas células, el plásmido integrado transmite al cromosoma sus características, porque los genes de ambos se combinan. Por tanto, al poner en contacto una bacteria HFR con una F– se formará un puente de conjugación, que envía una señal de transferencia genética por la cual una enzima nucleasa cortará la hélice de ADN, el cromosoma empezará a replicarse con el mecanismo de círculo rodante, y la copia formada pasará a la célula F– a través del punto de corte. El puente de conjugación formado es frágil y a menudo se rompe antes de que la transferencia se haya completado, lo que provoca transferencias incompletas que implican a veces que la célula F– no se convierta en HFR o en F+, sino que solo adquiera ciertos caracteres de la bacteria donante. El ADN donante se puede recombinar con el cromosoma de la célula receptora, dando lugar a nuevos rasgos genéticos. Otras veces el ADN es degradado sin provocar ningún cambio.

Por lo tanto, las bacterias no tienen sexo, pero sí son terriblemente promiscuas, al ser capaces de aparearse con compañeros de otras especies, e incluso con parientes aún más lejanos. Y es precisamente cuando tienen estos encuentros «sexuales» cuando se vuelven más peligrosas para el ser humano, pues gracias a la transformación y la conjugación estos seres vivos pueden transmitir genes de resistencia a antibióticos, que los vuelven inmunes a la acción de nuestros fármacos.

30

¿Qué pasa cuando nos infecta un virus?

Seguro que el lector, antes o después, ha sufrido un resfriado. A todos nos ha pasado. Y todos sabemos que la culpa la ha tenido un virus. Pero ¿qué es exactamente un virus y cómo funciona?

Los virus, casi tan extendidos como las bacterias, son inmensamente más pequeños, por lo que no pueden verse con microscopios ópticos convencionales. Responder a la pregunta «¿qué es un virus?» no es nada trivial y la ciencia aún está debatiendo sobre si se les puede considerar o no seres vivos. De hecho, estas sustancias químicas parecen ocupar un lugar de transición entre lo vivo y lo inerte. Y precisamente esta naturaleza ambigua los convierte en una amenaza. Los virus asustan porque son rápidos, impredecibles e implacables.

Los virus no son células, están formados únicamente por un ácido nucleico y algunas proteínas. No realizan funciones metabólicas y no son capaces de reproducirse por sí mismos; de hecho, son considerados parásitos intracelulares obligados, es decir, solo se desarrollan y reproducen dentro de las células de ciertos huéspedes, que pueden ser animales, plantas, hongos, protistas y procariotas.

Para reproducirse, los virus utilizan el aparato celular del huésped, al que generalmente destruyen después. Además, al final del proceso, la célula libera las partículas virales hijas, capaces de infectar nuevas células huésped. Contagiar es su misión, propagarse hasta provocar la destrucción del huésped su propósito. Además, carecen de pared celular y metabolismo propio, por lo que no se ven afectados por los antibióticos. ¿Suena terrible, verdad?

Fuera de la célula huésped, el virus se encuentra en forma de partículas individuales llamadas viriones. Un virión, unidad fundamental del virus, está formado por un ácido nucleico rodeado de una cápsida, revestimiento compuesto por una o más proteínas. El ácido nucleico que constituye el genoma del virión puede ser ADN o ARN, formado por una cadena linear o circular, doble o simple. El virión a su vez puede tener forma simple o compleja y, en ocasiones, está envuelto por una membrana.

Cada virus reconoce de modo específico a determinadas moléculas que son expresadas exclusivamente en las células diana. Se dice entonces que los virus tienen un parasitismo específico, porque cada uno de ellos puede replicarse solo en algunas células de algunos organismos. Los virus que parasitan bacterias se llaman bacteriófagos o, más comúnmente, fagos.

La cápsida proteica que rodea al material genético del virus se forma por autoensamblaje de las moléculas de proteína viral dentro de la célula huésped. En la práctica, los virus son capaces de aprovechar las estructuras de la célula huésped para producir las proteínas que necesitan, así como replicar su propio ADN (o ARN). En general, se habla de ciclo lítico para designar la fase en que el genoma viral toma el control de la célula hospedadora, induciéndola a sintetizar nuevo ácido nucleico viral y proteínas que, una vez ensambladas rodeando al ácido, forman nuevos viriones, que saldrán de la célula por secreción o por la ruptura (lisis) celular.

Por otro lado, en el ciclo lisogénico, el genoma viral se inserta en el ADN de la célula huésped, convirtiéndose en provirus (profago en bacteriófagos) y manteniendo muchos de sus genes desactivados. Cada vez que la célula infectada se duplica, transmitirá copias del ADN viral a sus células hijas, de modo que en un breve período de tiempo se genera una gran colonia de genomas virales, sin que se produzca la lisis de las células hospedadoras. El genoma del provirus reprime la mayoría de sus genes, que se reactivan cuando se produce un daño en la célula huésped, que entra entonces en ciclo lítico. Cuando esto pasa nuestro organismo se defiende del ataque del virus a través del sistema inmunitario, normalmente a través de la producción de anticuerpos que luchan contra las partículas virales (viriones), contra las células infectadas y contra ambos, mediante diversos mecanismos de inmunidad natural y adquirida.

Hasta el momento, el lector podría pensar que los virus son una gran molestia y que habría sido mejor si nunca hubieran existido. Nada más lejos de la realidad. Los virus son y han sido fundamentales para la evolución, contribuyendo a crear variabilidad genética y, por tanto, permitiendo cambios en los genomas y capacidad de adaptación al medio. ¿Cómo consiguen los virus crear esta variabilidad?

Hemos visto como en la base de la variabilidad se encuentra la recombinación genética entre organismos, y como esta recombinación en bacterias es posible gracias a la transferencia directa de genes desde el ambiente (transformación), o desde otra bacteria mediante el mecanismo de conjugación (ver pregunta 29, «¿Tienen sexo las bacterias?»). Existe un tercer mecanismo de transferencia genética bacteriana: la transducción.

La transducción es un proceso de transferencia de ADN de una bacteria a otra mediante la acción de un virus. Cuando los fagos van a entrar en ciclo lítico, empaquetan su ADN en una cápsida. Generalmente las cápsidas se forman antes de insertar el ADN en su interior, por lo tanto, a veces en una cápsida vacía se puede insertar un fragmento de ADN bacteriano. Cuando ese nuevo virión formado infecta a otra célula bacteriana, ese fragmento de ADN será insertado en su interior y podrá

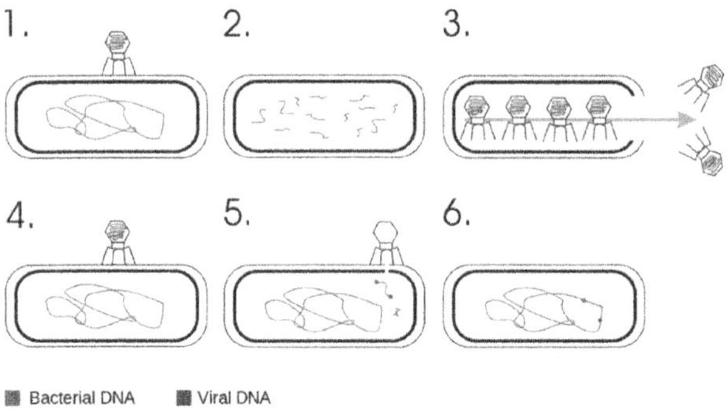

Normalmente, cuando un virus nos infecta, aprovecha la maquinaria celular para replicar su propio material genético y producir las proteínas necesarias para ensamblar su cápsida. Una vez ha utilizado a la célula a su favor y se ha replicado, la rompe y se libera. A veces puede suceder que parte del material genético del virus se integre en el interior de la célula infectada; de esta manera, la célula adquiere un fragmento de ADN extraño, en un fenómeno denominado transducción. Imagen de Reytan, Wikimedia Commons.

recombinarse con el cromosoma huésped, provocando la sustitución de algunos genes bacterianos hospedadores con genes procedentes de la célula que anteriormente había albergado al virus.

Este tipo de transferencia se llama transducción generalizada, porque puede transferir de forma aleatoria cualquier fragmento de ADN de una bacteria a otra. Existe también un mecanismo de transducción especializada, que implica la acción de un profago (genoma del fago integrado en el huésped): cuando el profago se separa del cromosoma que lo alberga, porta con él un fragmento del ADN bacteriano en el que estaba inserto. En este caso, el fragmento transportado no es aleatorio, porque en general cada profago se inserta en un *locus* específico del material genético huésped.

Debemos por tanto romper una lanza a favor de los odiados virus, ya que en el fondo es gracias a ellos que hemos evolucionado. Estos molestos agentes externos contribuyeron de un modo fundamental al origen de la biodiversidad gracias a su capacidad para portar genes. Virus, retrovirus y bacteriófagos pueden compartir partes de su genoma en una relación casi simbiótica con los huéspedes en los que se alojan.

31

¿Es cierto que todas las abejas son hembras?

Cuando apareció la vida en la Tierra, hace tres mil millones y medio de años, se formaron los primeros seres vivos, organismos unicelulares similares a las bacterias actuales. Y, a nivel reproductor, la situación no cambió por un largo período de tiempo, casi tres mil millones de años. Y es que «solo» hace entre quinientos y seiscientos millones de años aparece la reproducción sexual: dos bacterias se unieron e intercambiaron material genético ¡lo cual supuso una verdadera revolución! Por primera vez las madres y los hijos no eran iguales, se creó variabilidad genética que, como hemos dicho en numerosas ocasiones, significa capacidad de adaptación, habilidad de modificación y creación de nuevas formas de vida.

Un tiempo después de la aparición de la reproducción sexual, la naturaleza desarrolló un nuevo concepto: los sexos diferenciados. Algunas criaturas construyeron por primera vez individuos sin capacidad de procrear, y cuya misión principal era fertilizar a las hembras… ¡los machos! La cuestión es: ¿eran realmente necesarios?

En la naturaleza se pueden encontrar varios ejemplos de reproducción unisexual sin la intervención masculina. Este mecanismo se denomina partenogénesis e implica la puesta y desarrollo de huevos no fertilizados. Es un proceso muy extendido en diversos órdenes y, a menudo, muy importante para la preservación de la comunidad, ya que se producen individuos con unos requisitos ecológicos determinados. La partenogénesis puede producir solo machos (arrenotoquia), solo hembras (telitoquia) o ambos sexos (anfitoquia). Obviamente, este mecanismo de reproducción provoca una diversidad genética muy baja, ya que esta es generada únicamente por mutaciones puntuales o procesos de recombinación relacionados con la meiosis.

Quizá haya escuchado el lector, por ejemplo, que todas las abejas son hembras. ¿Es esto cierto? Y si lo fuera, ¿cómo hacen para reproducirse? Acerquémonos a una colmena y veamos qué ocurre con estos insectos.

Comencemos con un dato: las abejas obreras son todas hembras, y son las únicas abejas que la mayoría de personas habrán visto (y probablemente verán) en su vida. Estos animales sociales buscan comida, construyen y protegen la colmena, la limpian, hacen circular el aire golpeando las alas y cumplen infinidad de funciones. ¿Cómo se forman estas abejas obreras?

La realidad es que estas trabajadoras son todas hijas de la abeja reina (única hembra fértil de la colmena), que las genera por reproducción sexual gracias a la fertilización de los huevos por parte de abejas macho: los zánganos. Las obreras, por tanto, son todas hermanas, concretamente hermanastras, ya que derivan de una madre en común (la abeja reina) pero padres distintos, al haber varios zánganos involucrados en el apareamiento. La abeja reina, de hecho, se aparea durante el «vuelo nupcial», que consiste en un verdadero apareamiento múltiple, en el que la reina es capaz de almacenar el semen de varios machos en un compartimento específico llamado espermateca, del que la reina se surtirá durante el resto de su vida.

Unos días después del apareamiento, la reina comienza la deposición: coloca un huevo en cada una de las celdas hexagonales más grandes del panal, mientras que en las celdas pequeñas deposita un huevo y cierta cantidad de esperma. Solo en estas celdas hexagonales pequeñas se podrá producir la fecundación para dar lugar a las abejas obreras, mientras que en las celdas donde se han depositado únicamente huevos se producen los zánganos, a través de partenogénesis de tipo arrenotoquia.

Los integrantes de la colmena, por tanto, presentan diferencias cromosómicas entre los machos y hembras: los zánganos se desarrollan por partenogénesis, por lo que son individuos haploides (un solo juego cromosómico), mientras que las hembras son diploides y derivan de un huevo correctamente fertilizado. En la colmena tenemos una situación de aplodiploidía, con machos haploides y hembras diploides.

¿Cuál es el mecanismo por el cual las abejas creadas por fecundación sexual son todas hembras, y aquellas formadas por partenogénesis son todas machos? Veamos la implicación genética detrás de este fenómeno.

Como hemos dicho, las abejas macho (zánganos) tienen un solo juego de cromosomas, mientras que las hembras tienen dos (al igual que muchos otros insectos, y todos los vertebrados). Algunos investigadores de la Universidad de Davis en California y la Universidad de Halle/Wittenberg en Alemania, dirigidos por Robert Page, han descubierto el mecanismo molecular que genera los machos en animales con un solo juego cromosómico. La clave está en una molécula que funciona de un modo cuando está sola y de otro modo cuando se encuentra con otra molécula del mismo tipo. Tener un solo juego de cromosomas significa que existe un solo gen que produce la proteína csd (determinante complementario del sexo), y que el individuo que nace será macho. Las hembras, sin embargo, cuentan con dos juegos cromosómicos, y por tanto las proteínas csd pueden ser de dos tipos distintos y dar como resultado una hembra.

Este tipo de determinación del sexo no produce un equilibrio entre machos y hembras, no está regulado como ocurre en la segregación de cromosomas durante la meiosis (en la que se asegura un 50 % de probabilidad de que los descendientes sean hembras y otro 50 % de oportunidad para los machos). En este caso, el desarrollo de un zángano (macho) y de una obrera (hembra) depende de la voluntad de las obreras mismas y no de la reina. La abeja reina, de hecho, depositará esperma junto al huevo solo si está enfrente de una celda hexagonal pequeña, y la construcción de dichas celdas está bajo el control exclusivo de las obreras, que determinan el número y dimensión de las mismas, guiando de esta manera a la reina para la deposición de huevos, y su consiguiente desarrollo en machos o hembras. Las obreras determinan, por tanto, la sexualidad de la población de la colmena.

Aunque las abejas obreras no son fértiles, no son genéticamente estériles. La esterilidad deriva de su alimentación, que no les permite alcanzar las dimensiones de la abeja reina y por tanto desarrollar una espermateca donde conservar el semen recibido de los machos durante el vuelo nupcial. Este privilegio solo es concedido a la abeja reina, que es alimentada para ello con jalea real, una secreción producida por unas glándulas presentes en la faringe y mandíbula de las abejas obreras. La jalea real también se utiliza para nutrir a las larvas que se convertirán en abejas reinas; es por tanto este alimento el secreto para llegar a ser una abeja reina.

Por lo que, respondiendo a la pregunta inicial, las abejas no son todas hembras, pero a las hembras sin duda se les ha confiado la delicada función de controlar la colmena, decidir cuál será la larva que se convierta en reina, y cuántos machos se generarán.

Los zánganos en la colmena son básicamente los medios utilizados para la reproducción sexual: todos idénticos entre sí,

Las hembras del dragón de Komodo pueden reproducirse por partenogénesis, sin fertilizar sus huevos. La progenie así generada será genéticamente idéntica a la madre. No obstante, si la hembra entra en contacto con un macho, optará por procrear por reproducción sexual, confirmando así la partenogénesis facultativa, esto es, la capacidad inusual de esta especie de pasar de reproducción sexual a partenogénesis dependiendo de la presencia o ausencia de individuos del sexo contrario. Foto de Gambit, Wikimedia Commons.

no son ni siquiera capaces de alimentarse por sí mismos, son las obreras las que lo hacen. Viven solo en el período primaveral, para permitir el apareamiento de las reinas, y mueren poco después del mismo, dejando sus genitales en el interior de la reina. ¿Sigue el lector convencido de que el masculino es el sexo fuerte?

32

¿PUEDEN LAS CONDICIONES AMBIENTALES DETERMINAR EL SEXO DEL BEBÉ?

Cuando no existían los potentes medios modernos que tenemos ahora para conocer con antelación el sexo del bebé, a menudo se recurría a métodos empíricos y caseros para adivinar si sería niño o niña. Muchos de estos métodos eran leyendas urbanas, que se continúan utilizando actualmente, aunque solo sea para intentar adivinar el sexo del bebé antes de confirmarlo en la primera ecografía.

Algunas de estas leyendas se basaban en la alimentación de la madre durante el embarazo: el nacimiento de una niña se podría inducir por la ingesta de leche y productos lácteos, mientras que los niños vendrían propiciados por comer carne. La determinación del sexo del bebé se atribuía por tanto a factores ambientales, en este caso la dieta.

Hoy sabemos que la determinación del sexo en la especie humana es cromosómica, y depende de la segregación de los cromosomas sexuales. Si el bebé recibe un cromosoma X del padre, será niña (XX), mientras que recibiendo un cromosoma Y, será niño (XY). La cuestión es: ¿pasa esto mismo en todos los animales? ¿O existen otras formas de determinar el sexo de los descendientes?

Como vimos, el apareamiento de dos organismos de sexos distintos es característico de la mayor parte de los seres vivos. En esta pregunta descubriremos como existen muchos casos en los que la determinación del sexo es fruto de condiciones ambientales particulares, que actúan durante las primeras fases del desarrollo.

En los vertebrados existen muchas especies de reptiles en los que el desarrollo de individuos masculinos o femeninos en el interior de los huevos depende de una serie de parámetros ambientales, entre los que se incluyen la concentración de dióxido de carbono u oxígeno del sustrato, la humedad y, especialmente, la temperatura. Es el caso, por ejemplo, de la tortuga de tierra *Testudo graeca*. Si sus huevos se desarrollan a 2327 °C, nacen machos, pero si la temperatura es de 30-33 °C, las crías serán hembras. En situaciones así, los cambios ambientales (incluso los más leves) pueden alterar la segregación de sexos y tener graves repercusiones en la supervivencia de la especie.

En el crustáceo del género *Gammarus*, sin embargo, son las horas de luz (el fotoperíodo) lo que influye en el sexo de los recién nacidos. En primavera, cuando las horas de luz empiezan a aumentar, nacen machos, mientras que las hembras se generan en otoño. De esta manera, al llegar la época reproductiva, los machos (que durante el apareamiento deben transportar a las hembras) han alcanzado ya unas dimensiones corporales mayores a estas.

Incluso las bacterias pueden determinar el sexo de la especie a la que infectan. Es el caso de *Wolbachia pipientis*, que vive en el interior de las gónadas de más de un millón de especies de insectos, arañas, crustáceos y gusanos. La mayoría de los miembros de esta familia manipula la reproducción de sus huéspedes para asegurarse su propia supervivencia, y las víctimas de esta manipulación son siempre los hospedadores masculinos. Dependiendo del tipo específico de bacteria o de la especie hospedadora implicada, los machos se convierten en hembras, mueren, o se les impide la fertilización con éxito de los huevos de las hembras no infectadas.

En algunos casos, el sexo del bebé está ya definido por las características de las células huevo (óvulos), independientemente del espermatozoide que las fecunde (determinación progámica). El ejemplo más conocido es el del anélido *Dinophilus gyrociliatus*, cuyas hembras producen óvulos de diferentes tamaños: los grandes dan lugar a crías femeninas, mientras que los pequeños originan machos.

En una nueva investigación publicada en la revista *Genetics* se ha demostrado la asociación entre un gen específico y el sexo de la descendencia. Para el estudio en cuestión se escogieron unas tortugas de la especie *Chelydra serpentina*, comúnmente conocida como tortuga mordedora, muy difundida en Norteamérica. Los científicos encontraron un gen llamado CIRBP (codifica para la proteína *Cold inducible RNA-binding*), que se activa dentro de las veinticuatro horas desde el paso de la temperatura para producir machos (26,5 °C) a la temperatura para producir hembras (31 °C). A continuación, durante dos días, se activan o reprimen otros genes, que se sabe participan en el proceso de maduración de los ovarios y testículos.

El gen CIRBP por tanto juega un papel crucial en la determinación del sexo: el estudio ha encontrado diversas pruebas que apoyan esta hipótesis. Además de confirmar la activación precoz del gen en respuesta a la variación de la temperatura, ha localizado distintos niveles de la proteína CIRBP en el interior de las gónadas, y sobre todo ha identificado dos variantes alélicas, una termosensible (A) y otra no (C). La primera expresa la proteína a una temperatura correlacionada con la producción de hembras, y la segunda no varía la producción con la temperatura. En consecuencia, se observó una mayor presencia de hembras con el genotipo AA, menor proporción de hembras AC, y un mínimo CC. Además, la temperatura a la que se obtienen las hembras varía uniformemente con la latitud, y la distribución de los alelos sigue esas variaciones en las poblaciones del continente, de forma que es posible establecer modelos.

Bonellia viridis es un anélido marino dotado de una larga protuberancia bucal. Una parte de sus larvas es arrastrada por la corriente, se deposita en el fondo marino y se desarrollan como hembras, que adquirirán el aspecto típico de esta especie (que puede alcanzar hasta un metro de largo). Por otro lado, las larvas que, de modo casual, quedan encalladas en el cuerpo de la madre, se unen a ella y dan lugar a machos, criaturas milimétricas de aspecto larvario que viven como parásitos de la hembra. Foto de Philippe Bourjon, Wikimedia Commons.

A pesar de estos descubrimientos, los investigadores creen que la determinación del sexo es poligénica, y que debe haber más genes implicados. El objetivo de la investigación ahora es la identificación de los demás componentes de este sistema, para poder entender cómo interactúan en la determinación del sexo.

Las variaciones climáticas, en particular el aumento de la temperatura global, podrían suponer alteraciones en las proporciones de sexos, con el consecuente peligro para la dinámica de poblaciones de las especies que tienen este sistema de determinación del sexo. De ahí la importancia de comprender el mecanismo molecular que está detrás de la diferenciación de los órganos sexuales, para predecir cómo ciertas especies de reptiles serían afectadas por el nuevo régimen climático.

33

¿Por qué los gatos de tres colores son siempre hembras?

Seguramente el lector ha podido ver en algún restaurante o tienda oriental el *maneki neko*, un tradicional gato japonés que mueve la pata, dando suerte a quien lo saluda. Se dice que este gato es un macho con tres colores, una auténtica excepción. ¿Por qué ser gato macho y tener tres colores es tan excepcional? Una vez más, hablamos de cromosomas sexuales, X e Y.

En los mamíferos, los cromosomas sexuales se diferencian mucho en el contenido de sus genes: el cromosoma X es grande y contiene más de mil genes, mientras que el crososoma Y es mucho más pequeño y apenas cuenta con cien genes. Debido a esta diferencia de tamaño, los mamíferos han desarrollado un mecanismo de compensación de dotación para equilibrar la cantidad de productos génicos del cromosoma X en machos y hembras. Y es que la transcripción de los genes presentes en los dos cromosomas sexuales X de la hembra podría provocar una sobreexpresión de sus productos, lo cual se tiene que evitar; para ello, uno de los dos cromosomas es inactivado.

Durante el desarrollo embrionario, uno de los dos cromosomas X presentes en cada una de las células femeninas está muy condensado, y gracias a este alto grado de compactación, su ADN no está disponible para ser transcrito y traducido a proteínas. La elección de qué cromosoma X inactivar (el heredado de la madre o del padre) es aleatoria, y una vez que uno de los dos se ha inactivado, permanece en silencio durante todas las divisiones celulares posteriores de dicha célula y su progenie.

Dado que la inactivación del cromosoma X es aleatoria y se produce tras la formación de varios miles de células en el embrión, cada hembra es un mosaico de grupos clonales, es decir, el resultado de clones iniciales en los que el cromosoma X (materno o paterno) está silenciado.

El descubrimiento de la inactivación del cromosoma X se remonta a los años cincuenta, cuando el genetista Susumu Ohno observó que en las células femeninas uno de los dos cromosomas X se encontraba compactado en un corpúsculo visible al microscopio, denominado Cuerpo de Barr, y que a partir de este corpúsculo no se observaba producción de ninguna proteína, lo cual indicaba que estaba inactivo. Casi contemporáneamente, la genetista Mary F. Lyon, conociendo que algunos genes que portan información relativa a la pigmentación se encuentran en el cromosoma X, fue capaz de demostrar que la inactivación del cromosoma X se produce al azar en las células somáticas durante las primeras etapas del desarrollo embrionario, y que en toda la progenie celular derivada de esas células se encuentra inactivo el mismo cromosoma. Aunque la inactivación del cromosoma X se mantiene durante miles de divisiones celulares, no siempre es permanente. En concreto, se cancela durante la formación de las células germinales, de manera que los ovocitos haploides contienen ambos cromosomas X activos y pueden expresar los productos de sus genes.

Pero ¿cómo se produce la inactivación de todo un cromosoma?

La inactivación o heterocromatización del cromosoma X sucede alrededor de los días quince o dieciséis del desarrollo embrionario (momento en que el embrión está formado por unas cinco mil células). Se inicia y propaga desde un solo sitio en mitad del cromosoma, el centro de inactivación del cromosoma X (XIC). Conviene señalar que algunas porciones del cromosoma pueden eludir esta inactivación.

En el interior del XIC se encuentra codificada una molécula especial de gen ARN, el ARN XIST (*X-inactive specific transcript*), que se expresa exclusivamente a partir del cromosoma X inactivo y cuya expresión es necesaria para la inactivación. Este ARN XIST no se traduce a proteínas, sino que se queda en el núcleo, donde rodea al cromosoma X inactivo. La extensión del ARN XIST desde el centro de inactivación (XIC) al resto del cromosoma X está asociada con la propagación del silenciamiento génico, lo cual indica que el ARN XIST participa en la formación y propagación de la heterocromatina (cromosoma condensado). Dicho cromosoma es así silenciado, inerte desde el punto de vista de la transcripción, ya que su alto grado de empaquetamiento imposibilita su lectura y transcripción a ARN.

Este fenómeno se denomina mosaicismo genético, término con el que se indica la presencia, en un individuo pluricelular, de dos o más líneas genéticas diversas, o lo que es lo mismo, dos o

El *maneki neko* es el clásico gato japonés de la buena suerte: si levanta la pata izquierda, su propósito es el de atraer clientes; si levanta la derecha, está emanando buena suerte. Cuenta la leyenda que este gato habría salvado a un viajero, mostrándole el camino para refugiarse de una tormenta y de esta manera alejándole de un árbol, que sería tumbado por un rayo instantes después. Se dice que este legendario gato japonés era un macho de tres colores, una verdadera rareza. Tal vez debido a esto, a este gato se le considera tan excepcional. Fuente: Wikimedia Commons.

más grupos diferentes de genes dentro de un mismo individuo, que se expresan de forma simultánea.

Y es esto exactamente lo que sucede en la coloración en manchas de algunas gatas, generada por la inactivación aleatoria de uno de sus genes (situados en el cromosoma X silenciado) responsables del cambio en el color del pelo.

En los gatos, el gen que controla el color rojo del pelo (*orange gene*) domina sobre la variante alélica que determina el color negro, y está presente solo en el cromosoma X, por lo que solo la madre lo puede transmitir. El único color más dominante que el rojo es el blanco, codificado por un gen localizado fuera de los cromosomas sexuales. Por ello, la única forma posible de expresar los tres colores en un gato (gatos a manchas rojas, blancas y negras) sería la expresión de ambos alelos, para el rojo y el negro, en distintas células (gracias al fenómeno de inactivación de uno de los dos cromosomas X).

Retomando la pregunta inicial, ¿todos los gatos con manchas de tres colores son hembras? No exactamente. Existen casos rarísimos de gatos machos tricolores, que son fruto de errores genéticos, y que deben su condición a haber recibido tres cromosomas sexuales, desarrollando una estructura cromosómica XXY, lo que los convierte generalmente en individuos estériles. Teniendo en cuenta que, estadísticamente, solo un gato macho de cada tres mil tiene tres colores, entendemos por qué fue considerado tan raro y excepcional el mítico *maneki neko*.

34

SUPERMAN, ¿EXISTE DE VERDAD?

¿Quién no ha deseado alguna vez en la vida ser como Superman? ¿Cuánto estaría el lector dispuesto a pagar por no sentir dolor o tener huesos irrompibles? Las multinacionales farmacéuticas piensan que la respuesta a esta última pregunta es «mucho», y están actuando en consecuencia, observando a los «superhumanos» que están entre nosotros.

Sí, existen «superhumanos», existen personas con una insensibilidad congénita al dolor, y también hay personas cuyos huesos son tan densos que podrían salir ilesos de accidentes que a los demás nos dejarían fracturas por todo el cuerpo. Mientras que la insensibilidad al dolor se presenta en unas decenas de personas en todo el mundo, son alrededor del centenar los individuos que muestran osteosclerosis, un incremento de su masa ósea. Ambos fenómenos son debidos a mutaciones en su material genético, aunque no es oro todo lo que reluce, ya que junto a estos aspectos aparentemente positivos se dan varios efectos secundarios, algunos de ellos tan graves que dificultan la vida de las personas que lo padecen, y en ocasiones les pueden ocasionar la muerte.

¿Cómo se generan estas mutaciones? La mutación es el proceso mediante el cual se generan cambios hereditarios en el patrimonio genético, promoviendo la aparición de nuevos alelos que, al expresarse, dan lugar a fenotipos diversos. Una mutación consiste en el cambio en la secuencia o en el número de bases de un gen; se puede producir en cualquier célula del organismo, pero solo las que se producen en los gametos pasan a formar parte del patrimonio hereditario del individuo y se transmiten a través de las generaciones.

Las mutaciones pueden afectar a un solo nucleótido (mutaciones génicas o puntuales) o a los cromosomas (mutaciones cromosómicas). Las mutaciones génicas pueden surgir de forma espontánea, por errores durante el proceso de replicación del ADN, y también pueden ser producto de la acción de algunos compuestos químicos o radiaciones sobre el ADN. Se habla de deleción cuando se produce la pérdida de un nucleótido, inserción en el caso contrario (añadir un nucleótido a la secuencia) y sustitución cuando una base es reemplazada por otra diferente. No todas las mutaciones implican variaciones en la lectura del ADN, muchas pueden ocurrir en regiones no codificantes y no contenedoras de sitios de regulación: son mutaciones neutras.

Hoy sabemos que el ADN está escrito en un lenguaje en tripletes (codones), con un único marco de lectura (ver pregunta 23, «¿Está encriptado el ADN?»), y que cada codón codifica para un aminoácido, por lo que un cambio en una base del codón implica un cambio del triplete, de forma que podría codificar para un aminoácido distinto. Si este nuevo aminoácido es químicamente equivalente al original, la funcionalidad de la proteína formada no será alterada, y la mutación será neutra. Algo similar ocurre si el cambio se produce en la tercera base del codón (algo muy frecuente); como el código genético está degenerado (casi todos los aminoácidos están codificados por varios codones, que se diferencian entre sí solo en la última base), es muy probable que el nuevo codón formado siga codificando para el mismo aminoácido, con lo que la proteína tampoco se verá alterada (por ejemplo, una mutación de AAA a AAG seguiría produciendo lisina). En estos casos hablamos de mutaciones silenciosas.

Se llaman mutaciones con cambio de sentido (*missense*) a aquellas en las que la sustitución de una base provoca el cambio en el codón de ARNm, que ahora codifica para un aminoácido diferente, lo que normalmente altera la funcionalidad de la proteína resultante. Las mutaciones sin sentido (*nonsense*), por otro lado, son aquellas en las que el cambio provoca la aparición de un codón de terminación antes de tiempo (llamado codón *nonsense*), lo cual implica la síntesis de una proteína más

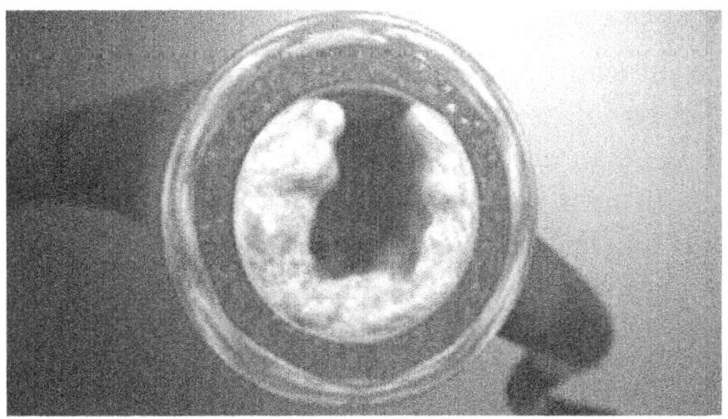

Nos podríamos conformar con superpoderes menos llamativos que los de Superman. Existen personas, por ejemplo, que nunca deben preocuparse por el colesterol: la mutación génica que portan en un gen llamado PCSK9 tiene bajo control su nivel de colesterol de por vida. Los investigadores han encontrado familias en las que el nivel de colesterol es siempre alto, desde jóvenes, debido a una mutación de este gen, y otras en las que este nivel es siempre bajo, también por una mutación ligada al mismo gen. Imagen de Scientific Animations, Girish Khera: http://www.scientificanimations.com

corta de lo normal. Algunas de las enfermedades genéticas más graves son debidas a este tipo de mutaciones. También puede ocurrir que la mutación afecte al codón de iniciación (AUG), suprimiendo el inicio de la traducción y con ello impidiendo la síntesis proteica.

Además de sustituir una base por otra, es particularmente grave el efecto de las mutaciones por inserción o deleción. Como sabemos, el ADN se lee en tripletes, de forma continua y siguiendo una única dirección (a partir del codón AUG). Si añadimos o quitamos una base, toda la secuencia se mueve un lugar, lo cual provoca un desplazamiento del marco de lectura a partir del punto donde se produjo la mutación, lo que implica la incorporación de aminoácidos equivocados desde ese momento. Esto supone, en la mayoría de los casos, la formación de proteínas no funcionales.

En cuanto a las mutaciones cromosómicas, estas son ocasionadas por roturas dentro de los cromosomas, bien espontáneas o inducidas por la exposición a agentes mutagénicos, como los rayos X o agentes químicos. Los extremos rotos tienden a unirse de nuevo, provocando cambios en el orden de los genes. Hablamos de traslocación cuando se produce un intercambio de segmentos entre cromosomas no homólogos, inversión si un segmento de cromosoma sufre una rotación de 180°, y deleción si se pierde un fragmento de cromosoma.

Cuando las alteraciones del ADN afectan al número de cromosomas, se denominan mutaciones genómicas, y provocan polisomía o monosomía, según aumenten o disminuyan, respectivamente, el número normal de cromosomas.

Las mutaciones son la principal fuente de variabilidad genética en los organismos. A lo largo de millones de años de evolución, la selección natural ha utilizado las mutaciones para favorecer el desarrollo de organismos correctamente adaptados al ambiente. De esta manera, cada especie ha ido mejorando gradualmente su propio programa genético altamente especializado. Ante un cambio ambiental que desestabilice a la población, una mutación puede resultar ventajosa (porque mejora la adaptación de la población al nuevo ambiente) y pasar a formar parte del genoma de la especie.

35

Una mutación, ¿puede curar otra mutación?

Los apasionados de la saga cinematográfica de Marvel seguramente recordarán cuando en la película *X-Men: The Last Stand* se preparó una cura capaz de revertir los superpoderes de los mutantes. Por primera vez, los mutantes se enfrentaban a una elección crucial: seguir con su singularidad o renunciar a sus poderes para ser como el resto de seres humanos. La cuestión es: ¿es posible revertir una mutación?

La respuesta rápida es sí, a veces las mutaciones pueden «curar» otras mutaciones. Normalmente se habla de mutación por reversión para referirse a las mutaciones que causan un cambio genotípico que restaura total o parcialmente el efecto de otra mutación. La reversión es un evento que provoca el cambio del genotipo mutado al selvático, lo cual se traducirá en un fenotipo normal en el individuo.

La reversión de una mutación sin sentido (que causaba, como vimos en la pregunta anterior, la aparición de un codón de terminación antes de lo previsto) se produce por ejemplo cuando cambia un par de bases del codón *nonsense* del ARNm, de manera que se forma un nuevo codón que sí codifica para un aminoácido. Aunque hay que mencionar que este cambio no siempre implica una verdadera reversión (esto es, recuperar el aminoácido original presente en el genotipo selvático), pues puede producirse una reversión parcial, esto es, que se genere un aminoácido distinto al original, que en ocasiones podrá devolverle la funcionalidad completa a la proteína formada.

A veces los efectos de una mutación pueden también ser disminuidos o evitados por una mutación en un segundo punto, esto es, una mutación supresora, que no implica la reversión de la mutación original, sino que enmascara o compensa sus efectos. Existen dos clases principales de supresores: los que tienen lugar dentro del mismo gen en el que se encuentra la primera mutación pero en un sitio distinto (supresores intragénicos) y los que ocurren en un gen distinto, llamados supresores intergénicos. Ambos actúan permitiendo la producción de copias funcionales (o parcialmente funcionales) de la proteína que se inactivó con la primera mutación.

¿Cómo funciona una mutación intragénica? Esta mutación puede alterar un nucleótido diferente dentro del mismo codón en el que sucedió la mutación original (por ejemplo, una mutación inicial en la primera base del codón CGU, que codifica para la arginina, puede provocar el codón AGU, que codifica para la serina; esta mutación puede ser revertida con una segunda mutación en la tercera base, formando AGA, que también codifica para la arginina). Algo similar ocurre ante mutaciones por deleción o inserción de bases, en estos casos, si se insertan o eliminan otras bases en un lugar precedente a la mutación original, se puede recuperar el marco de lectura original.

En la supresión intergénica, los genes que suprimen mutaciones en otros genes se denominan supresores. Muchos supresores cambian el modo en que se lee el ARNm codificado por el gen mutante, de manera que cada gen supresor puede suprimir el efecto de un solo tipo de mutaciones: sin sentido, con cambio de sentido, o por desplazamiento del marco de lectura (ver pregunta anterior). Por ello, son capaces de suprimir solo una pequeña parte de las mutaciones puntuales que, teóricamente, pueden ocurrir.

Generalmente, esta supresión se debe a la mutación en los genes que codifican para el ARNt (ARN transferente), que actúa como adaptador entre el ARNm y los aminoácidos. El ARN transferente, de hecho, contiene anticodones, secuencias de tres nucleótidos que reconocen por complementariedad de bases a los codones del ARNm y son capaces de unir el aminoácido que le corresponde. Las mutaciones en el anticodón pueden revertir las mutaciones en el codón, restableciendo el aminoácido correcto. Por lo general, los genes que codifican para el ARNt son redundantes en el genoma, es decir, existen varios genes que codifican para el mismo ARNt, por lo que si sucede una mutación en uno de estos, los genes que codifican para el mismo ARN continuarán produciendo ARNt normal (de lo contrario, el codón mutado se revertiría, pero ya no sería posible leer los codones normales).

Visto lo visto, a veces una mutación es la mejor manera de «curar» otra mutación, y la acción de los genes supresores nos salvan de grandes peligros. En nuestro genoma existen también una gran cantidad de genes responsables de «salvarnos» de las mutaciones sin tener que esperar a que aparezca una mutación curativa de forma aleatoria. Por ejemplo, se sabe que los errores genéticos responsables de varios tipos de tumores pueden ser heredados como resultado de una exposición a agentes químicos o radiaciones mutagénicas, y que las mutaciones en genes llamados oncogenes confieren a la célula las propiedades que la transforman en maligna. Pero, afortunadamente, hay supresores tumorales, los llamados guardianes del genoma, cuya misión es identificar las mutaciones de oncogenes e inducir el suicidio de las células malignas.

36

¿Se pueden crear mutantes?

En la pregunta anterior veíamos como existen muchas mutaciones que aparecen de forma espontánea, como consecuencia de errores en los mecanismos de replicación del ADN. Sin embargo, también existen mutaciones inducidas de manera artificial, lo cual nos lleva a preguntarnos: ¿podríamos crear mutantes?

La respuesta es sí, lo hemos hecho y ¡lo hacemos constantemente! Los genetistas utilizan agentes mutagénicos para elevar la frecuencia de mutación: los rayos X, rayos ultravioleta e incluso los neutrones. Los rayos X son un ejemplo de radiación ionizante: la colisión de esta radiación con los átomos que se encuentra en su camino da lugar a iones y radicales libres que pueden romper los enlaces químicos, incluidos los del ADN. Estas radiaciones ionizantes pueden causar roturas en los cromosomas, reordenamientos y daños en el ADN, además de mutaciones puntuales.

Los rayos ultravioletas, aunque no tienen suficiente energía para ser ionizantes, también pueden provocar mutaciones. Las bases púricas y pirimidínicas del ADN absorben fuertemente en el espectro ultravioleta, por lo que estos rayos pueden causar enlaces químicos anormales entre las bases nitrogenadas.

Las mutaciones también pueden ser inducidas por agentes químicos. Existen tres tipos principales de compuestos químicos mutagénicos: los análogos de bases, los agentes modificadores de bases y los agentes intercalantes. Los análogos de bases o tautómeros son sustancias químicas con una estructura molecular muy similar a la de las bases nitrogenadas. Cuando se introducen en el ADN, la replicación sucede de forma normal, pero pueden producirse errores de lectura que derivan en la incorporación de bases erróneas en la copia de ADN formada, lo cual se traduce en mutaciones por sustitución de pares de bases. Los agentes modificadores de bases son sustancias químicas que alteran directamente la estructura química y las propiedades de las bases nitrogenadas. Y los agentes intercalantes actúan insertándose entre las bases adyacentes en una o ambas hebras de ADN, separándolas entre sí. Durante la replicación, esta disposición anormal puede conducir a inserciones o deleciones en el ADN, originando mutaciones por desplazamiento en el marco de lectura.

Ante tanto agente mutagénico, ¿vivimos rodeados de mutantes inducidos? La realidad es que llevamos más de treinta años poniendo sobre nuestras mesas alimentos mutantes, creados por exposición a radiaciones, agentes químicos e, incluso, radiaciones nucleares (rayos X, alfa, beta, radiaciones de neutrones lentos y rayos gamma, sí, los mismos que transformaron a Bruce Banner en Hulk).

En 1927, Muller demostró cómo era posible modificar genéticamente la mosca de la fruta (*Drosophila melanogaster*) usando rayos X. Un año más tarde, Stadler condujo sus primeros experimentos con los cereales, intentando modificarlos genéticamente mediante radiaciones nucleares. Stadler buscaba una forma de obtener plantas con características mejoradas. No tuvo mucho éxito, pero dejó abierto un camino que no se tardó en recorrer.

Tras la Segunda Guerra Mundial comenzaron los llamados «usos pacíficos de la energía atómica». Muchos jóvenes investigadores de países desarrollados y en vías de desarrollo comenzaron a utilizar la radiación nuclear con el objetivo de modificar las características de las plantas comestibles. Al comienzo, los resultados fueron bastante modestos, la radiación nuclear era demasiado agresiva y la gran mayoría de las plantas mutadas no sobrevivía. Poco a poco se aprendió a controlar el poder destructivo de las radiaciones alfa, beta y gamma, a controlar los neutrones, y a dosificar los rayos X. La Agencia Internacional por la Energía Atómica (IAEA) y la Organización de las Naciones Unidas para la Alimentación y la Agricultura (FAO) financiaron y patrocinaron una serie de investigaciones sobre las mutaciones inducidas, con el fin de mejorar las características de los productos agrícolas.

Los experimentos a gran escala se efectúan en campo abierto, en lo que se ha denominado *Gamma Field* (campo gamma). En el centro de un círculo se pone la fuente radiactiva, y en los distintos sectores del círculo se plantan las semillas de las plantas que se pretende mutar. La exposición disminuye con la distancia, por lo que de esta manera se puede encontrar la dosis de radiación que genera mutantes sin matar las plantas (ver imagen).

Las bases de datos de la FAO/IAEA señalan al menos cuarenta y ocho tipos de fruta mutados, entre los que hay manzanas, plátanos, albaricoques, melocotones, peras, granadas… Pero la variedad comercial de mayor éxito es seguramente el pomelo de pulpa roja. Y es que el pomelo no siempre ha tenido la pulpa de este color. La primera variedad comercial de pomelo de pulpa roja fue el *ruby red*, derivado de una mutación espontánea descubierta en Texas en 1929.

El pomelo es un ejemplo pero ¿cuántas plantas mutantes hay? Durante los últimos setenta años se han producido más de 2.200 variedades mutantes. De estas, el 60 % se han liberado al medio ambiente, por lo que probablemente ya estén presentes en huertos de todo el mundo. Algunas de estas plantas mutantes se cruzaron con otras variedades silvestres, transfiriendo los caracteres adquiridos con las mutaciones. En la lista hay especies importantes, como el trigo, arroz, girasol, cebada, guisantes,

En esta fotografía se aprecia un campo gamma, usado para la creación de plantas mutantes: una gran área circular rodeada de un área de protección, en cuyo centro se coloca una fuente radiactiva, normalmente enterrada. Para efectuar la irradiación, la fuente se eleva y las radiaciones se difunden horizontalmente sobre todo el campo, donde se colocan las plantas que se van a mutar, que serán sometidas a dosis proporcionales a la distancia que las separa de la fuente. Foto de: http://www.rivistadiagraria.org/

algodón, judías, peras o pomelos. Por ejemplo, el popular trigo duro llamado candeal fue obtenido a partir de una mutación producida en 1974 al regar los campos con agua proveniente de reactores nucleares.

Y de la misma manera que podemos mutar plantas, también se puede intervenir en los animales. Se están utilizando radiaciones para, por ejemplo, producir mosquitos mutantes cuyos machos sean estériles, con el fin de controlar las poblaciones de estos insectos que, en muchos países, son vectores de enfermedades importantes como la malaria. Esta técnica de esterilización masculina por radiación no es nueva, ya se utilizó en 1958 en la isla de Curazao para combatir al gusano barrenador del ganado (*Cochliomyia hominivorax*), un tipo de mosca cuya larva es un parásito del ganado que provoca graves daños económicos. ¡La especie fue erradicada en cuestión de cuatro generaciones!

Retomando la pregunta que nos ocupa, los mutantes no solo se pueden crear, sino que ya están alrededor nuestro… ¡e incluso nos los comemos!

37

¿Es verdad que la carne roja es cancerígena?

Por todos es conocido el revuelo que provocó la Agencia Internacional para la Investigación sobre el Cáncer (IARC) de la Organización Mundial de la Salud (OMS) cuando clasificó como cancerígenas las carnes procesadas, es decir, aquellas que han sido transformadas a través de procesos de salazón, curado, fermentación o ahumado; o sometidas a otros procesos para aumentar su sabor o mejorar su conservación (esto incluye salchichas, jamones, hamburguesas, embutidos, tocino, carnes en conserva…). La carne roja, por su parte, fue clasificada como potencialmente cancerígena.

Pero ¿qué determina la carcinogenicidad de un producto? Para responder, primero debemos tener claro qué mecanismos hacen que un organismo pueda desarrollar un tumor.

En nuestros tejidos, las células se replican y dividen, formando nuevas células para satisfacer así las diversas necesidades del cuerpo: el crecimiento de una parte del mismo, o el reemplazo de las células muertas o dañadas. En los tumores, este delicado equilibrio, gobernado por mensajes químicos enviados desde una célula a otra y por los genes que se encuentran en su ADN, se ve comprometido. La célula se reproduce sin cesar y es capaz de eludir los procesos por los que las células dañadas inducen su propia muerte, la llamada apoptosis (muerte celular programada).

La proliferación incontrolada de las células depende de alteraciones en sus genes, las ya mencionadas mutaciones. Algunas de estas mutaciones son hereditarias, pero la mayoría son causadas por factores externos, inducidos por nuestro comportamiento o el ambiente en que vivimos.

Ahora bien, ¿qué genes están implicados en la aparición de tumores?

Los oncogenes son genes que, en condiciones normales, se activan para incitar a la célula a replicarse cuando es necesario (por ejemplo, para reparar el tejido al que pertenecen). Son como el acelerador del coche, que en los tumores está pisado hasta el fondo, señalando a la célula que debe multiplicarse sin control. Los genes supresores de tumores, continuando con la metáfora anterior, se comportarían como el freno, bloqueando la replicación normal de las células cuando estas han cumplido su propósito (por ejemplo, una vez que el tejido se ha reparado). En muchas formas de tumores, estos mecanismos de control no funcionan como deberían.

Los genes implicados en el suicidio celular (apoptosis) son un tipo de mecanismo de autodestrucción que se dispara cuando la célula está dañada, para evitar daños mayores en el cuerpo. Las mutaciones en estos genes provocan que la célula dañada pueda continuar reproduciéndose, pero de manera anómala. Además, los estudios realizados en los últimos años han puesto de relieve la importancia que tienen en el origen del cáncer pequeñas moléculas reguladoras llamadas microARN, fragmentos de ácidos nucleicos que modulan la expresión de distintos genes.

Para desarrollarse, el tumor necesita oxígeno y nutrientes. Por esto produce sustancias que estimulan la formación de nuevos vasos sanguíneos (angiogénesis), que regarán el nuevo tejido en crecimiento. Además de la ayuda de estos vasos sanguíneos, el tumor consigue obtener apoyo de otros componentes del llamado microambiente del tumor, es decir, el entorno en el que se desarrolla. Una condición de inflamación crónica, por ejemplo, induce la producción de sustancias que lo favorecen; y hormonas como la insulina, cuya producción aumenta tras los excesos alimentarios, estimula también su crecimiento. Ambas condiciones son favorecidas por nuestro estilo de vida.

La inflamación, en concreto, es considerada hoy en día por los expertos como la conexión más importante entre los estilos de vida nocivos (dieta poco saludable, sedentarismo, tabaquismo…) y las enfermedades crónicas más importantes de nuestro tiempo: no solo el cáncer, también la diabetes, las enfermedades cardiovasculares y probablemente también algunas formas de demencia, como el alzhéimer, todas ellas favorecidos por los malos hábitos.

Otro papel fundamental lo desempeña el sistema inmunitario, que en estos casos no solo no cumple correctamente su función en la protección del organismo, sino que a menudo es «reclutado» como cómplice de las células tumorales para proteger a la masa tumoral en crecimiento.

Como hemos visto, casi nunca existe, salvo algunas excepciones hereditarias, una única causa que pueda explicar el origen de un tumor. En su desarrollo colaboran varios factores, algunos de los cuales no son modificables, como los genes heredados de los progenitores o la edad, mientras que otros sí pueden ser modificados, consiguiendo así reducir el riesgo de contraer esta grave enfermedad. Y es que, generalmente, cuando se trata de tumores no se habla de heredabilidad, sino de familiaridad: con los genes no se transmite la enfermedad, sino una mayor predisposición a desarrollarla.

Volvamos al tema de la carne, ¿debemos realmente preocuparnos? ¿Qué contiene la carne roja que resulte tan peligroso? Desde el punto de vista bioquímico, nada. Todas las proteínas que constituyen los organismos vivos han sido construidas del mismo modo, mediante el ensamblaje de veinte «ladrillos», los aminoácidos, iguales en todas las especies, animales y vegetales.

El problema de las proteínas animales reside en el modo en que interactúan con nuestro organismo. El color rojo de la carne se debe a la presencia en los tejidos de dos proteínas, estrechamente emparentadas entre sí: la hemoglobina y la mioglobina. Ambas contienen una molécula roja, el grupo hemo, en cuyo centro hay un átomo de hierro. El grupo hemo es la trampa molecular usada para capturar el oxígeno, esencial para la producción de energía en las células. Por esto se almacenan grandes cantidades en los músculos, y por eso la carne roja es roja. Varios estudios, no obstante, señalan que el grupo hemo es un poderoso oxidante, que estimula la producción de algunas sustancias cancerígenas (a nivel del intestino) e induce la inflamación de las paredes intestinales. Una inflamación prolongada aumenta la posibilidad de desarrollar tumores de colon y recto. No solo eso, la carne roja puede ser procesada y conservada con aditivos, nitratos, nitritos e hidrocarburos policíclicos aromáticos. Incluso la cocción de la carne es relevante, ya que en dicho proceso se forman algunas sustancias, como las aminas heterocíclicas, potencialmente tóxicas y cancerígenas.

Ante lo expuesto, ¿tendría sentido volverse vegetarianos? La verdad es que todavía no hay estudios que indiquen una relación convincente entre el riesgo de enfermedades (no solo el cáncer) y el consumo moderado de proteínas animales. No obstante, muchos estudios realizados en los últimos años han puesto de manifiesto los beneficios generales que las dietas vegetarianas tienen para la salud, en relación a las dietas ricas en carne y alimentos de origen animal, siempre que sean estrictamente controladas para garantizar un aporte nutricional completo.

Por todo ello, tiene bastante sentido reducir el consumo de carne en nuestras dietas. La IARC de hecho asegura que el consumo de carne menor a quinientos gramos a la semana no constituye ningún peligro para la salud.

38

¿Se repara el ADN?

A nuestras células, al igual que ocurre con nosotros, les interesa mantener una buena salud. Y dado que la salud de las células depende principalmente de la integridad de su ADN, es de esta molécula de lo que deben preocuparse. Si bien no hay duda de que las mutaciones son el motor fundamental de la evolución, ya que inducen variabilidad, también es cierto que la mayoría de las mutaciones son perjudiciales para el individuo que las sufre. La alteración de la secuencia de ADN de un gen en muchas ocasiones provoca que la proteína codificada sea alterada hasta tal punto que impide su correcto funcionamiento. Esta secuencia, por tanto, debe ser preservada sin cambios, lo cual no es nada sencillo, porque los riesgos a los que se expone el ADN son muchos. Por un lado, están los inevitables desastres aleatorios que comete la célula cuando replica, ajusta y manipula su propio ADN (pruebe el lector a copiar un cuadro miles y miles de veces, ni siquiera un maestro como Miguel Ángel podría hacerlo siempre igual). Por otro lado, están los ataques incesantes de los numerosos enemigos de la estabilidad genética: los radicales libres, las sustancias carcinógenas, los rayos ultravioleta y muchos otros.

La célula no se limita a aceptar pasivamente estos ataques, sino que intenta defenderse con todos los medios que tiene a su disposición. Sin embargo, a pesar de sus admirables esfuerzos, el ADN acumula diariamente daños que, si no se reparan, terminarían por inutilizarlo. Por esto, las células han desarrollado una completa batería de sistemas de reparación del ADN.

A veces, una sustancia química particularmente agresiva se pega como una sanguijuela a una de las bases. En el mejor de los casos, esa sustancia es capaz de separarse y la base vuelve a su estado original (reparación directa), pero más a menudo la base se vuelve irrecuperable y debe ser necesariamente eliminada (reparación por escisión de base). Esto deja un hueco en la secuencia de ADN, y para evitar la consecuente mutación es necesario rellenar el hueco con una base correcta (es decir, una igual a la que se eliminó).

Esto puede parecer trivial, como corregir una palabra con una falta de ortografía. Pero el ADN no contiene palabras reconocibles, solo una secuencia ininterrumpida de cuatro letras, más parecida al lenguaje del ordenador —compuesto por secuencias de ceros y unos— que a cualquier lenguaje humano. Esto implica que nadie, ni siquiera la célula, es capaz de entenderlo del todo. Aun así, puede repararlo, y para ello se basa en las características de la molécula de ADN. Este ácido está formado por dos filamentos de bases, paralelos y perfectamente sincronizados. Las dos hebras son complementarias: a cada base de una de ellas le corresponde una base «opuesta» en el otro filamento. Estando así las cosas, sustituir una letra que falta no sería complicado: la célula solo debe tomar nota de la base que tiene enfrente del hueco, e insertar en este la base complementaria. De esta manera, la célula puede reparar el ADN, incluso sin saber muy bien lo que está escrito en él, y sobre todo, sin introducir mutaciones.

Por desgracia, algunos agentes nocivos (como las radiaciones) son tan potentes que pueden causar daños en las dos hebras de ADN al mismo tiempo, de forma que lo dejan literalmente partido en dos. Si algo así sucede, existe el riesgo de que una de las dos mitades, que ya no está anclada al resto de la molécula, quede a la deriva y se pierda para siempre. Y como estos fragmentos pueden contener millones de bases y cientos de genes, esto podría suponer un golpe mortal para la célula. Un daño así debe ser reparado inmediatamente y a cualquier precio.

En estos casos, introducir mutaciones es a menudo inevitable. Para volver a unir los dos fragmentos de ADN separados, estos deben (al menos parcialmente) encajar. Y como es muy raro que la rotura aleatoria del ADN deje dos extremos que encajen, la célula se ve obligada a recortarlos un poco, quitando algunas bases (reparación por unión de los extremos). Estas pocas bases se perderán para siempre, pero a cambio se puede conservar todo el resto.

Si los daños no se reparan, el ADN acumula mutaciones peligrosas que, a largo plazo, pueden favorecer la transformación

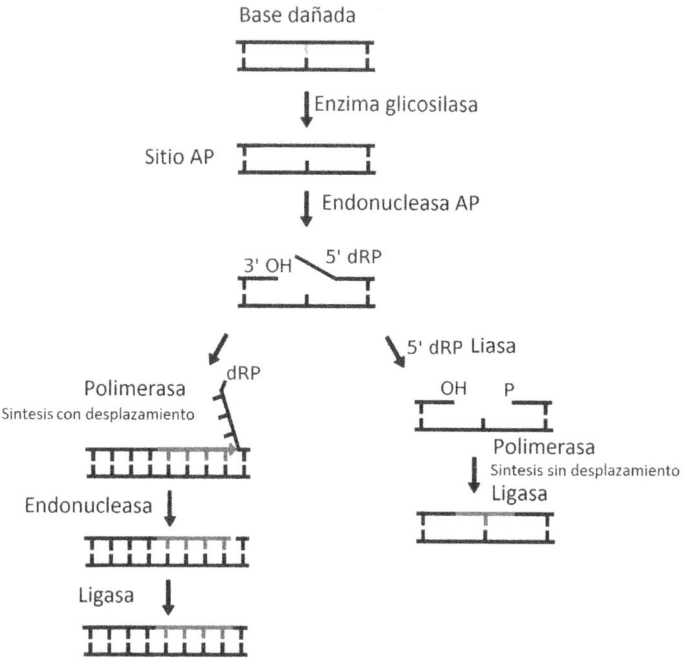

La enzima glicosilasa reconoce la base dañada y corta el enlace entre esta y el azúcar, liberando la base. A continuación, la endonucleasa AP corta el enlace cercano a la base dañada. La reparación en este punto puede seguir dos vías: 1) La ADN polimerasa repara la región utilizando como molde la hebra complementaria, mientras una endonucleasa elimina la hebra dañada; 2) La enzima liasa cataliza la rotura de la hebra que contiene el error y la polimerasa usa la hebra sana como molde para la reparación. En ambos casos el ADN se suelda finalmente gracias a la acción de la enzima ligasa. Imagen modificada de Amazinglarry (talk), Wikimedia Commons.

tumoral de una célula; por ello, los sistemas de reparación del ADN son uno de los mejores bastiones de la resistencia celular contra el cáncer.

En algunas enfermedades genéticas uno de los genes implicados en la reparación del ADN es modificado (por lo que no funciona, o funciona mal). Las personas afectadas por estas enfermedades tienen una alta probabilidad de desarrollar ciertos tipos de cáncer. Una de las enfermedades más conocidas debidas a mutaciones en los genes involucrados en la reparación del ADN es la xerodermia pigmentosa, causada por una mutación recesiva en homocigosis. Las personas afectadas por esta enfermedad son fotosensibles, y las partes de su piel expuestas a la luz presentan una intensa pigmentación, pecas y crecimiento de tumores, que pueden convertirse en malignos. Estas personas tienen alterada su capacidad para reparar daños en el ADN causados por luz ultravioleta, rayos X, radiación gamma o tratamientos químicos. Generalmente mueren como resultado de los daños provocados por estos tumores.

Por tanto, retomando la pregunta inicial, el ADN sí se repara, y cuando no lo hace puede desencadenar consecuencias fatales.

39

¿El ADN se mueve?

Cuando nos imaginamos el ADN, siempre nos lo imaginamos estático: genes fijos y alineados de forma ordenada como palabras en una frase, sin ninguna posibilidad de moverse. En realidad esto no es del todo cierto, y para demostrarlo Barbara McClintock realizó una serie de experimentos con mazorcas de maíz.

Barbara estudiaba las mazorcas al ser un modelo experimental sencillo y fácil de cultivar. Un sistema sencillo pero excepcional. La mazorca está formada por muchos granos, y cada grano contiene una semilla que se convertirá en un fruto. Por lo tanto, no es un organismo único, con un único genoma, sino la combinación de muchos granos, cada uno con su genoma. O mejor dicho, un genoma que contiene distintas variantes. Las mazorcas de Bárbara podían presentar solo granos blancos, solo granos violetas o granos blancos y violetas. La científica hipotetizó que la falta de color (granos blancos) se debía a la presencia en el genoma de elementos transponibles, genes «saltarines» a los que denominó transposones.

Los transposones son regiones del ADN que pueden moverse de un lado del cromosoma a otro, o de un cromosoma a otro. Igual que el mover una palabra cambia el significado de una oración, en el genoma el desplazamiento de un gen (o un grupo de genes) de un sitio a otro puede alterar los caracteres expresados, por ejemplo puede hacer cambiar el color de violeta a blanco.

Esta observación temprana de Barbara McClintock, publicada en los años cuarenta, solo se pudo consolidar y desarrollar en los años setenta, cuando la disponibilidad de nuevas técnicas de manipulación del ADN permitió la acumulación de una gran cantidad de información sobre la presencia de transposones en las bacterias primero, y en los organismos más complejos después. Estos descubrimientos hicieron necesario revisar, al menos en parte, uno de los conceptos fundamentales de la biología, según el cual la organización del cromosoma es muy estable y los genes mantienen rigurosamente su posición de generación en generación.

La presencia de transposones no dificulta, en pocas generaciones, la organización de los genes en los cromosomas, dada la relativamente baja frecuencia de transposición (10^{-3}-10^{-7}), pero sí que contribuye sustancialmente a incrementar la variabilidad genética y la transferencia de material hereditario entre individuos de la misma especie, o incluso de especies distintas, generando una diversificación gradual de los genomas que, a largo plazo, modifica de manera sustancial el patrimonio genético de los seres vivos.

De hecho, los efectos de la transposición van desde la translocación de genes o grupos de genes, la interrupción de otros genes por la inserción en ellos de secuencias extrañas, a la duplicación de grandes regiones de ADN o a su inversión respecto a la polaridad del cromosoma. Todos estos efectos, a su vez, provocan variaciones significativas en las propiedades de las células, que van desde la pérdida o absorción de una o más funciones, hasta la propia muerte.

En las bacterias, los elementos transponibles varían en tamaño, desde menos de mil a más de veinte mil pares de bases. La transposición puede suceder mediante un mecanismo de recombinación del ADN del transposón con un fragmento de ADN del organismo en el que el transposón se insertará (en este caso, una bacteria), llamado recombinación específica de sitio. El transposón se puede insertar solo en las regiones de ADN en las que haya secuencias cortas de nucleótidos que sirven como objetivo para la inserción (sitios de inserción). La secuencia nucleotídica de dichos sitios parece irrelevante y no homóloga (no es igual a ninguna secuencia específica del transposón). No existe, por

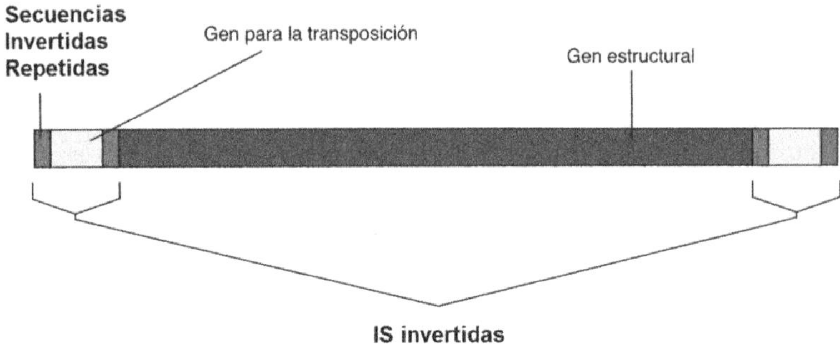

Se denominan transposones a algunos elementos genéticos del cromosoma capaces de moverse de una posición a otra del genoma. Los transposones se mueven dentro de un mismo cromosoma, como es el caso de las bacterias, o de un cromosoma a otro. Para hacerlo, necesitan la enzima transposasa, que viene codificada por genes presentes en los propios transposones. Los transposones presentan secuencias terminales invertidas y se insertan en sitios no homólogos, causando la formación de secuencias repetidas a ambos lados del corte irregular. Algunos transposones (compuestos) presentan en el extremo secuencias IS (secuencias de inversión que pueden contener genes de resistencia a antibióticos). Imagen modificada de Barbaking, Wikimedia Commons.

tanto, afinidad entre las secuencias del transposón y el sitio de inserción, como ocurre en la recombinación homóloga, que se produce entre genes con las mismas secuencias de nucleótidos.

Los elementos transponibles más simples son las llamadas secuencias IS (*insertion sequences*), presentes en bacterias. Se trata de elementos genéticos de pequeñas dimensiones, normalmente caracterizados por la presencia en sus extremos de pequeñas secuencias iguales y dispuestas con orientación opuesta (secuencias de repetición invertidas). La única función génica codificada por las IS es la relativa a la transposasa, enzima encargada del proceso de transposición. Los sitios en los que tiene lugar la recombinación específica de sitio de las IS no tienen secuencias bien definidas, y pueden ser distintos incluso para una misma IS. Durante la transposición el sitio de inserción se corta, dejando en cada uno de los extremos una sección corta de un solo filamento que será relleno con la base complementaria, creando así dos secuencias repetidas a los dos lados de la IS (ver imagen).

De mayor tamaño que las secuencias IS son los transposones propiamente dichos, fragmentos de ADN indicados con las siglas Tn que pueden tener dimensiones de más de veinte mil pares de bases. Además del gen para la transposasa, indispensable para dirigir el proceso de transposición, los transposones contienen uno o más genes que les confieren resistencia a los antibióticos y otras sustancias tóxicas para las bacterias. Se han descubierto transposones en todos los organismos, y su contribución a la evolución de cada genoma está ahora bien clara: no solo son causa de mutaciones, también pueden multiplicarse en el interior de un genoma hasta constituir más del 10 % del ADN de un organismo. Cabe mencionar también la importancia de la transposición desde el punto de vista médico, ya que permite la rápida propagación de la resistencia a antibióticos en las bacterias patógenas; además, la capacidad de transposición es esencial en el ciclo biológico de ciertos virus como el VIH, responsable del SIDA.

40

¿CÓMO FUNCIONA EL VIRUS DEL VIH?

Cada año, millones de personas son infectadas por virus, desde los más comunes, como los del resfriado y la gripe, hasta los más raros, como la poliomielitis o el ébola. Los virus no permanecen mucho tiempo en nosotros; en la mayoría de los casos son eliminados por nuestro sistema inmunitario, aunque a veces son capaces de escapar y anidar en otro huésped, manteniéndose de esta forma durante generaciones. En algunos casos el virus puede suponer el fin de su desafortunado anfitrión. Y en otros casos, extraordinariamente raros, el virus mezcla su genoma con el del huésped, convirtiéndose en parte del patrimonio genético de este último, que lo transmite a la siguiente generación.

Los científicos saben que esta mezcla ocurre porque los virus tienen genes distintivos, y escaneando el genoma humano a veces se detectan segmentos de ADN marcados. Las formas virales más fáciles de reconocer son los retrovirus, el grupo al que pertenece el VIH (responsable del SIDA). Los retrovirus se replican infectando a las células y después recurren a una enzima para insertar sus genes propios en el ADN celular del huésped. Tras esto, la célula lee el ADN insertado y crea moléculas que se ensamblan formando nuevas copias del virus. Ahora bien, ¿cómo funcionan concretamente los retrovirus como el VIH y en qué se diferencian de otros virus?

Sabemos (ver pregunta 30, «¿Qué pasa cuando nos infecta un virus?») que los virus no son más que fragmentos de ácido nucleico y proteínas en forma de parásitos endocelulares obligados, que infectan a las células liberando en ellas su propio material genético.

En los retrovirus como el VIH el material genético es ARN en lugar de ADN. Los retrovirus funcionan a la inversa que el resto de seres vivos, siendo los únicos capaces de utilizar ARN para producir ADN (y no al contrario, como ocurre normalmente). El descubrimiento del funcionamiento del retrovirus ha supuesto la superación del dogma central de la biología molecular, que sostenía que la información genética se transmitía de forma unidireccional, de ADN a ARN, y de ARN a proteínas.

Una vez liberado en la célula infectada, el ARN viral produce ADN de doble hélice (llamado provirus) según un proceso conocido como retrotranscripción o transcripción inversa (de ahí el nombre de retrovirus), en el que la enzima retrotranscriptasa «lee» la molécula de ARN y, nucleótido a nucleótido, la traduce en una molécula de ADN. El provirus se integra de forma estable en el genoma celular, pero en un modo más o menos aleatorio, gracias a la actuación de la enzima integrasa. Esta integración se produce en todas las células infectadas por el retrovirus y supone una etapa intermedia indispensable para su replicación; además, les sirve para insertarse de forma estable en el huésped.

El nuevo segmento de ADN es usado para producir tanto el ARN original (que se integrará en las nuevas partículas virales) como el ARN mensajero necesario para la síntesis de las proteínas virales, incluyendo los que forman la capa exterior (cápsida) del virus. Estos materiales, una vez ensamblados, constituyen nuevas copias del virus que son liberadas en la célula infectada.

En general, los virus son un ejemplo de parasitismo eficaz, ya que explotan el sistema metabólico de la célula infectada para reproducirse. Los retrovirus tienen un nivel de eficacia todavía mayor, porque son capaces de integrarse de forma estable en

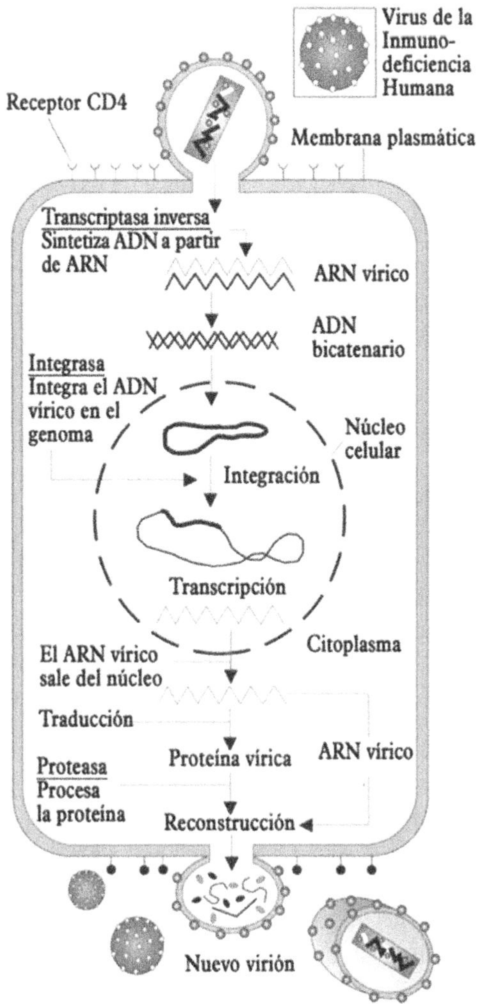

La infección comienza cuando un virus VIH encuentra una célula que posee sobre su superficie un receptor llamado CD4. Tras entrar en la célula, el virus descarga su material genético (ARN) en el citoplasma, donde la enzima transcriptasa inversa lo convierte en ADN vírico. El ADN vírico se inserta en el núcleo celular y se integra en el ADN huésped. De este modo, el provirus puede permanecer inactivo por muchos años, produciendo copias del virus. Cuando la célula huésped recibe la señal de activación, el provirus aprovecha las estructuras celulares para transcribir su propio ARN y traducir sus proteínas, reconstituyendo el virus. Figura de Daniel Beyer, adaptado por Luis Fernández García, Wikimedia Commons.

el genoma hospedador y disfrutar con calma los recursos de la célula, que continúa viviendo y haciendo copias del retrovirus. Y esta es la principal diferencia entre un virus normal y un retrovirus: mientras el primero se aprovecha de la célula para multiplicar su genoma, el segundo pasa a formar parte del propio genoma celular.

Esta es la razón por la que una persona infectada por VIH será seropositiva para siempre: ¡el ADN del virus se integra en el de la persona! En la práctica, los retrovirus son unos hábiles ingenieros genéticos, capaces de convertirnos en organismos modificados genéticamente, al insertar material genético externo en nuestro interior. De vez en cuando, el retrovirus también puede insertarse en las células de la línea germinal, pudiéndose transmitir a la siguiente generación. Por lo tanto, una parte de nuestro ADN no derivará de nuestros padres, sino de nuestros antepasados, habiendo sido transmitido por medio de los virus que se cuelan dentro a partir de una infección.

Se calcula que el 1,8 % del ADN no codificante está formado por HERVs (Human Endogenous Retrovirus), un porcentaje que se piensa podría alcanzar el 25 % del genoma humano. Llamamos HERVs a los retrovirus fósiles derivados de infecciones ancestrales. Hay quien incluso ha propuesto la desaparición de los dinosaurios como consecuencia de una extinción por vía viral (hipótesis no demostrada). La transmisión se habría producido durante miles de años a causa de células germinales infectadas por virus. Estos retrovirus endógenos, depositados por infecciones, estarían a su vez sujetos a una gran acumulación de mutaciones.

Es curioso como casi siempre, en la historia como en la vida, amenazas terribles pueden ser también maravillosas esperanzas de futuro. La misma característica que convierte al VIH en peligroso (el poder camuflar su propio ARN en forma de ADN al integrarlo en el genoma de la célula) le aporta una utilidad muy importante en la llamada terapia génica. La terapia génica es la nueva frontera de la investigación científica, y se basa en la idea de que podemos curar algunas enfermedades genéticas volviendo a insertar la copia del gen que falta o que no funciona bien. Actualmente se están desarrollando vectores derivados del virus VIH para el tratamiento de enfermedades genéticas graves.

No hay mejor aliado que un enemigo para derrotar a otro enemigo.

41

¿Existe el ADN extraterrestre?

Se produjo un gran estupor cuando un equipo de investigadores italianos descubrieron ADN no humano en células de pacientes afectados por leucemia mieloide aguda, una enfermedad que se desarrolla a partir de médula ósea y progresa rápidamente.

Este hallazgo nace a partir de un estudio realizado por el equipo de investigadores de la Universidad de Milán y el Hospital de Niguarda, donde se analizó el comportamiento de las células con leucemia. Los investigadores identificaron en las células de la leucemia mieloide una producción anómala de la proteína Wnt10b, que parecía controlar la proliferación incontrolada de estas células tumorales. Se centraron entonces en las posibles causas de esta producción anormal de Wnt10b, focalizando su atención en el ADN de las células tumorales. Tras analizar los tejidos tumorales de más de cien pacientes, los investigadores aislaron una secuencia específica de ADN que regulaba la producción de la proteína Wnt10b, presente en aproximadamente un paciente de cada dos. Se trata de una pequeña secuencia de unas 4.500 bases que sorprendentemente no aparece en ninguna base de datos que cataloga las secuencias de ADN humano conocidas. Surge así la pregunta: ¿de dónde procede esta misteriosa secuencia de ADN?

Obviamente, la noticia ha despertado la curiosidad colectiva, desatando las teorías más fantásticas, incluido el posible origen extraterrestre del ADN (según el cual nuestro genoma sería el resultado de experimentos de ingeniería genética alienígena).

No es la primera vez que se recurre a los extraterrestres al hablar de ADN. Uno de los primeros en hacerlo fue el propio padre de la molécula de la vida, Francis Crick, premio Nobel por el descubrimiento de su estructura. Crick sostenía que un sistema tan complejo y elaborado como el ADN no podía ser el resultado del proceso evolutivo, y que «otra cosa» debía estar detrás. Este científico siempre creyó que la vida en la Tierra había sido diseminada a través de una especie de panspermia dirigida, es decir, una raza alienígena habría querido preservar la esencia de la vida y de su especie a través del ADN. Una teoría tan fascinante como fantasiosa.

Volviendo a la ciencia (y alejándonos de la ciencia ficción), los investigadores encontraron una correlación que difícilmente podía pasar desapercibida: encontraron en las células de los pacientes con leucemia la misma alteración genética hallada en algunas células del cáncer de mama. Las evidencias de esta conexión por el momento no están muy detalladas, pero suponen un indicador que podría abrir novedades importantes en la investigación de esta patología. Por el momento, las repercusiones en el tratamiento de la leucemia mieloide aguda son prometedoras. Con este descubrimiento, de hecho, se ha identificado un nuevo objetivo para las terapias moleculares dirigidas. Los próximos pasos de la investigación se centrarán en el desarrollo de nuevos fármacos que puedan frenar los mecanismos de proliferación celular mediados por las proteínas Wnt10b. Es una gran oportunidad para avanzar en la lucha contra una enfermedad que, solo en Italia, cuenta con dos mil nuevos casos cada año.

Pero aún queda por entender cómo una secuencia de ADN no humano puede entrar en una célula humana. Los investigadores creen que una de las vías más probables es la microbiológica: mediante un virus o una bacteria. Estas secuencias de ADN «alien», no atribuibles a ningún ancestro humano conocido, se habrían adquirido hace muchísimo tiempo cuando los diferentes organismos (microorganismos) comenzaban a compartir el mismo entorno. Esta teoría desafía el paradigma de la evolución animal, según el cual los genes habrían sido transmitidos únicamente a lo largo de líneas ancestrales directas. En un proceso normal de reproducción, que obviamente implica individuos de la misma especie, los genes se transfieren de padres a hijos a través de las células germinales (transferencia vertical de genes). En la transferencia horizontal de genes, por el contrario, el paso de material genético se produce entre individuos de la misma especie o especies distintas, mediante procesos diferentes a la reproducción normal.

Un estudio publicado en la revista científica *Open Acces Genome Biology* presta atención a esta transferencia horizontal de genes (HGT) entre individuos que comparten entorno temporal. Este proceso es bien conocido en organismos unicelulares, y es la base, por ejemplo, de la capacidad de las bacterias para resistir a los antibióticos (ver pregunta 29, «¿Tienen sexo las bacterias?»).

La transferencia genética horizontal también puede ocurrir en animales, incluyendo el ser humano, lo que daría lugar a centenares de genes «extranjeros». Parece probable que esta transferencia haya contribuido a la evolución de todos los seres vivos.

Potencialmente hay muchos caminos para una transferencia horizontal en células vegetales y animales. La vía principal es seguramente la transducción (ver pregunta 30, «¿Qué pasa cuando nos infecta un virus?»), ya que hay muchos virus que infectan plantas y animales, pudiendo insertar material genético y transferirlo de un huésped a otro. No obstante, también se ha encontrado una gran variedad de material genético absorbido por todo tipo de células, por mecanismos sencillos como las gotas en los ojos, frotando la piel, mediante materiales inyectables o por ingestión. En algunos casos, estas «piezas» de genes extraños terminarán por ser integrados en el genoma.

La mayor parte del ADN extraño que entra en un individuo, como aquel presente en la comida que ingerimos, se rompe para producir energía. Existen muchas enzimas (llamadas nucleasas) encargadas de digerir (esto es, descomponer) el material genético extraño. Si se da la circunstancia de que ese material genético se incorpora en el genoma, también puede ocurrir que una modificación química lo extraiga o lo elimine. Pero, en determinadas condiciones biológicas todavía poco conocidas, el ADN extraño elude la digestión y la eliminación, integrándose en el genoma celular. Por ejemplo, en entornos de *shock* térmico y contaminación, como ocurre en presencia de metales pesados, aumenta la tasa de transferencia genética horizontal. También los antibióticos pueden incrementar esta tasa, de diez a diez mil veces.

42

¿Existe el gen de la felicidad?

Desde la Antigüedad, las personas se han preguntado sobre la felicidad y la forma más eficaz de alcanzarla. A lo largo de nuestra vida todos queremos ser felices, y se pueden seguir distintos caminos para llegar a serlo. Para los antiguos filósofos griegos la felicidad siempre ha coincidido con el objetivo final de las acciones del hombre, y es que, pese a utilizar definiciones diversas, todos coincidían en que la felicidad era el fin último de la vida. Epicuro (341-270 a. C.) presentaba su filosofía como una técnica de felicidad, definiendo esta última como «la ausencia de dolor en el cuerpo o perturbación en el alma». Este filósofo entendía que ser feliz era ser imperturbable respecto a aquello que puede alterar el espíritu del hombre: el temor a los dioses, el miedo a la muerte, la confianza en el futuro (ya que no somos los maestros del mañana) y el deseo de cosas no estrictamente necesarias. Liberarse de estas cuatro actitudes humanas a través de la filosofía convertiría al hombre en imperturbable y, para Epicuro, feliz.

Quién sabe qué pensaría Epicuro del reciente descubrimiento publicado en el *Journal of Human Genetics*, según el cual este estado de ánimo puede ser determinado en parte por nuestros genes. Jan-Emmanuel de Neve, de la Escuela de Economía de Londres, ha descubierto una interesante conexión entre la felicidad de un individuo y el gen 5-HTT. Este gen desempeña un papel vital en nuestro cerebro: contiene las instrucciones para fabricar el transportador de la serotonina, un neurotransmisor cerebral especialmente activo.

No es una cuestión menor, dado que la serotonina está presente en diversos procesos del cerebro, y por tanto sus movimientos deben estar bien controlados. Este neurotransmisor regula el estado de ánimo, el sueño, la temperatura corporal, el apetito e incluso aspectos relacionados con la sexualidad.

Cuando una neurona utiliza la serotonina para enviar un mensaje, esta debe ser reabsorbida para poder utilizarse de nuevo, y es aquí donde interviene el transportador codificado por el gen 5-HTT. Cuantos más transportadores haya sobre la membrana celular, mayor eficacia tendrá la reabsorción del neurotransmisor. La determinación del número de transportadores presentes en la membrana viene dada por la secuencia promotora del gen 5-HTT. El promotor de un gen es una región de ADN, generalmente adyacente a un gen, capaz de activarlo o promover su transcripción (y, por tanto, la expresión de la proteína para la que ese gen codifica).

El promotor del 5-HTT en el ser humano puede presentarse en dos versiones: una versión corta (S) y una larga (L). La variante larga tiene cuarenta y cuatro nucleótidos de más, y se asocia con una mayor actividad (casi el triple que la variante corta). Los individuos que tienen la versión larga (homocigóticos L/L) producen muchos más transportadores que los individuos S/S, y son por tanto más eficaces en la recuperación de la serotonina después de la sinapsis, volviéndola a empaquetar en vesículas de transporte, listas para ser usadas en las sinapsis sucesivas.

Muchos investigadores se han centrado en estudiar el promotor del gen 5-HTT. En uno de estos estudios se analizaron las respuestas de 2.574 adolescentes a la pregunta: «¿En general, cómo estás de satisfecho con tu vida?». Y se compararon las respuestas con las variantes génicas que estos jóvenes tenían. Entre los chicos que habían respondido «muy satisfecho», el 35 % era homocigótico para la variante larga (L/L), mientras que solo un 19 % lo era para la corta (S/S). Por otro lado, entre los jóvenes que se habían declarado insatisfechos con su vida, los porcentajes cambiaban: el 26 % era S/S, mientras que el 20 % era L/L. En resumen, los que poseían una variante más eficaz del promotor de 5-HTT parecían ser más felices que la media, mientras que ocurría lo contrario en aquellos con la variante menos eficaz. Esta correlación era estadísticamente significativa y no dependía del grupo étnico o social de los participantes. Obviamente, el autor de la investigación subrayó que no había descubierto el gen de la felicidad porque, como en todos los caracteres complejos, y en particular en aquellos relativos al comportamiento, hay muchos factores implicados, tanto genéticos como ambientales.

Sin caer en la trampa del sensacionalismo, es correcto sin embargo recordar que el gen 5-HTT no es nuevo en este tipo de asociaciones. En concreto, en el año 2003 se descubrió que los individuos portadores del alelo corto del gen mostraban más síntomas depresivos, e incluso una mayor tasa de suicidios, al vivir situaciones estresantes o si habían sufrido malos tratos cuando eran niños.

No sorprende, por tanto, que el promotor del 5-HTT esté vinculado a la felicidad: estamos hablando de un gen especial, que determina nuestra capacidad de procesar las emociones y reaccionar a las experiencias de la vida, sean buenas o malas.

La investigación sobre la felicidad por lo tanto continúa, pero ahora, además de los filósofos, los genetistas también tienen algo que decir.

43

¿ESTÁ RELACIONADA LA GENIALIDAD CON LA LOCURA?

Virginia Woolf, afectada continuamente por depresión y alucinaciones, llenó sus bolsillos con piedras y se dejó ahogar en el río Ouse. Vincent van Gogh, recién salido del hospital psiquiátrico, se marchó a pintar al campo y se disparó un tiro en el pecho. El famoso poeta Baudelaire vivió al borde de la cordura; alcoholizado y drogado, tenía varios trastornos mentales que a menudo lo tentaron a suicidarse. Edgar Allan Poe llegó a vagar por las calles delirando, en un estado de completa confusión.

Casi todos nos hemos preguntado alguna vez: ¿por qué muchos de los artistas más famosos, que han hecho historia en la música, la escritura, la pintura, el cine o el teatro, dejando una marca indeleble de su grandeza en el mundo, han tenido a su vez unas vidas inestables, cargadas de vicios incontrolables que los llevaron a la muerte o el suicidio? ¿Son la genialidad y la locura dos caras de una misma moneda? ¿Es esto leyenda, o es genética?

En 2009, la revista *Psychological Science* publicó un estudio de un equipo de investigación de la Universidad de Semmelweis, dirigido por la psiquiatra Szabolcs Keri. El estudio identificaba la relación entre la genialidad creativa y la enfermedad mental: la clave se encontraba en una variante genética de la Neuregulina1, la proteína celular responsable del grado de conexiones neuronales, con un papel fundamental en los procesos cognitivos. Una mutación de esta proteína se asociaba tanto con una elevada incidencia de enfermedades mentales (como la esquizofrenia y el trastorno bipolar) como con un mayor talento creativo. Según los datos de la investigación, alrededor del 50 % de los europeos tienen una copia de esta mutación (son heterocigóticos), mientras que un 15 % poseen dos copias (homocigóticos).

Para comprobar cómo esta mutación podía influir en la creatividad, se utilizaron voluntarios y se midió su capacidad creativa, así como la forma en que eran percibidos por los demás. Las personas que tenían dos copias de la mutación tenían una creatividad significativamente mayor a la media.

Vincent van Gogh (1853-1890) es hoy en día considerado «el artista maldito» por excelencia. La naturaleza de su enfermedad, que se manifestó antes de que cumpliera treinta años, ha sido objeto de innumerables reconstrucciones e interpretaciones diagnósticas, basadas principalmente en las numerosas cartas que Van Gogh escribió a su hermano Theo. Sus crisis se caracterizaban principalmente por alucinaciones y ataques epilépticos, hasta que el artista cayó en un estado de depresión profunda, ansiedad y confusión mental, tan intenso que le impidió totalmente seguir trabajando. Pero ¿está la locura realmente relacionada, en términos genéticos, con la genialidad? Imagen: cuadro *Autorretrato* en Google Art Project.

A pesar de estos descubrimientos, el tipo de relación entre los trastornos psicóticos y la creatividad, así como las causas de esta mutación, aún no se han especificado. Todavía no se conoce cómo actúa la Neuregulina1. Las personas que participaron en el experimento y resultaron ser creativas no presentaban los síntomas clásicos asociados a la esquizofrenia.

En esta línea, recientemente un grupo de científicos islandeses, dirigidos por el doctor Kári Stefánsson, ha confirmado que las personas dedicadas a profesiones creativas, como los pintores, escritores, músicos y bailarines, presentan un mayor riesgo de desarrollar enfermedades como el trastorno bipolar o la esquizofrenia. Los expertos han llegado a esta conclusión mediante el análisis del genoma de una amplia muestra de personas: 86.000 ciudadanos islandeses. Los científicos centraron su atención en la variante genética de la Neuregulina1, comprobando que esta variante duplica las probabilidades de volverse esquizofrénico y aumenta en más de un tercio el riesgo de manifestar trastorno bipolar.

El examen de los datos llevó a los científicos a concluir que los individuos cuyas profesiones implican la necesidad de ser creativo tenían un 17 % más probabilidades de presentar la variante genética de la Neuregulina1 respecto a aquellos individuos cuyas profesiones no dependían de la imaginación o la capacidad para crear.

Este dato se hizo aún más evidente tras el análisis de una base de datos de 35.000 personas residentes en Suecia y Noruega. En este estudio se halló que la variante genética era más frecuente (un 25 % más) entre las personas cuyas profesiones requerían habilidades creativas. Obviamente no se puede (ni se debe) excluir del análisis la existencia de otros factores importantes que determinan si la mutación genética que portan conduce a la creatividad, en algunos casos, o a la enfermedad mental, en otros. Según los investigadores, uno de estos factores podría ser la inteligencia: las personas con un alto coeficiente intelectual tienen una mayor capacidad para controlar su potencial «psicosis».

La psicosis y la creatividad están, por tanto, relacionadas, pero no son equivalentes. Aunque una cosa sí es cierta: no basta con tener una mutación en la neuregulina para convertirse en un artista maldito.

Los genios creativos han sido, a menudo, personas de carácter turbulento, algunos de los cuales se pusieron de forma prematura a prueba con la vida y con el período histórico en que vivieron. Su notable inteligencia y sensibilidad artística les permitió retratar de una forma original su época, usando el arte para expresar su propia angustia existencial.

44

¿Existe el gen de la inmortalidad?

Según una leyenda africana, Dios envió un camaleón para traer la inmortalidad a la humanidad, pero era tan lento que una lagartija que llevaba el mensaje de la muerte llegó antes que él. La humanidad aceptó el mensaje de la lagartija y, por tanto, no pudo recibir la inmortalidad.

En un intento por comprender el proceso de envejecimiento, genetistas y biólogos moleculares han estudiado de cerca las células. Muchos científicos afirman que es dentro de estas unidades microscópicas donde se encuentra el secreto de la eterna juventud. En el interior de cada una de nuestras células existe el núcleo, que dirige la actividad celular, siguiendo las instrucciones codificadas en el ADN. Estas instrucciones, como habíamos visto, se almacenan en forma de cromosomas.

En los años treinta, los genetistas descubrieron que, al final de cada cromosoma, existe una secuencia corta de ADN que le proporciona estabilidad. Estos segmentos de ADN, llamados telómeros, del griego *telos* (final) y *meros* (parte), actúan de forma parecida a las puntas protectoras en los extremos de los cordones. Si no fuera por los telómeros, los cromosomas tenderían a desenrollarse y romperse en segmentos más cortos, que se podrían adherir entre sí, volviéndose inestables.

Los investigadores observaron que, en casi todos los tipos de células, los telómeros se acortaban en cada una de sus divisiones. Por lo tanto, después de unas cincuenta divisiones, los telómeros eran reducidos a unos fragmentos tan pequeños que la célula dejaba de dividirse y moría. Fue Leonard Hayflick el primero en observar, en los años sesenta, que las células parecían programadas para dividirse un número finito de veces antes de morir. Muchos científicos actualmente se refieren a este fenómeno como el «límite de Hayflick».

El acortamiento de los telómeros parece, por tanto, un mecanismo temporalizado de autodestrucción, un reloj de envejecimiento que disminuye gradualmente la vitalidad, similar a la obsolescencia programada de los dispositivos electrónicos, que son construidos para durar un número determinado de años.

En los años noventa, algunos investigadores que estudiaban las células tumorales humanas encontraron otro importante indicio sobre este reloj celular. Se descubrió que las células malignas de alguna manera aprendían a no tener en cuenta su reloj biológico, dividiéndose de forma indefinida. Este hallazgo llevó a los biólogos a ocuparse de nuevo de una enzima muy particular, descubierta por primera vez en los años ochenta, que más tarde se encontró en casi todas las células tumorales. Se trata de la enzima telomerasa. La telomerasa se puede comparar con un dispositivo que restablece el reloj celular, alargando los telómeros al añadir secuencias específicas repetidas en el extremo 3′ del ADN, en la región telomérica de los cromosomas. Generalmente, las células humanas somáticas están provistas de tal enzima, que con el tiempo va perdiendo actividad, los telómeros se van acortando y la célula muere. En la mayoría de las células tumorales, por el contrario, la telomerasa se reactiva, volviendo loco al reloj celular, y la célula se vuelve capaz de reproducirse sin fin.

Tras este descubrimiento, la investigación sobre el funcionamiento de la telomerasa se convirtió en uno de los campos más en auge de la biología molecular. La idea era sencilla: si los biólogos fueran capaces de aprovecharse de la telomerasa para contrarrestar el acortamiento de los telómeros durante la división celular, se podría, teóricamente, detener o retrasar de manera significativa el envejecimiento.

Los investigadores se centraron en las mutaciones del denominado gen de la inmortalidad, un fragmento de ADN responsable de que las células sean capaces de multiplicarse, potencialmente, de forma indefinida. Se identificó así una secuencia cuyas mutaciones juegan un papel clave en nueve tipos de cáncer, entre los que se encuentran los tres cánceres cerebrales más comunes, así como el cáncer de piel, de hígado, de lengua y de vías urinarias.

Esta porción de ADN no es exactamente un gen, sino que se trata del promotor Tert. Un promotor es un fragmento de ADN que no codifica para una proteína, sino que se sitúa de forma adyacente al gen y es capaz de activar o promover su transcripción a ARNm. En este caso, las mutaciones en las regiones promotoras Tert son capaces de activar la producción de la enzima telomerasa. La clave de la proliferación de muchos tumores se encuentra por tanto en una alteración de esta enzima, cuya tarea, como vimos, consiste en regenerar esa tapa protectora que envuelve los extremos de los cromosomas.

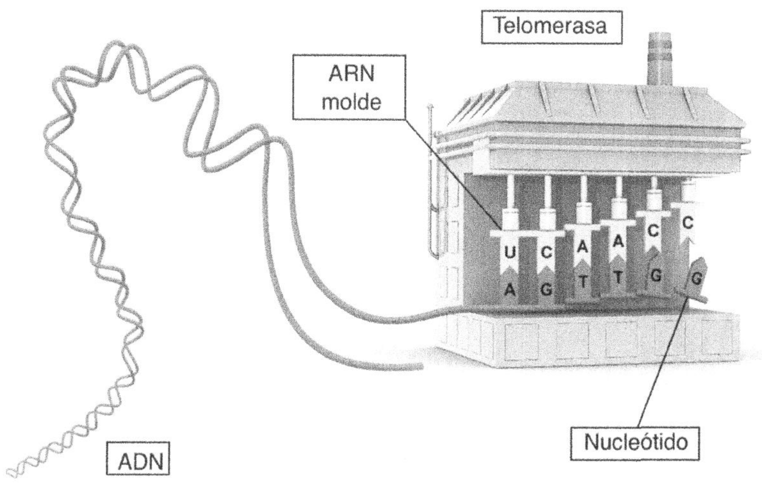

La telomerasa es un complejo de ribonucleoproteína. Una pequeña región de sus componentes es ARN, la región molde, complementaria a la secuencia telomérica. Esta región permite el emparejamiento entre los extremos teloméricos de un cromosoma y el sitio catalítico del complejo, y guía la síntesis de la secuencia correcta de ADN telomérico. La telomerasa es, por tanto, una transcriptasa inversa, o una ADN polimerasa-ARN dependiente, capaz de copiar repetidamente el dominio molde presente en su componente ARN sin disociarse de la cadena de ADN apenas alargada. Este alargamiento se produce por la unión de desoxirribonucleótidos trifosfato, en repetidos ciclos de elongación. Imagen adaptada de Sierra Sciences, Wikimedia Commons.

En las células sanas, estas «tapas» (telómeros) disminuyen con el tiempo hasta casi desaparecer, causando un daño irreparable a los cromosomas, lo que provoca la muerte celular. Las células cancerosas evitan esta muerte celular programada manteniendo estas enzimas activas, reconstruyendo continuamente los telómeros. Este mecanismo supone la «gasolina» de los tumores. No es su causa, pero permite que las células tumorales proliferen. Si la longevidad aportada por la reactivación de la telomerasa no estuviese asociada al inevitable desarrollo de tumores, como ahora parece que ocurre, la esperanza de vida podría aumentar hasta los doscientos años.

Podríamos decir, por tanto, que la capacidad de aportar longevidad a nuestras células, consecuencia de la activación de las telomerasas, es como el camaleón de la leyenda africana: llega siempre precedido de la lagartija, el crecimiento de tumores, con lo que la inmortalidad se nos escapa irremediablemente de las manos.

45

¿Nos parecemos genéticamente a nuestros amigos?

Existe un conocido dicho que dice: «Dime con quién andas y te diré quién eres». ¿Tiene esta frase alguna base genética? Un estudio publicado en el que se analizaba el ADN de diversos sujetos concluía que el ADN de los amigos tendía a parecerse entre sí. No sabemos si es absolutamente cierto, pero es sin duda plausible y no es algo inesperado. ¿Por qué?

Sabemos desde hace décadas, desde los días en que no existían todas las técnicas actuales de análisis de ADN, que los dos miembros de una pareja tienden a compartir nivel de educación e inteligencia. No era una sorpresa entonces, y sigue sin serlo. En una pareja es necesario hablar e intercambiar continuamente puntos de vista e ideas; para hacerlo, poseer grados similares de cultura e inteligencia ciertamente ayuda. Las parejas destinadas a disolverse tienden a ser aquellas en las que se habla poco y de cosas poco importantes. Este hecho figura en todos los manuales de biología humana, la ciencia que estudia las características biológicas de nuestra especie. Si asumimos esto, debemos preguntarnos dónde se almacena la predisposición a la cultura y la inteligencia.

Aunque se trata de dos fenómenos que tienen, obviamente, un grueso componente social y cultural, no hay duda de que también existen genes que intervienen en ellos, asegurando un potencial intelectual, cierto grado de memoria y ¿por qué no?, una cierta predisposición a informarse y construir sobre la información adquirida. Así que, sin duda, los dos componentes de una pareja que funciona tienen algún parecido genético.

Si afirmamos ahora que incluso las parejas de amigos muestran cierta similitud genética, no nos sorprenderíamos. Ser amigos significa charlar, compartir intereses y aficiones, y poder discutir sobre ellos. Una pareja de amigos es una imitación de una pareja de amantes, con un grado de implicación emocional menor, al menos a cierta edad. No es casualidad que en el pasado se haya hablado de «afinidad electiva». Parece claro, por tanto, que una cierta similitud genética puede ayudar en la amistad, aunque difícilmente será un factor de discriminación absoluto.

Sabiendo esto, tiene sentido preguntarse: de todos los genes que poseemos, ¿cuáles se parecen más en las parejas de amigos? ¿Y cómo sé qué amigos tienen genes similares a los míos? No son los genes los que se pueden reconocer, sino su acción, es decir, su contribución al comportamiento y a la actitud de la persona que los porta. Y esto sí se puede detectar, a pesar de que casi nunca lo hacemos conscientemente.

Con ciertas personas nos encontramos mejor que con otras, y pocas veces sabemos explicar la razón. Pero esto sucede invariablemente y desde que somos pequeños: los amigos se eligen mutuamente, incluso si la vida después nos sorprende con desilusión y traición, al igual que ocurre en los asuntos del corazón. ¿Qué genes son los más relevantes en este carrusel de la personalidad? Curiosamente, estos genes en cuestión son los que parecen evolucionar más rápidamente en la historia de nuestra especie. Evolucionamos, es decir, mejoramos continuamente nuestro modo de manejar (y, eventualmente, modificar) el entorno en que vivimos, optimizando nuestras relaciones personales y nuestra interdependencia.

Pero volvamos al estudio. Tenemos más ADN en común con la gente que elegimos en nuestro círculo de ideas afines en comparación con personas totalmente desconocidas en el mismo grupo de población. La investigación se llevó a cabo mediante el análisis de marcadores de un millón y medio de variantes genéticas. Los investigadores se centraron en 1.932 sujetos y compararon entre ellos a parejas de amigos con parejas de extraños sin ninguna relación de parentesco. Además, controlaron también la presencia eventual de antepasados comunes, para ver si los resultados entre amigos iban más allá de las similitudes que se pueden esperar en el caso de personas que comparten algún antepasado común.

Entonces, ¿cuánto nos parecemos a nuestros amigos a nivel genético? Los investigadores tienen una respuesta precisa: los amigos están unidos entre sí del mismo modo que lo estarían los primos de nivel cuarto, o las personas que tienen en común un tatara-tatara-tatarabuelo. En la práctica, esto equivale a aproximadamente un 1,1 % de nuestros genes. En resumen, hay algo en nosotros que, entre miles de posibilidades, nos impulsa a elegir personas que se asemejan a nuestra familia.

En sus investigaciones, los científicos han desarrollado lo que ellos llaman «puntuación de amistad», que permite predecir quién llegará a ser amigo con el mismo nivel de seguridad con que hoy se predice, con base genética, las posibilidades de desarrollar obesidad o esquizofrenia. El hecho de tener características comunes con los amigos, una especie de «familiaridad funcional», puede conferir ventajas evolutivas, según reflejan los autores. El equipo ha descubierto además que los amigos presentan similitudes particulares en los genes que afectan al sentido del olfato, mientras que las mayores diferencias las encuentran en los genes que controlan el sistema inmunitario.

Por lo tanto, y vistos estos estudios, podemos concluir que es bastante cierto aquello de «dime con quién andas y te diré quién eres», al menos desde un punto de vista genético.

IV

INGENIERÍA GENÉTICA

46

¿SE PUEDE MODIFICAR EL ADN?

A partir de los años setenta, los avances en biología molecular nos han conducido a tener la capacidad de modificar el ADN, allanando el camino a la biotecnología moderna. Este sector está experimentando una gran expansión, ya que los campos en los que se puede aplicar son muy numerosos. Modificar el ADN nos permite crear bacterias que eliminen la contaminación, o producir fármacos con mayor seguridad. La biotecnología tiene aplicaciones en la agricultura y en la medicina, ayuda a la policía en sus investigaciones, y a los historiadores en su labor de reconstrucción de épocas pasadas. Estas son solo algunas de las muchas aplicaciones, existentes actualmente o que se esperan en un futuro próximo.

El desarrollo de la biotecnología moderna está estrechamente ligado al de la ingeniería genética, esto es, a la capacidad de manipular deliberadamente el ADN. En 1972, el bioquímico estadounidense Paul Berg, de la Universidad de Stanford, comprobó que, aprovechando algunas proteínas de las bacterias (llamadas enzimas de restricción), el ADN podía cortarse en puntos específicos, y luego unirse. De este modo, se podía cortar un gen de una molécula de ADN e insertarlo en otra, creando una molécula híbrida denominada ADN recombinante. Gracias a esta operación, por lo tanto, sería posible unir segmentos de ADN pertenecientes a especies distintas.

Al año siguiente, Stanley Cohen, que trabajaba en la misma universidad que Berg, y Herbert Boyer, bioquímico de la Universidad de California en San Francisco, descubrieron un método para transportar en una célula un gen tomado del ADN de una especie distinta. La técnica utilizaba pequeños fragmentos de ADN en forma de anillo, llamados plásmidos, en los que, gracias al sistema ideado por Berg, se «cosían» los genes que interesaban. De este modo, los dos investigadores insertaron un gen de la rana *Xenopus laevis* en la bacteria *Escherichia coli*, creando por primera vez un ser vivo que no existía en la naturaleza, y que tenía en su ADN un gen de una especie distinta, muy lejana desde el punto de vista evolutivo.

Los biólogos comprendieron enseguida que la técnica de ADN recombinante podía ser usada para modificar organismos vivos, con el objetivo de inducir la expresión de características útiles para el ser humano. Así, en los años sucesivos, la universidad y la industria abrieron laboratorios y centros de investigación dedicados a esto. En 1980, después de años de reflexiones y discusiones, la oficina de patentes de Estados Unidos concedió una patente sobre una bacteria «inventada» por Ananda Mohan Chakrabarty en los laboratorios de una gran industria estadounidense. Gracias a una modificación genética, el microorganismo podía limpiar áreas contaminadas de hidrocarburos y otros contaminantes. Por primera vez en la historia se patentaba una forma de vida.

Con el desarrollo de las técnicas de ingeniería genética se abrieron innumerables caminos en este campo, con sus ventajas y sus riesgos. Es normal preguntarse hasta qué punto es justo y lícito fomentar la modificación del material genético.

Ciertamente, nuestro mundo es muy distinto a aquel en el que vivieron nuestros abuelos, y de aquí en adelante los cambios serán aún más rápidos y profundos. Hoy en día hay más móviles en India que casas equipadas con aseos. La tecnología está cambiando nuestras vidas y está mejorando la cura de enfermedades. En ciertas áreas de África, donde hay pocos médicos y los que están están lejos, te cura el teléfono móvil antes incluso que un doctor. ¿Quién lo hubiera dicho? Y el caso de los *smartphones* es solo un ejemplo. Hay quien dice que en veinte años, o incluso antes, nuestro mundo estará poblado por robots inteligentes... ¿Será bueno? No lo sé, nadie lo sabe.

Los científicos saben modificar los genes. Han aprendido a modificar el genoma, insertando unos segmentos de ADN o eliminando otros; incluso se puede sustituir una parte del ADN —aquel fragmento donde se encuentre la variante genética que se quiera eliminar— cambiándolo por uno sano.

Pero manipular el ADN implica invariablemente transmitir el nuevo gen introducido a las generaciones futuras. Es decir, la modificación genética es «para siempre». Y es entonces cuando se plantea el problema moral; ¿es ético modificar voluntariamente el ADN de un ser vivo? parece que sí, si se hace para eliminar ciertos defectos hereditarios, que se transmitirían de padres a hijos. De hecho, pensándolo un poco, esto ya se hace. Por ejemplo, cuando se seleccionan los embriones en la fecundación *in vitro* para evitar transferir al útero materno aquellos que tienen alteraciones genéticas asociadas a enfermedades. Ninguno de los padres de niños con enfermedades genéticas tiene dudas de que, con el fin de corregir dichas alteraciones, estarían dispuestos a admitir el uso de la manipulación del ADN. Y los legisladores, en mi opinión, no pueden obviar el punto de vista de los progenitores de los niños que nacen (y nacerían) con estas enfermedades.

Por otro lado, las personas que se muestran en contra de la manipulación genética se cuestionan «¿dónde está el límite?». Podríamos considerar la obesidad como una enfermedad, o la predisposición a drogarse, o abusar del alcohol. A este ritmo, dicen, terminaremos por crear al hombre perfecto.

Y será difícil establecer un límite: ¿a quién de nosotros le gustaría tener un niño destinado a drogarse si pudiera evitarlo? Por supuesto, está la cuestión de la libertad de elección, y si es correcto o no interferir en la composición genética de ese niño, lo cual afectará a su capacidad futura de elegir si quiere o no consumir drogas. Todo esto queda fuera del alcance de la ciencia, es materia para los filósofos. Lo que está claro es que en la toma de decisiones hace falta involucrar a la sociedad civil además de a los legisladores.

La modificación del ADN es un arma de doble filo. En este momento, antes de pensar si es justo o no usar esta técnica, debemos asegurarnos de que el método funciona y que no traerá asociado, finalmente, problemas más graves que la enfermedad que queríamos combatir, por lo que todo es muy complejo. Como siempre, decidir en medicina implica atender a las circunstancias particulares de cada individuo y de cada situación.

Y he aquí un tuit de Daniel MacArthur, profesor de genética de Harvard: «Pronóstico: mis nietos vendrán de embriones seleccionados y editados (en pocas palabras, modificados genéticamente) y para la humanidad no cambiará nada, será como vacunarse».

47

¿CÓMO SE CLONA UN GEN?

En la exitosa serie de películas de ciencia ficción Star Wars, se habla de un ataque de los clones, en el que una de las dos facciones tiene un ejército formado por soldados iguales entre sí, indistinguibles unos de otros, llamados clones. En genética, este término se utiliza para identificar dos entidades idénticas, una de las cuales procede de la otra.

Un éxito mediático similar tuvo un experimento genético que saltó a la fama en 1997; hablamos de la clonación de la oveja Dolly, por la cual se obtuvo un animal idéntico a la madre, al poseer copias exactas de su ADN. Un término similar a la clonación, el clonado, se utiliza para definir la posibilidad de crear secuencias de ADN recombinantes —obtenidas artificialmente a partir de la combinación de material genético de orígenes distintos—. El clonado molecular es una de las bases de la ingeniería genética y consiste en insertar un fragmento de ADN en un vector adecuado. Este vector (generalmente, un plásmido bacteriano) se introduce a continuación en una célula huésped, por ejemplo la bacteria *Escherichia coli*, donde se multiplicará para obtener una gran cantidad de plásmidos con el gen de interés.

De este modo, clonar un gen consiste en insertarlo en un plásmido. El clon será la bacteria modificada genéticamente para contener este plásmido en particular. En este caso se habla de clones porque todos los individuos de la colonia de bacterias obtenida son genéticamente idénticos. La clonación molecular, por tanto, sirve esencialmente para aislar y obtener múltiples copias de un gen, o de una determinada secuencia nucleotídica.

En el genoma de un organismo diploide, por ejemplo en una célula humana, cada gen está presente generalmente por duplicado, inmerso en medio de muchísimas otras secuencias de ADN. A través de la clonación molecular es posible aislar un solo gen y producir muchas copias idénticas del mismo. La disponibilidad de un gen en forma pura y en grandes cantidades permite su estudio a nivel molecular.

Pero ¿qué es exactamente un plásmido?, ¿y qué características posee para poder ser usado como vector de clonación? Los plásmidos son esencialmente moléculas de ADN extracromosómico, de doble hélice y casi siempre circulares, presentes en las células de la mayoría de las bacterias y algunos organismos más complejos, como las levaduras. Los plásmidos son mucho más pequeños que los cromosomas presentes en la célula, su tamaño puede variar de unos pocos miles a unos pocos millones de pares de bases. Normalmente, no poseen genes esenciales para el crecimiento o la reproducción celular, pero sí son a menudo responsables de la producción de proteínas que confieren a la célula propiedades específicas, como la virulencia, la resistencia a antibióticos, a metales pesados, o la capacidad para degradar moléculas orgánicas complejas (características que son usadas para marcar a las células que los poseen). En la célula bacteriana, la reproducción (o replicación) de un plásmido se lleva a cabo de forma autónoma respecto a la replicación del cromosoma, y se puede replicar con una velocidad mayor a este. Por este motivo, es fácil encontrar más de una copia del plásmido en cada célula (que puede llegar hasta el centenar de copias).

Estas características hacen que los plásmidos sean los vectores de clonación ideales: tienen un pequeño tamaño, poseen un marcador selectivo, son capaces de replicarse autónomamente, y tienen una zona en la que se puede insertar ADN exógeno. Normalmente se utilizan como marcadores selectivos genes que confieren resistencia a antibióticos como la ampicilina (amp), tetraciclina (tet) o cloranfenicol. Es decir, tras el proceso de inserción del vector, se someten las bacterias a un medio con alguna de estas sustancias, y solo las que hayan incorporado el plásmido sobreviven. La zona del plásmido donde se puede insertar el ADN exógeno se llama *polylinker* o zona de clonación múltiple, y está formada por un fragmento de ADN que contiene unas

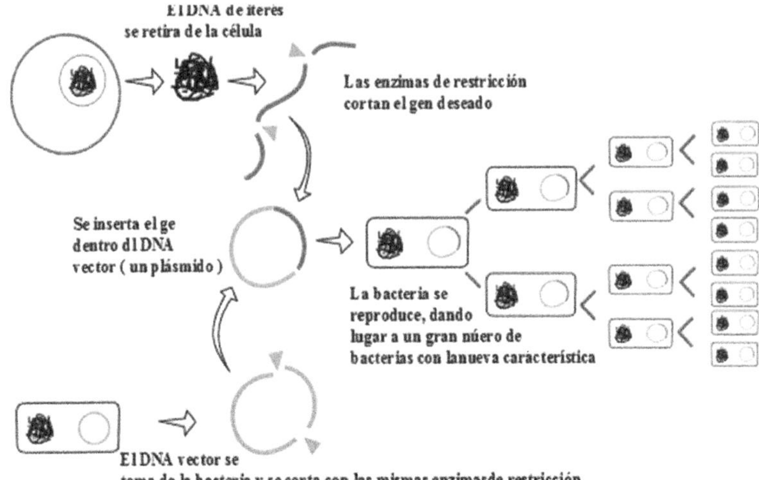

Inserción de un fragmento de ADN en un plásmido bacteriano. El plásmido se abre a partir de un corte con una enzima de restricción y se mezcla con el fragmento de ADN que se desea clonar (el cual ha sido cortado con la misma enzima de restricción). Los extremos cohesivos se aparean entre sí y la enzima ADN ligasa sella los cortes de la cadena, produciendo una molécula de ADN completa, que se inserta en una bacteria, donde se clona múltiples veces. Imagen de BQUB14-Mtejado, Wikimedia Commons.

secuencias, llamadas zonas de restricción, que son reconocidas como lugares de corte por parte de las enzimas de restricción.

Las enzimas de restricción son proteínas de origen bacteriano que funcionan como tijeras moleculares, capaces de cortar las hebras de ADN en lugares específicos. Existen muchos tipos de enzimas de restricción, cada una de las cuales corta el ADN en una secuencia concreta (normalmente de cuatro a seis pares de bases) definida como secuencia de reconocimiento o sitio de restricción. Estas enzimas se pueden aislar y extraer de las células que las producen para ser utilizadas en el laboratorio: el ADN de casi cualquier organismo, incubado en un tubo de ensayo con una enzima de restricción, será cortado en todos los puntos donde se encuentre la secuencia de reconocimiento de esa enzima.

Hoy en día disponemos de cientos de enzimas de restricción, purificadas a partir de diversos microorganismos. Por lo tanto la misma muestra de ADN se puede cortar por más de una enzima, cada tipo reconocerá una secuencia concreta donde cortar. De esta manera, los biólogos moleculares pueden elegir dónde cortar, con una precisión quirúrgica, la muestra de ADN con la que están trabajando.

Si queremos insertar un fragmento de ADN en una molécula circular —el plásmido— debemos cortar este plásmido primero en un sitio específico de la zona de clonación múltiple (*polylinker*). A continuación, el fragmento de ADN por insertar debe ser también cortado con la misma enzima de restricción, de manera que corte por las mismas secuencias y se generen extremos compatibles que pueden unirse después; esto se hace gracias a la acción de la enzima ADN ligasa, que cataliza el enlace entre las dos moléculas de ADN. En este punto, el gen ya estaría insertado en un vehículo y listo para ser transferido a una bacteria, donde se crean múltiples clones del mismo.

48

¿PUEDO IDENTIFICAR A UN ASESINO CON UNA GOTA DE SANGRE?

Nuestra identidad, ¡en una gota de sangre!

Todas nuestras células, incluidas las células de la sangre, tienen el mismo ADN. Un ADN que, como hemos visto, es único en cada individuo, con unas secuencias tan características que se pueden utilizar como una huella digital. El desarrollo de nuevas pruebas de ADN está estrechamente vinculado al desarrollo de una técnica de biología molecular introducida en la segunda mitad de los años ochenta, denominada reacción en cadena de la polimerasa o PCR (*Polymerase Chain Reaction*), mediante la cual podemos amplificar una muestra de ADN.

El proceso comienza con la extracción del ADN del material orgánico de partida, que puede ser una célula de semen, la raíz de un pelo, orina, sangre, saliva, y casi cualquier parte del cuerpo, incluso minúsculas células de la piel dejadas en las huellas dactilares al tocar un objeto, el llamado *touch* DNA.

A continuación, se produce la desnaturalización de ese ADN (rotura por calor de su estructura tridimensional y apertura de la doble hélice) y se introduce en una solución tampón en la que hay *primers* (cebadores), esto es, secuencias cortas que reconocen regiones específicas del ADN que se va a analizar permitiendo que una enzima llamada ADN polimerasa comience a replicarlo en esos sitios concretos.

Estas etapas se repiten durante veinte o treinta ciclos, y en cada uno de ellos se duplica el ADN, de manera que una cantidad mínima inicial (del orden de nanogramos) se puede amplificar decenas o cientos de miles de veces, obteniéndose microgramos de ADN. Es decir, las trazas de ADN dejadas sobre el cuerpo de una víctima, o en un fósil, se convierten en muestras susceptibles de ser ampliamente investigadas en el laboratorio. Una vez en el laboratorio, se aplican diversas técnicas, como la electroforesis (separación de las moléculas de ADN según su longitud), la secuenciación directa de las bases, la espectrometría de masas (distingue la molécula de ADN según su peso) o el tratamiento con enzimas de restricción (cortan el ácido nucleico en puntos específicos).

El objetivo final es identificar las hebras de ADN, algunas de las cuales pueden diferir solo en una base nitrogenada, y compararlas, por ejemplo, con el ADN de los sujetos sospechosos (en genética forense). También se utiliza para analizar cómo se distribuye una mutación en un grupo de individuos (genética de poblaciones) o comprobar si el ADN de ciertos genes difiere de las secuencias de referencia que se encuentran en las bases de datos públicas (genética médica). Este test tiene aplicaciones tan importantes que conviene cuestionarse su fiabilidad. Y lo cierto es que la PCR es muy fiable si se ejecuta correctamente, aunque pueden surgir problemas técnicos cuando se trata de ADN degradado o recuperado en muy pequeñas trazas: en estos casos la precisión disminuye.

A pesar de ser descubierta en la primera mitad de los años ochenta, esta prueba no tuvo una gran difusión de modo inmediato, y no se le prestó demasiada atención desde el campo de la medicina forense. Este aspecto cambió cuando, en 1985, el científico Alec Jeffreys descubrió en su laboratorio de la Universidad de Leicester en Reino Unido los minisatélites. Estas unidades de ADN (compuestas por decenas a centenas de pares de bases) difieren en la forma en la que se repiten entre distintos individuos: como las huellas digitales, son capaces de trazar un perfil genético de cada persona. Este hecho promovió que la PCR, hasta el

PCR : Polymerase Chain Reaction

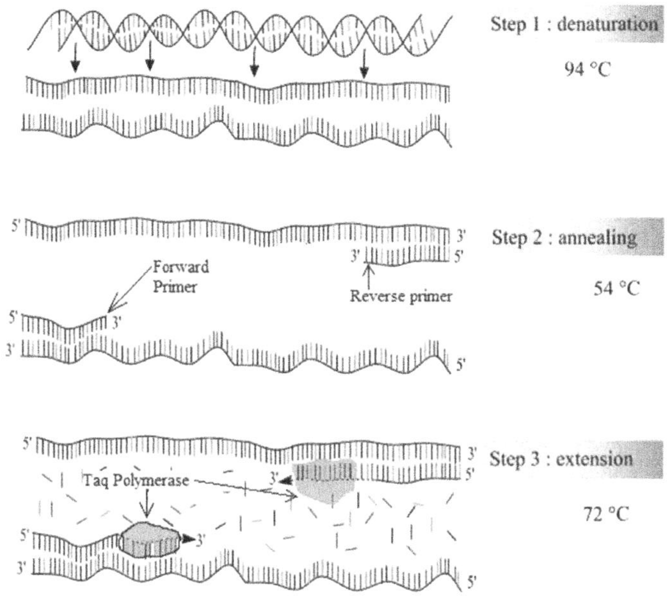

Desde que se pudo replicar el ADN en el laboratorio, es posible hacer múltiples copias de una secuencia de este material genético. La reacción en cadena de la polimerasa (PCR en sus siglas inglesas) es una técnica que automatiza este proceso de amplificación. Lo hace en ciclos: 1) los filamentos de ADN en doble hélice, sometidos a calor, se separan (desnaturalización); 2) se añade a la solución un *primer* o cebador, sintetizado artificialmente, junto a los desoxirribonucleótidos trifosfato y la enzima ADN polimerasa; 3) la ADN polimerasa cataliza la producción de nuevos filamentos complementarios. En pocos minutos, la cantidad de ADN se duplica; y en varias repeticiones del ciclo, crece exponencialmente.

momento utilizada exclusivamente en ensayos experimentales en el laboratorio, pasase a ser usada en el trabajo sobre el terreno.

Su debut en genética forense se remonta a 1986, y curiosamente no fue usado para inculpar a un presunto culpable, sino para exonerar a Richard Buckland, un joven inglés que se había autodeclarado autor de dos violaciones, con dos años de separación entre ellas. El test de ADN reveló que era inocente. Para resolver los dos casos, que implicaban a dos jóvenes adolescentes y habían sucedido en la misma zona donde trabajaba el profesor Jeffreys, se organizó la primera detección genética en masa. De este modo, cinco mil individuos de Leicestershire con grupo sanguíneo A —el mismo grupo encontrado en los restos de semen sobre la víctima— fueron sometidos al test de ADN. Pero ninguno de los perfiles genéticos correspondía con el del asesino.

En 1987 se descubrió por casualidad que una persona que vivía en Leicestershire había pedido a un amigo que le sustituyera en la prueba de detección de ADN. En el momento en que se le aplicó la prueba, se confirmó que era el autor de los dos delitos: su ADN coincidía con el de los restos orgánicos encontrados en el cuerpo de la víctima. Se llamaba Colin Pitchfork, y su nombre está ahora ligado al reconocimiento de nuestra capacidad para volver al pasado y fotografiar un incidente, incluso cuando este ha ocurrido hace mucho, mucho tiempo.

49

¿Cómo se realiza un test de paternidad?

Los romanos solían decir «*Mater semper certa, pater nunquam*», es decir: 'La madre siempre es conocida, el padre nunca'. La genética nos ha traído la igualdad: con los actuales análisis de ADN se puede determinar de forma certera la paternidad. Y esto a menudo es el inicio de los problemas: cada año se multiplican los casos de hombres que descubren, gracias al test de ADN, no ser los padres biológicos de sus hijos. La prueba irrefutable de una traición que pone en crisis certezas de toda una vida.

Casi uno de cada tres hombres que solicitan el test de ADN, movidos por la duda de poder no ser los padres de sus hijos, descubren que están en lo cierto. Esto se demostró en una encuesta mundial publicada en la revista *Current Anthropology* y realizada por Kermyt Anderson, de la Universidad de Oklahoma, y el centro de Investigación Social Aplicada (*Applied Social Research*).

Como conclusión de esta encuesta se confirmó que los porcentajes de padres que resultan no serlo realmente son los mismos en todos los países estudiados, esto son, sesenta y siete países de diferentes continentes.

El test de paternidad basado en el análisis de ADN es actualmente el método más preciso posible, incluso sin ser 100 % seguro; ahora lo explicaremos.

La prueba clásica de paternidad consiste en la evaluación de todas las características que constituyen el perfil genético del niño y la madre. Todas las características genéticas del niño que no están presentes en la madre deben haber sido heredadas de padre biológico obligatoriamente. Por tanto, si el presunto padre cuenta con estos rasgos en su perfil genético, se le atribuye la paternidad. Si, por el contrario, no posee estas características, se excluye como padre biológico.

En la práctica, si el perfil genético del niño y el supuesto padre se diferencian en dos o más características genéticas, la exclusión de paternidad es cierta (0 % de probabilidad de ser el padre biológico). Por otro lado, si los perfiles genéticos de ambos concuerdan en todas las características analizadas, el test resulta en una atribución de paternidad. En este último caso, se realiza un análisis estadístico de los resultados y, finalmente, se proporciona un porcentaje de atribución, que será más próximo al 100 % cuanto mayor sea el número de regiones de ADN analizadas.

Cuando se utiliza el test de ADN para llevar a cabo el test de paternidad «clásico», en realidad la cadena de ADN no se secuencia completamente (sería imposible, dada su gran longitud), sino que se leen secciones específicas de ADN, generalmente trece fragmentos distintos. Al menos la mitad de las secuencias parentales deben corresponder al padre, y la otra mitad a la madre. La posibilidad de que los genes coincidan pero el individuo no sea el padre verdadero es de una entre mil millones, más o menos. Es decir, en el mundo existen siete personas (de los cuales, como media tres son hombres) que podrían tener una respuesta positiva al test de paternidad sin ser los padres verdaderos.

La primera fase del test de paternidad consiste en la extracción del ADN de muestras biológicas tomadas para tal fin. Recordemos que en el ADN reside la información genética que regula la síntesis de las proteínas que organizan las células. El fragmento de ADN que contiene información genética para un rasgo o carácter se denomina gen, y su localización en el cromosoma se define como *locus* (*loci* en plural). Las formas alternativas del mismo gen se denominan alelos. Un gen que muestra varios alelos se denomina polimórfico. Para cada *locus*, un individuo hereda un alelo de la madre y uno del padre; si los dos alelos son iguales, el individuo será homocigótico, mientras que se denominará heterocigótico si sus dos alelos son distintos entre sí.

El establecimiento del perfil genético de un individuo implica la determinación de los alelos presentes en una serie de *loci* altamente polimórficos. Estas regiones varían mucho de individuo a individuo, y se denominan regiones microsatélites o STR (*Short Tandem Repeat*). El análisis de los microsatélites se realiza mediante una reacción enzimática de amplificación del ADN, conocida como la reacción en cadena de la polimerasa o PCR (ver pregunta anterior para más detalles). Esta reacción permite amplificar en el laboratorio una región específica de ADN, copiándola a través de varios ciclos de repetición sucesivos hasta obtener millones de copias. Considerando la molécula de ADN como un libro muy grande, y las regiones microsatélites como una página de este libro, el método de la PCR sería la fotocopiadora que haría miles de copias de esta página hasta tener suficientes para poder analizarlas con el test de ADN.

Tras la reacción de amplificación enzimática, el perfil genético se determina mediante el uso de un secuenciador automático con tecnología fluorescente. Los fragmentos de ADN amplificados son después separados según sus dimensiones. El resultado que se obtiene se parece a un código de barras, en el que cada alelo es una barra, y la diferencia entre las dimensiones de los alelos está representada por la distancia entre las barras. Comparando los códigos de barras del niño y los padres se puede determinar la paternidad real.

Desde hace algunos años se pueden comprar kits para realizar tests de paternidad en la farmacia o en tiendas *online* (incluso sin que tengan valor legal). Una vez en posesión del kit, basta con tomar una muestra de células del presunto hijo y otra del padre, y someterlas a examen. Lo cierto es que la demanda de este tipo de pruebas es cada vez mayor.

¿Padres al borde de un ataque de nervios? Dejad hablar a la genética.

50

¿QUÉ SON LOS OMG?

¿Beberías monóxido de dihidrógeno? Es incoloro, inodoro, insípido… y el principal componente de la lluvia ácida. Es un disolvente industrial que llena los acuíferos y termina en los alimentos. Se encuentra en las células tumorales. Se conoce y utiliza desde hace tiempo, incluso siendo potencialmente peligroso. Nadie, no obstante, nos prohíbe su uso, así como nadie nos aleja del 1,3,7-trimetil-1H-purina-2,6(3H,7H)-diona, que en altas concentraciones es letal para el ser humano. ¿Por qué? Bien, porque el monóxido de dihidrógeno es el agua, y la molécula del nombre complicado es la cafeína.

Ha bastado con poner junta información verdadera (aunque parcial) y usar un lenguaje técnico para disparar la alarma. La química asusta, sobre todo cuando se habla de comida… y también asusta la genética. Tememos a los organismos modificados genéticamente (OMG) y consumimos sin preocupación (y sin saberlo) fruta, verdura, cereales, etc. derivados de modificaciones genéticas inducidas mediante radiaciones nucleares. Como ocurre en el pomelo rosa, que no existe en la naturaleza, o el trigo candeal, usado para hacer pasta.

Comencemos definiendo: ¿qué es exactamente un OMG?

La definición correcta de OMG sería «organismo no humano modificado mediante la ingeniería genética», entendida esta como la técnica que permite insertar, cortar o modificar fragmentos de ADN, el material genético presente en todas las células de los seres vivos. Aunque generalmente se asocian los OMG a plantas, lo cierto es que la primera aplicación exitosa de esta técnica se dio en la producción de moléculas y enzimas de bacterias genéticamente modificadas, un hallazgo de gran importancia en medicina. Pensemos en la insulina para las personas diabéticas, antes extraída del páncreas de cerdos; ahora se obtiene pura y en grandes cantidades gracias a bacterias genéticamente modificadas.

Desde hace siglos, mucho antes de que existiera la ingeniería genética, los seres humanos han creado organismos genéticamente modificados (no OMG). Vamos a explicarlo.

Todos los seres vivos, y entre ellos las plantas, sufren mutaciones con cierta frecuencia, esto es, cambios aleatorios en su ADN. Estas mutaciones son responsables de la evolución de las especies, pues aportan variabilidad genética sobre la que actúa la selección natural. La mayor parte de las plantas que se someten a estos cambios en el ADN mueren, porque son mutaciones incompatibles con la vida. Pero a veces sucede que la mutación provoca una nueva característica que hace que la planta se adapte mejor al ambiente en el que vive: por ejemplo, le permite reproducirse con mayor éxito que las plantas no mutadas.

Con la «domesticación», el ser humano ha elegido y favorecido, entre las plantas mutadas, aquellas que más se prestaban para su consumo. De esta forma, a lo largo de milenios, se ha producido una selección artificial de las plantas con las características más ventajosas para las personas, que posiblemente no fueran las más adecuadas para la supervivencia de la especie en su entorno natural. El ser humano ha convertido a muchas plantas (y a menudo también animales) en seres dependientes de las personas. Esta es la razón por la que todas las plantas cultivadas, incluso hoy en día, están meticulosamente cuidadas, siendo incapaces de sobrevivir a largo plazo y sin atención en estado salvaje.

Durante siglos los agricultores, para obtener plantas más robustas o productos más abundantes, han realizado cruzamientos entre ejemplares con las características deseadas, así como selecciones arbitrarias, incluso entre especies de distinto origen geográfico. El resultado son modificaciones a nivel genético. Pero no solo se ha cambiado el ADN mediante cruces, también se ha hecho induciendo mutaciones mediante métodos diversos: agentes químicos, radiaciones, energía nuclear… (ver pregunta 36, «¿Se pueden crear mutantes?»).

Y así, en el último siglo, se han creado muchísimos productos y variedades que hoy consideramos tradicionales, pero que en realidad son fruto de innovaciones tecnológicas y mutagénesis. Con estas técnicas de mejora genética de las plantas los caracteres genéticos se modificaron al azar. Solo una vez la planta había crecido, era seleccionada por el ser humano según su fenotipo, es decir, con base en sus características externas (sabor, apariencia, tamaño del fruto…), sin tener conocimiento de los cambios que se habían producido a nivel genético.

No había ningún conocimiento y, por tanto, ninguna certeza de que el producto creado de este modo fuera seguro. Solo el

En el año 2003 se vendieron en Taiwán los primeros animales modificados
genéticamente (OMG) para uso doméstico: se trataba de un centenar
de peces de acuario convertidos en fluorescentes mediante la inserción
de genes de medusas. En diciembre de 2003 la venta de estos peces
fluorescentes se permitió también en Estados Unidos, después de que
la FDA (Food and Drug Administration) declarara la no relevancia
alimentaria de estos peces. Su introducción en Europa aún está prohibida.
Foto de M Bolt, Flickr.com

método empírico de «prueba por tu cuenta y riesgo» definía los
alimentos como «buenos» o «malos». No había manera de definir
a priori la seguridad de un producto nuevo.

Con el desarrollo de la biología molecular (ver pregunta 47,
«¿Cómo se clona un gen?») se ha hecho posible insertar, modificar y cortar fragmentos específicos de ADN, incluso de especies
muy alejadas entre ellas, y hacerlo de una forma precisa y segura.
Pero sobre todo ha sido posible no limitarse a seleccionar los
fenotipos interesantes, fruto de mutaciones aleatorias en el genotipo, sino modificar este último para obtener el fenotipo deseado.
El camino a la inversa.

La ingeniería genética hace posible insertar eficazmente un
gen de un organismo a otro. El hecho de que se puedan mezclar
fragmentos de ADN pertenecientes a especies animales o vegetales distintos no es en realidad nada excesivamente extraño o
anómalo. De hecho, los seres humanos compartimos gran parte

de nuestros genes con organismos muy alejados en el árbol evolutivo, y se han encontrado porciones de ADN que se mueven de vez en cuando de forma aleatoria a lo largo de nuestro ADN.

Al igual que todas las técnicas consideradas tradicionales usadas hasta ahora que modificaban el ADN, también la ingeniería genética cambia nuestro material genético, pero de una forma más precisa: solo una pequeña porción de ADN se ve involucrada, mientras que el resto del genoma no se altera. Cada ser vivo, por tanto, está «genéticamente modificado» desde el momento en que ha sufrido modificaciones genéticas profundas. Por ejemplo, las mutaciones que han transformado a las plantas salvajes en cultivadas.

Por tanto, sería más correcto referirse a los seres vivos modificados por ingeniería genética moderna con el término «organismos ingenierizados»: esto crearía menor confusión, y probablemente pondría en duda la convicción de gran parte de la población de que solo los Organismos Modificados Genéticamente (OMG) tienen genes que han sido cambiados.

51

¿SE PUEDEN FABRICAR MEDICAMENTOS TRANSGÉNICOS?

Cuando se piensa en organismos modificados genéticamente (OMG) y en las cuestiones relacionadas con esta tecnología, se da por sentado que estamos hablando de agricultura, ganadería o alimentación. Pero los organismos genéticamente modificados tienen en realidad un papel clave, si bien poco conocido, para garantizar nuestro bienestar: están detrás de la producción de muchas vacunas y fármacos que salvan numerosas vidas humanas.

La aplicación de la tecnología del ADN recombinante permite la manipulación de organismos vivos simples (virus, bacterias y levaduras) y complejos (plantas y animales) con el fin de obtener productos útiles para la terapia, el diagnóstico y la investigación médica.

Para producir un organismo transgénico es necesario introducir ADN proveniente de otro organismo en un huésped. Se define recombinante a cada molécula obtenida en organismos distintos a los de origen. La producción de proteínas transgénicas (recombinantes) puede tener lugar en diferentes sistemas: bacterias, levaduras, insectos o células de mamífero. Las células bacterianas ofrecen la ventaja de la facilidad de manipulación, el reducido tiempo de replicación y el permitir obtener grandes cantidades de producto a bajo coste.

El primer caso de producción industrial de un fármaco recombinante fue seguramente la elaboración de la insulina humana, a cargo de la bacteria *Escherichia coli*. En el pasado, la insulina se purificaba con un rendimiento bajo a partir del páncreas de cerdos u otros animales, un proceso que implicaba riesgos de reacciones adversas por el sistema inmunitario, al no ser de origen humano. Un caso similar es el de la hormona del crecimiento, que antiguamente se extraía de la hipófisis de cadáveres, y ahora se clona en células bacterianas y se puede expresar en grandes cantidades.

Muchas vacunas se componen de subunidades virales o de toxinas bacterianas modificadas de modo que pierdan la toxicidad y que resulten por tanto menos peligrosas que las vacunas hechas a partir de agentes infecciosos muertos o inactivados por procesos químicos o físicos. Es así posible producir proteínas de microorganismos patógenos en bacterias no peligrosas para el ser humano, evitando los riesgos de manipulación de los agentes infecciosos. Un ejemplo de esto es la vacuna contra la meningitis (en concreto, contra el meningococo del subgrupo B), en cuya elaboración se utilizó la bacteria *Escherichia coli*.

Pero a veces no se pueden usar bacterias. Algunas proteínas, para conservar la actividad biológica original, necesitan sistemas de expresión típicas de los eucariotas (organismos superiores), y por tanto se recurre a otros organismos, por ejemplo las levaduras.

La levadura es una célula eucariota, por lo que tiene una estructura celular muy parecida a la nuestra, y se utiliza ampliamente para la producción de vacunas recombinantes —por ejemplo, la vacuna contra el virus de la hepatitis B (HBV)— ya que es capaz de procesar proteínas extrañas en un modo muy similar a los eucariotas superiores y, a su vez, sigue siendo tan manejable como una bacteria.

Para expresar proteínas de eucariotas superiores se utilizan a veces también virus, como por ejemplo los baculovirus, que utilizan como hospedadoras a células de insectos y que se usan para la producción de antígenos que podrían constituir una posible vacuna contra el virus del VIH.

Actualmente, también son muy numerosos los sistemas de expresión que permiten la producción de fármacos (anticuerpos, factores de crecimiento, hormonas, enzimas y vacunas de uso humano o veterinario) tanto en plantas como en varias especies de animales (oveja, cabra, cerdo). También se ha propuesto ya la producción de vacunas en alimentos, como la patata o el maíz, para facilitar su administración, en una especie de campaña mundial de inmunización (solo con la ingesta del alimento ya nos estaríamos vacunando).

Los animales transgénicos se utilizan en la investigación como modelos animales de patologías humanas. Al ser eucariotas superiores tienen la ventaja, en comparación con los procariotas (bacterias), de presentar una mayor similitud genética con el ser humano. El uso del ratón (*Mus musculus*) como animal de laboratorio permite obtener fácilmente individuos genéticamente homogéneos, algo necesario para la reproducibilidad de los efectos fenotípicos de una patología. Los modelos con animales transgénicos nos ayudan al estudio de los mecanismos moleculares responsables de la oncogénesis, de patologías genéticas causadas por la disfunción de uno o más genes, de enfermedades neurodegenerativas y de fisiopatologías del sistema inmunitario.

Además, del ratón se obtienen anticuerpos monoclonales, moléculas dirigidas contra un único objetivo y seleccionadas por unas características funcionales específicas. El único problema es que, al ser de ratones, estas moléculas provocan en el hombre una respuesta inmunitaria que no permite su uso terapéutico.

La solución a este inconveniente se halla en la producción de anticuerpos monoclonales humanizados a partir de ratones transgénicos, es decir, inmunoglobulinas parcial o totalmente humanas, que no se reconozcan como extrañas por el sistema inmunitario y que puedan ser usadas en terapia a dosis bajas. Existen ratones transgénicos capaces de incorporar en su cromosoma fragmentos enteros de cromosomas humanos, en los que se encuentra la información para la formación de estos anticuerpos.

Por último, cabe mencionar que la medicina recombinante es, cada día más, la esperanza de futuro para hacer frente a epidemias o pandemias. Es el caso de la vacuna desarrollada recientemente contra el ébola, creada a partir de hojas de tabaco OMG, tras la reciente epidemia africana del año 2014.

52

¿Cómo se crea una planta transgénica?

La producción de plantas transgénicas, esto es, la introducción de genes provenientes de otros organismos en células vegetales y la sucesiva regeneración de plantas a partir de esas células transformadas, es una nueva tecnología de gran potencial que ha revolucionado la biología vegetal, y va a tener un notable impacto en la agricultura. Con esta tecnología, no solo es posible estudiar en qué modo los distintos genes se activan en los vegetales, también se pueden transformar las plantas para producir variedades mejoradas de almidón, grasas, plásticos y enzimas para uso industrial y farmacéutico; todo ello con mecanismos de bajo coste. Es posible convertir a las plantas en resistentes a herbicidas y otros agentes contaminantes (como el ozono), así como utilizarlas para acumular y eliminar sin peligro contaminantes de origen industrial. Las plantas cultivadas pueden ser modificadas de forma que sean resistentes al estrés ambiental y a enfermedades, y se puede facilitar la producción de híbridos.

Encontrar la manera de introducir genes en plantas para aportarles características específicas ha sido un problema que ha retrasado el progreso de la ingeniería genética en vegetales respecto al avance de esta ciencia en organismos más sencillos como las bacterias, las levaduras o los hongos. Pero en los últimos años se han desarrollado diferentes técnicas para introducir genes en las células vegetales.

Las plantas transgénicas aparecen en torno a los años ochenta, gracias al descubrimiento de una bacteria capaz de transferir material genético a las plantas de forma natural. Esta transferencia provoca la aparición de un tumor a partir de una herida en el tejido vegetal, de ahí el nombre de *Agrobacterium tumefaciens*.

Este microorganismo es una bacteria del suelo que contiene, además de su cromosoma, un plásmido, esto es, un minicromosoma circular donde se encuentran los genes responsables de la aparición del tumor en la planta. Estos genes vienen sustituidos por los genes seleccionados, y la bacteria así transformada se utiliza para infectar el tejido vegetal. Para ello, los tejidos vegetales se colocan sobre un terreno rico en nutrientes y son lesionados para permitir que la bacteria ataque la pared celular e introduzca el plásmido transformado. Parte del plásmido que se introduce es después integrado en el cromosoma de la planta hospedadora. De esta forma, los genes presentes en el plásmido permiten la penetración en la planta diana provocada por sustancias liberadas por las células dañadas, y la inserción e integración del ADN en el genoma diana.

El éxito de esta transformación depende de la eficacia de la infección y la capacidad de integración del plásmido en el genoma diana antes de ser destruido por el sistema inmunitario de la planta.

Este método es muy eficaz para la transformación de plantas dicotiledóneas (por ejemplo, la patata o el manzano), que son sensibles a la infección bacteriana. Lo contrario ocurre en las monocotiledóneas (como los cereales), resistentes a la infección de *Agrobacterium tumefaciens*. Por esto, en los últimos años se han desarrollado transformaciones alternativas que implican la introducción física del ADN. Por ejemplo, la electroporación, que utiliza una solución muy concentrada de ADN a la que se añade una suspensión de protoplastos (células vegetales sin paredes celulares) y se somete a una descarga eléctrica de alta tensión para incrementar la permeabilidad de membrana y facilitar que el ADN entre físicamente dentro de los protoplastos. Las células se dejan después en cultivo para que puedan regenerar la pared celular, y posteriormente se utilizan técnicas de selección para identificar aquellas que se han transformado con éxito, procediendo con las técnicas de crecimiento.

Otro método sería aplicar el ADN que se va a utilizar en la superficie de pequeñas esferas de tungsteno, que se insertan en un proyectil de plástico que se dispara con un arma especial. El proyectil golpea en una placa de acero situada en el extremo del cañón, y las esferas cargadas con ADN, liberadas del proyectil, se lanzan a través de una abertura en una cámara en la que se encuentran las células que serán transformadas. Tras esto, se utilizan métodos de selección para aislar las células transformadas con éxito y continuar con el procedimiento de crecimiento de la planta transgénica.

Arabidopsis thaliana es una angiosperma de la familia de la mostaza (*Brassicaceae*), un grupo que incluye al brócoli, la col o el rábano. Generalmente, la *Arabidopsis* es considerada una herbácea sin importancia económica, pero sus características la convierten en un ejemplar especial como modelo experimental. Esta planta es bastante pequeña, por lo que se pueden hacer crecer muchos ejemplares en un espacio reducido. Además, tiene un ciclo vital corto, alrededor de cinco o seis semanas desde la semilla hasta la formación de la flor; y cada planta es capaz de autopolinizarse, produciendo miles de semillas que pueden ser usadas para estudios de mapeo genético. Foto de Marie Lan Nguyen, Wikimedia Commons.

Las plantas presentan muchas ventajas y algunas desventajas para la ingeniería genética: por un lado, son muy susceptibles de ser manipuladas genéticamente, ya que muchas de ellas pueden ser autofecundadas. Por otro lado, generalmente tienen genomas poliploides, es decir, con muchas copias de cada cromosoma, lo cual los hace extremadamente grandes y difíciles de manejar.

Existe, no obstante, un fenómeno extraordinario muy útil para los genetistas, que es el hecho de que las plantas puedan regenerarse a partir de una sola célula. Si una planta sufre una herida, encima de la misma crece un conjunto de células llamado callo vegetal o *callus*, y si un fragmento de este callo se retira y se coloca en un terreno fértil, puede proliferar y formar nuevos callos. Esta propiedad permite, una vez introducidos los genes exógenos mediante una infección con *Agrobacterium*, aislar las células del callo y a partir de ellas hacer crecer una planta totalmente transgénica, que tendrá el transgén en cada una de sus células.

Por lo tanto, es posible crear transformaciones transgénicas estables a partir de cualquier célula de una planta, donde los genes modificados se pasan a las generaciones sucesivas, cosa imposible (o por lo menos, muy complicada) en los animales, donde las transformaciones solo se transmiten a la descendencia si se producen en un tipo especial de células: los gametos.

53

¿Se puede hacer frente al hambre con la ingeniería genética?

Digamos la verdad: ¡la situación es crítica!

Casi mil millones de personas (de un total de 7.400 millones) están actualmente en situación de desnutrición, una condición que requiere el desarrollo urgente de nuevos sistemas y tecnologías agrícolas. Según las previsiones sobre el calentamiento global, la disponibilidad de agua para la agricultura disminuirá, y con ella nuestra capacidad de nutrir a una población mundial en crecimiento. Las prácticas agrícolas actuales no son sostenibles, como demuestra la enorme pérdida de terreno agrícola en superficie y la aplicación de cantidades inaceptables de pesticidas en casi todo el mundo. Hace falta tomar medidas, y la genética, de nuevo, puede ayudar.

La técnica para fabricar un OMG (Organismo Modificado Genéticamente) fue concebida hace unos quince años, y el motivo que nos llevó a crear plantas transgénicas tuvo que ver con la agricultura. En la naturaleza existen insectos parásitos de las plantas que, en gran número, conducen al exterminio de cosechas enteras. La dorífora o escarabajo de la patata ataca a esta planta, tanto en estado juvenil (larva) como en estado adulto, comiendo las hojas del vegetal e impidiéndole hacer la fotosíntesis. La planta invadida por este insecto está destinada a morir. Solo dos ejemplares de dorífora son capaces de comerse una planta entera, imaginemos lo que pueden hacer millones de ellos.

El taladro del maíz (*Ostrinia nubilalis*) ataca a este vegetal en campo abierto, y la polilla del olivo (*Prays oleae*) se come todas las existencias de los almacenes. ¿Cuántos de los lectores han encontrado alguna vez larvas en la harina? Casi siempre son larvas de esta polilla. Todos estos insectos son difíciles de controlar, ya que para acabar definitivamente con ellos habría que suministrar fitofármacos en cantidades enormes, incompatibles con su biodegradación.

Como saben, el consumidor puede elegir entre una agricultura tradicional y química, o una agricultura ecológica, que excluye el uso de pesticidas. En la agricultura ecológica se usan enemigos naturales presentes en el ambiente (cuando los hay). Por ejemplo, existe una bacteria llamada *Bacillus thuringiensis* capaz de llevar a cabo una acción insecticida natural contra los insectos, y resulta inocua para los mamíferos. Los científicos, observando este comportamiento, se preguntaron qué había de interesante en esta bacteria que la dotaba de poder insecticida. La respuesta la hallaron, como siempre, en los genes. Esta bacteria posee una pareja de genes cuya transcripción y traducción resulta en una proteína que actúa como insecticida natural.

Tras este hallazgo, los científicos pensaron que, llevando esta pareja de genes a otras plantas, sería posible obtener vegetales inmunes al ataque de insectos parásitos. Y de esta manera, utilizaron otra bacteria transportadora para transferir los genes de interés a las células vegetales. Estas plantas fueron cultivadas al principio en el laboratorio, luego en campo abierto, y se vio que realmente se volvían inmunes a los parásitos. Analizando el método usado, se pudo ver que la planta crecía de forma natural sin administrar productos químicos, por lo que, en términos de calidad y cantidad, se obtuvo producto que se hubiera perdido en una agricultura tradicional.

Tras esta invención biotecnológica se crearon otras, habiendo entendido que una planta podía ser modificada para hacerle producir cualquier sustancia deseada. Otro invento que despertó tanto curiosidad como dudas fue la planta genéticamente modificada *Arabidopsis thaliana*, usada para la detección de minas antipersona. Ante la presencia de bombas, estas plantas se vuelven de color rojo, de modo que pueden ser localizadas. Con estos

El arroz que se muestra en la foto en color amarillo intenso (respecto al arroz blanco tradicional) es el llamado *golden rice* (arroz dorado), uno de los OMG más famosos del mundo. Para darle el color dorado, se le suministró provitamina A, que nuestro cuerpo luego transforma en vitamina A, un nutriente esencial que debemos ingerir con la dieta. En Europa y Estados Unidos la necesidad de vitamina A de la población está satisfecha, pero en otras partes del mundo es la causa de graves problemas de salud, desde la ceguera hasta la muerte. El arroz dorado se obtuvo insertando en *Oryza sativa* dos genes (PSY y CRT1) provenientes del narciso, y la bacteria *Erwinia uredovora*. Foto de International Rice Research Institute (IRRI), Wikimedia Commons.

ejemplos el lector ya podrá hacerse una idea de qué son los OMG.

La situación mundial respecto a los OMG está dividida entre América, Europa, Asia y África. Los Estados Unidos de América y Canadá se han mostrado siempre a favor de estas nuevas tecnologías, ya que se conciben como métodos para lograr una ganancia a nivel cualitativo y cuantitativo. También los asiáticos cultivan OMG, aunque aquí se ha impuesto una política de ahorro prevalentemente en términos de calidad, que conduce a una ganancia en términos de cantidad. Los europeos, por su lado, han adoptado principios de precaución hasta que no se sepa con certeza que los OMG no hacen daño a la salud. Esta política no siempre convence, ya que muchos OMG se venden, están correctamente etiquetados, los consumidores los usan y se sienten cómodos con ello.

Hablando de Europa, algo que sorprende es que los únicos productos que ahora mismo están severamente controlados son los transgénicos. La agricultura ecológica no se controla como antes, y muchos productos pueden ser vendidos como orgánicos sin serlo realmente. Por ejemplo, hay productos vendidos como ecológicos en cuya producción se utiliza el cobre o el hierro. Sin embargo, no queremos criticar aquí este tipo de agricultura, al contrario, consideramos que debe ser controlada y etiquetada con tanto empeño como se hace con los organismos modificados genéticamente. El principio de precaución se transforma a veces en cierta aversión contra el progreso científico.

Analizando la situación de África observamos dos cosas: pobreza extrema y hambre. A nuestro modo de ver, los OMG son los únicos vegetales que se pueden cultivar en ambientes extremos donde la sequía, la falta de recursos en el suelo y los fuertes ataques de insectos son constantes. Hemos de decir que el hambre en el mundo podría resolverse con la adecuada distribución de alimentos y de bienestar. Los OMG podrían ser el punto de partida para establecer una agricultura viable que mejore la situación económica de muchos países. La cultura del producto típico es buena y sana, y seguramente la mejor opción, pero si lo típico es sinónimo de lo local, y por lo tanto cultivado según los métodos tradicionales, adaptados al sitio, al clima y a los tiempos de trabajo particulares, es una agricultura que ya se ha demostrado incapaz de sacar a un país de la pobreza, mientras que los OMG sí podrían hacerlo.

54

¿Quién fue la oveja Dolly?

Era un hermoso día de hace veinte años cuando Ian Wilmut y Alan Trounson, científicos, colegas y viejos amigos, se marcharon de excursión por las colinas alrededor de Edimburgo, en Escocia. Y fue entonces cuando Wilmut confesó tener un secreto que revelar. En su laboratorio, junto a varios colegas, habían logrado hacer nacer a una oveja. No de un óvulo y un espermatozoide, sino a partir del ADN extraído de la glándula mamaria de una oveja adulta: habían clonado un mamífero.

La oveja, obtenida a partir de células de la glándula mamaria, debía su nombre a la famosa Dolly Parton, en honor al busto de la famosa cantante de country. Wilmut admitió que el nacimiento de Dolly fue un suceso afortunado, ya que se habían realizado 277 intentos.

Para producir a Dolly, los científicos utilizaron el núcleo de una célula de la glándula mamaria de una oveja blanca de seis años de la raza Finn Dorset. El núcleo contiene casi todos los genes de la célula. Los científicos debían encontrar el modo de reprogramar la célula de la oveja, manteniéndola con vida pero bloqueando su crecimiento, y lo lograron alterando el medio de cultivo (la «sopa» en la que la mantenían con vida). A continuación, inyectaron la célula en un ovocito no fecundado (de una oveja Scottish Blackface) del que se había eliminado el núcleo, e hicieron que ambas células se fusionaran mediante impulsos eléctricos.

Cuando el grupo de investigadores fue capaz de fusionar el núcleo de la célula de la oveja blanca adulta con el ovocito de la oveja Scottish Blackface (con la cara negra), tenían que asegurarse de que la célula creada se transformara en un embrión. Para ello, la mantuvieron en cultivo durante seis o siete días, observando que se dividiera y desarrollara normalmente, antes de implantarla en una madre de alquiler, otra oveja de raza Scottish Blackface. De las 277 fusiones nucleares realizadas, solo se consiguieron veintinueve embriones viables, que fueron implantados en trece madres de alquiler. Pero solo una completó el embarazo. El 5 de julio de 1996, después de 148 días, nació el cordero Finn Dorset 6LLS (también conocido como Dolly); pesaba 6,6 kilogramos y tenía el hocico blanco.

Dolly murió el 14 de febrero de 2003, a la edad de seis años, por una infección pulmonar común entre los animales sin acceso a aire fresco. Muchos de los lectores habrán leído o escuchado sobre el envejecimiento prematuro de la oveja. Al parecer, los cromosomas de Dolly eran un poco más cortos que los de otras ovejas, pero en muchos otros aspectos, esta oveja era como cualquier ejemplar de su edad. Sin embargo, su envejecimiento prematuro puede ser indicativo de que se había reproducido a partir del núcleo de una oveja de seis años de edad. Los estudios de sus células también revelaron una cantidad muy pequeña de

La oveja Dolly fue tan relevante que mereció el honor de ser, tras su muerte, disecada y expuesta en el Museo Nacional de Escocia. Dolly es, sin duda, la oveja más famosa del mundo, y el primer mamífero concebido con una técnica de clonación a partir de células de la glándula mamaria de un ejemplar adulto. Dolly demostró que las células de los mamíferos también pueden ser reprogramadas, abriendo el camino para importantes avances en el campo de la investigación sobre las células madre.
Foto: Llull-commonswiki, Wikimedia Commons.

ADN fuera del núcleo, en las mitocondrias de las células, heredada del ovocito y no del núcleo de la oveja donante (como el resto de ADN). Algunos estudios indican que algunos genes del ADN mitocondrial pueden afectar a la longevidad de un individuo.

La clonación de Dolly condujo a oscuras y fantásticas previsiones: los humanos podríamos ser clonados también, las enfermedades se habrían acabado, los niños perdidos durante el embarazo podrían renacer... Hoy, veinte años después del nacimiento de Dolly, el impacto de la clonación en la ciencia ha superado las expectativas, aunque lo que hoy se conoce como transferencia nuclear ha desaparecido en gran parte de la escena científica. Actualmente, la clonación de una persona permanece inalcanzable, desprovista de beneficios científicos y provista de un nivel de riesgo inaceptable. Nadie, al parecer (o eso esperamos), tiene la intención de participar en algo así.

El mayor impacto de la clonación actual es más visible en el progreso alcanzado en el campo de las células madre. La oveja Dolly dejó claro que la reprogramación nuclear era posible en células de mamíferos. El nacimiento de Dolly fue un presagio de grandes cambios, ya que demostró que el núcleo de la célula adulta tiene todo el ADN necesario para dar lugar a otro animal. Anteriormente, algunos investigadores habían obtenido ranas adultas a partir de células de rana embrionarias, o células de rana embrionarias a partir de ranas adultas, pero siempre llegaban a un punto muerto. El caso de Dolly fue el primero en que se tomó una célula adulta para obtener un individuo adulto. Esto significaba reprogramar el núcleo de una célula adulta para volverla a su estado embrionario.

Diversos investigadores están usando técnicas de clonación para producir células madre embrionarias, evitando así la necesidad de adquirir nuevos embriones: la llamada transferencia nuclear de células somáticas. En teoría, la clonación se podría utilizar también para preservar especies en peligro de extinción. Se ha hablado de usarla para revivir mamuts, el panda gigante o incluso al hombre de Neandertal, pero son ideas poco realistas. Producir un clon requiere un núcleo intacto, que no estaría disponible en una especie extinta.

Lo que sí es cierto es que la clonación de mamíferos existe y se usa: hay todo un mercado de embriones de ganado clonados. En 2008, el gobierno de los Estados Unidos estableció que no existían diferencias distinguibles entre vacas, cabras y cerdos clonados y no clonados, por lo que está consentida su comercialización, sobre todo para la producción de piensos.

55

¿PODRÍA EXISTIR EL PEZ CON TRES OJOS QUE SALE EN *LOS SIMPSON*?

En un lago artificial de Córdoba, Argentina, se encontró un pez gato con tres ojos. Aunque, esta vez, ¡la ingeniería genética no tuvo nada que ver!

El extraño espécimen saltó a la fama por su semejanza con el personaje Blinky (Guiñitos en España) de la serie de dibujos animados *Los Simpson*. La captura del animal, en las proximidades de una central nuclear, despertó la preocupación de la población del lugar, que comenzó a preguntarse sobre el motivo de la malformación. La conexión entre los peces con tres ojos y la vecina central nuclear era bastante evidente, aunque aún no se ha verificado. Lo que está claro es que el hecho de que la exposición a radiaciones provoca mutaciones es un dato ampliamente comprobado. Como sucede a menudo, la realidad supera a la ficción. Aunque no todas las criaturas extrañas se deben a mutaciones.

En Estados Unidos, por ejemplo, vive Venus, un gato con dos caras. Una quimera, un increíble milagro de la genética. Las quimeras en biología son individuos cuyas células portan dos patrimonios genéticos distintos. Venus tiene la mitad de la nariz negra, y la otra mitad roja; un ojo azul intenso y otro verde esmeralda.

La gran mayoría de los seres vivos porta en cada célula del cuerpo un patrimonio genético específico, siempre igual (salvo en los gametos, que solo portan la mitad). Las quimeras, sin embargo, son el resultado de la fusión en el útero (durante las primeras etapas del embarazo) de dos individuos en uno, un fenómeno raro pero documentado. Los biólogos denominan quimeras a los animales o vegetales que están formados por tejidos genéticamente heterogéneos. El quimerismo ocurre más frecuentemente en plantas que en mamíferos. Para estos últimos, este fenómeno es una gran rareza.

Interesante también es la historia de la americana Lydia Fairchild, quien después de divorciarse decidió pedir a su exmarido una pensión alimenticia para sus hijos. Ante su petición, se le demandó una prueba de ADN. Los resultados de dicha prueba fueron sorprendentes: se comprobó que su exmarido era el padre de sus hijos… ¡pero ella no era la madre! Inicialmente, los médicos lo achacaron a una posible trasfusión de sangre o un trasplante, pero la señora Fairchild no había sido sometida nunca a tratamientos de este tipo. Las autoridades locales ya estaban decididas a mandarla a juicio, acusada de fraude, cuando su abogado presentó en la corte un artículo sobre quimerismo publicado en *The New England Journal of Medicine*.

Entonces se decidió llevar a cabo una investigación médica, con la que se encontró que el ADN de los hijos estaba emparentado con el de su abuela materna. Pero solo se logró arrojar luz sobre el misterio tras el análisis del cabello y el pelo tomado del pubis de la mujer. En ambas muestras se encontró material genético heterogéneo.

Como se descubriría, lo que realmente había pasado era que, en el embrión, Lydia se había «tragado» a su hermana gemela, y las células de esta última se habían quedado en su cuerpo. Por eso, ya antes de nacer, la señora Fairchild se había convertido en una quimera. Tras analizar estas pruebas, la mujer quedó libre de todos los cargos. Actualmente, se han registrado alrededor de cincuenta casos de quimerismo humano. Aunque los casos reales han podido ser más.

El quimerismo se puede desarrollar en las personas tanto en rasgos naturales como artificiales. El primero se relaciona con los procesos que sufre el embrión durante el embarazo. Dos óvulos fecundados pueden unirse, convirtiéndose en uno solo, lo que ocurrió en el caso de Lydia Fairchild, que poseía un doble ADN. Existe también el quimerismo gemelar, que sucede cuando gemelos heterocigóticos se transmiten células entre sí a través de los vasos sanguíneos.

En lo que respecta al quimerismo artificial, es aquel que se produce tras un trasplante. Ante una operación de este tipo, a veces es de vital importancia que el individuo que recibe el órgano se convierta en una especie de quimera, y no empiece a rechazar el nuevo órgano. Se dio un caso curioso cuando a un hombre, portador del virus VIH y de linfoma, le fue trasplantada médula ósea y, de forma inesperada, se curó de estas dos enfermedades. Resulta que su donante era portador de un gen que proporcionaba resistencia a estas afecciones, gen que pasó al receptor junto con la médula trasplantada.

Entonces, ¿se podrían crear quimeras en el laboratorio? La respuesta es en muchos aspectos inquietante, y probablemente supone el lado más oscuro y discutido a nivel bioético en el campo de la ingeniería genética. El hacerlo podría suponer realmente traspasar los límites aceptables en esta ciencia.

Históricamente, los anfibios, reptiles y aves han sido el campo de pruebas para las quimeras experimentales gracias al generoso tamaño de sus óvulos y embriones, lo que ha permitido hacer micromanipulación en tiempos en los que los microscopios tenían un solo ocular. Famosas son las quimeras de anfibio producidas por Mangold y Spemann; o las quimeras de

¿Sabe el lector lo que significa el adjetivo quimérico? Según el diccionario, algo quimérico es algo irreal, que solamente existe en la imaginación. Un sueño, una ilusión, una utopía. Pero el término es griego, y está vinculado a antiguas creencias oscuras. Para los griegos, la quimera era un horrible monstruo con cabeza de león, espalda de cabra y cola de serpiente. Hoy en día, en ciencia, la palabra quimera adquiere otro significado. Y surgen nuevas dudas: ¿podemos crear «monstruos» de este tipo con las actuales técnicas de ingeniería genética? Foto de Jastrow (2006), Wikimedia Commons.

codorniz-pollo creadas por Le Douarin. Y tras ellas, se continuó con otras clases de vertebrados. Se llevaron a cabo experimentos similares a los de Le Douarin entre ratones y pollos.

Un caso también conocido fue el de la quimera oveja-cabra, obtenida en 1984, de forma independiente, por los grupos de investigación de Steen M. Willadsen y de Sabine Meinecke-Tillmann. Estas quimeras se desarrollan normalmente incluso después del nacimiento, y son conocidas como *geep* (fusión entre el término inglés *goat*, 'cabra', y *sheep*, 'oveja').

Y de las quimeras entre especies a las quimeras humano-animal el paso es muy corto. Hoy en día, este tipo de híbridos humanos, conocidos con el término inglés *parahumans*, son definidos por los genetistas como «criaturas parte humanas, parte animales». Pueden ser creadas mediante el uso de técnicas de ingeniería genética (y en este caso, en teoría, podrían reproducirse y perpetuarse), por inseminación artificial, o por métodos de cirugía avanzada, como el caso de pacientes que reciben válvulas cardíacas procedentes de otros mamíferos compatibles. De hecho, se están realizando estudios que tratan de utilizar a cerdos como incubadoras de órganos humanos para su uso en trasplantes.

Un grupo de científicos de Estados Unidos ha creado embriones quimera con parte de cerdo y parte de humano, insertando células madre humanas pluripotenciales en el ADN de embriones de cerdo. Según los autores del controvertido experimento, del que no se conocen aún muchas implicaciones, los embriones se habrían desarrollado como cerdos similares en apariencia y comportamiento a los normales, pero con órganos internos (en este caso, el páncreas) humanos.

Quizá es el momento de pararse a reflexionar un poco antes de seguir avanzando.

56

¿Se pueden crear organismos de forma artificial?

Se llama Syn 3.0 y es la primera bacteria completamente artificial. Una forma de vida autónoma, capaz de replicarse, con una cantidad de genes mínima, apenas 473. Y lo más extraordinario es que estos genes no son el resultado de miles de millones de años de evolución. Esta vez Darwin no ha tenido nada que ver.

El padre de Syn se llama Craig Venter, el mismo que en 1999 había usado gran parte de su tiempo anunciando la secuenciación del genoma humano. Tras comprender el secreto de la vida, Craig se centró en poderla crear. ¡Y lo consiguió! Venter y el equipo guiado por Clyde Hutchinson fueron los creadores de una nueva forma de vida, ensamblada en el laboratorio a partir del trabajo sobre las bases que componen el ADN. Una evolución respecto a la primera célula bacteriana controlada por un genoma sintético, creada en 2010 (Syn 1.0), que necesitaba a una bacteria verdadera, un micoplasma, para integrarse y vivir. Con Syn 3.0 estamos frente a algo nunca visto, nunca hecho, una revolución. La creación de la vida artificial hecha realidad, no como metáfora.

Para los investigadores que han trabajado en el experimento, el genoma se transforma en un *software* en el que están escritas todas las funciones indispensables para la vida. Este instrumento sin precedentes es el punto final de más de veinte años de investigación, y el punto de partida para estudiar las funciones vitales con un detalle no alcanzado hasta el momento.

El resultado allana el camino a las primeras aplicaciones de la vida artificial: con estas técnicas, será posible en un futuro obtener bacterias con habilidades especializadas, tales como la producción de biocombustibles o la biorremediación (metabolización de los contaminantes) de suelos y aguas contaminadas.

Pero demos un paso atrás, ¿qué entendemos exactamente por biología sintética?

La biología sintética es una rama de la biología nacida en Estados Unidos en torno al año 2000, como evolución de la ingeniería genética. Aunque típicamente se le ha considerado una disciplina de bioingeniería —que modifica los organismos existentes operando sobre sus circuitos internos moleculares para crear un organismo que hace lo que el investigador desea—, en los últimos años ha despertado un gran interés desde la química y la biología. La biología sintética tiene que ver con la construcción de células artificiales con una complejidad mínima, para ser utilizadas en modelos de células actuales, modelos de células primitivas, como herramientas para aplicaciones de biotecnología y nanomedicina.

En su vertiente de bioingeniería, actualmente es posible modificar microorganismos, introduciendo circuitos genéticos incluso tomados de otros organismos, con el fin de hacerlos capaces de producir algo concreto, como biocarburantes y compuestos químicos para uso farmacéutico; o incluso modificar microorganismos para la biorremediación o para usar como biosensores.

El trabajo de Venter, en cambio, tenía como objetivo crear de forma experimental un microorganismo con un genoma mínimo, y sin embargo con vida, respondiendo así, desde cierto punto de vista, a una cuestión teórica («¿qué es un genoma mínimo?») que también tiene consecuencias prácticas: si somos capaces de sintetizar un genoma mínimo, podremos también crear un «genoma a voluntad», que haga aquello que deseamos. De ahí el fuerte interés (y también el miedo) de la opinión pública hacia esta investigación. Ser capaces de diseñar y construir un genoma podría dar al ser humano un gran poder, como es el de introducir instrucciones que la célula cumpla a ciegas, con resultados útiles, pero con muchos riesgos asociados.

En una aproximación constructivista a la biología sintética, que se mezcla con la química y la bioquímica básica, esta disciplina se centra en entender los principios de autoorganización de la materia inanimada en comparación con los sistemas vivos, para comprender cuáles son las limitaciones, los pasos obligados y las oportunidades. Los fenómenos inesperados y sorprendentes que dieron origen a la vida sobre la Tierra hace 3.500 millones de años. El objetivo es comprender experimentalmente las leyes de la física y la química que han permitido el nacimiento de la vida, y las leyes de selección química que han precedido a la selección biológica que sí conocemos.

Uno de los aspectos más interesantes de la biología sintética son las técnicas y estrategias que se utilizan para la construcción en el laboratorio de células artificiales mínimas, no necesariamente vivas, y por lo tanto carentes de problemas bioéticos, al no tener la necesidad de utilizar microorganismos preexistentes. Con las máquinas adecuadas, hoy es posible sintetizar ADN. Los oligonucleótidos se sintetizan usando un sintetizador de ADN programable formado fundamentalmente por un sistema de reactivos para la síntesis de oligonucleótidos. Se fija una primera base a un soporte sólido, generalmente a base de vidrio o poliestireno. Una cadena de ADN se puede construir gracias a la repetición de diversos ciclos de síntesis (en cada ciclo, se añade una base), hasta obtener la longitud deseada.

Todavía hay muchas preguntas abiertas sobre el ADN, muchas cosas por entender, muchas historias que contar. Pero una cosa que conocemos muy bien es su estructura. Y es extraño que solo desde hace pocos años hayamos sido conscientes de lo perfecta que es esta estructura para codificar datos: el ADN fue el primer sistema de codificación de datos que ha existido; creado antes que el lenguaje matemático o el lenguaje mismo, el ADN codifica la información de un organismo vivo desde que aparece la vida misma.

Esta estructura puede ser utilizada para memorizar datos numéricos. Es un nuevo modo de ver el ADN, compuesto por una sucesión de datos a partir del acoplamiento de cuatro bases nitrogenadas: adenina, guanina, citosina y timina. La idea es precisamente la de usar el ADN como un sistema de codificación numérica de posiciones, como apoyo a la lectura y escritura. Y ya hay planes de usar esta tecnología para aplicaciones en la vida diaria. Microsoft pretende comercializar en breve el *DNA storage* ('almacenamiento de ADN'), que consiste en el uso de ADN para memorizar cantidades inimaginables de datos casi permanentemente, ¡por miles y miles de años!

Hasta la fecha, no existen tecnologías de almacenamiento permanentes, todas tienen una duración temporal. Los discos duros, además de tener una duración temporal media, tienen muchos problemas relacionados con su fragilidad. Pero un problema aún mayor es la cantidad de datos que pueden memorizar: un usuario común puede permitirse apenas unos pocos terabytes. Los sistemas de almacenamiento basados en ADN resolverían estos dos inconvenientes principales del almacenamiento tradicional: en un gramo de ADN es posible memorizar mil millones de teras (1 zettabyte) por más de dos mil años, sin deterioro. Quién sabe si un día, en vez de en una biblioteca, este libro se puede encontrar grabado… ¡en formato ADN!

57

¿SE PUEDEN TENER TRES PROGENITORES BIOLÓGICOS?

Ya no es cierto eso de que «madre no hay más que una». Lo ha dicho la ciencia y también el Parlamento inglés. La Cámara de los Comunes ha aprobado una ley, la Human Fertilisation and Embryology Act, que da luz verde a una técnica que supone la creación de embriones con el patrimonio genético de tres progenitores.

La técnica consiste en lo siguiente: se toma un cigoto —la primera célula de un ser humano, producida tras el encuentro entre un óvulo femenino y un espermatozoide masculino—, se le retira el núcleo, que es insertado en otro cigoto cuyo núcleo se ha eliminado previamente. Este nuevo cigoto tendrá por tanto patrimonio genético del hombre y la mujer que dieron lugar al cigoto original; y una mínima parte (entre un 0,2 y un 0,5 %) del patrimonio genético presente en las mitocondrias del óvulo que dio lugar al segundo cigoto (proveniente de otra mujer). Como resultado: el bebé tiene tres progenitores biológicos. Dos madres y un padre.

Si donamos óvulos y espermatozoides, ¿por qué no mitocondrias? Una vez más en este libro estamos hablando de un tema espinoso, éticamente complicado, de esos que es mejor no abordar en la cena de Navidad: los llamados bebés probeta.

Pero no olvidemos que este truco genético nació con un buen fin: los investigadores fueron capaces de desarrollar técnicas de manipulación de los óvulos para reemplazar algunas partes del ADN que pueden contener mutaciones dañinas, con material genético similar extraído de una mujer sana.

El ADN en cuestión es el llamado mitocondrial, contenido en el interior de unos orgánulos llamados mitocondrias, generalmente definidos como las centrales energéticas de la célula (dotadas de un ADN extranuclear capaz de replicarse de forma autónoma). Los científicos han identificado cientos de mutaciones en el ADN mitocondrial que pueden provocar diversas enfermedades con síntomas graves, desde ceguera a epilepsia o ictus recurrentes. Enfermedades que afectan a uno de cada cinco mil nacidos, y actualmente no tienen cura.

Un método bastante sencillo para prevenirlo fue desarrollado por la Universidad de Newcastle en Inglaterra, y consiste en tomar el ADN nuclear de un óvulo ya fecundado de una persona enferma (cuyo ADN mitocondrial está afectado) y transferirlo a un ovocito sano, del que se ha retirado previamente el ADN nuclear.

Una segunda técnica, desarrollada por Shoukhrat Mitalipov y sus colegas de la Oregon Health & Science University, consiste en retirar el ADN nuclear de un óvulo enfermo sin fecundar y transferirlo a uno sano, que será fecundado *in vitro*. El embrión así obtenido se transfiere después al útero materno para proceder al embarazo. El bebé nacido gracias a esta técnica tendrá el patrimonio genético del padre, de la madre, y el ADN mitocondrial de la mujer que ha donado el óvulo sano hospedador. De nuevo, tres progenitores biológicos. Según los desarrolladores de esta

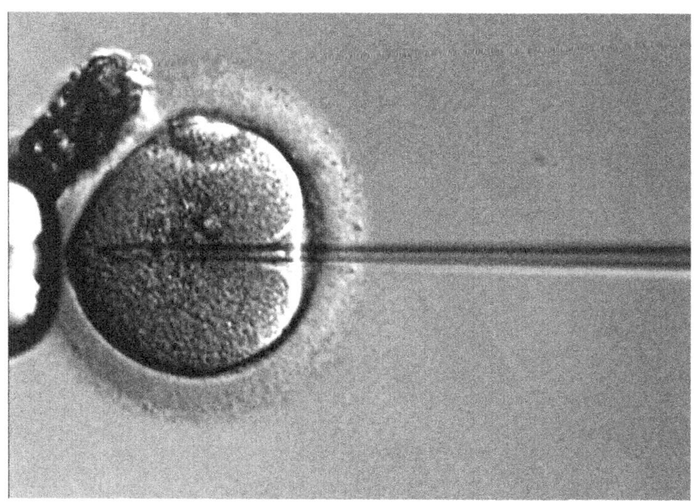

Lo que se ve en esta fotografía es la inserción de un espermatozoide
en el interior de un óvulo, realizado *in vitro*. Se trata de una técnica
de reproducción asistida que consiste en la microinyección de un
espermatozoide, o su precursor, directamente en el citoplasma del
ovocito. Gracias a este método se pueden tratar los problemas más graves
de infertilidad, como los casos en que el número o movilidad de los
espermatozoides están por debajo de los niveles mínimos necesarios.
Foto de RWJMS IVF Laboratory, Wikimedia Commons.

técnica, hasta ahora experimentada en animales (el mono en
particular), está lista para ser usada en seres humanos. Según otros
investigadores, sin embargo, es un paso imprudente porque el conocimiento obtenido a partir de experimentos con animales es
aún insuficiente. Hay quien enfatiza que no se sabe qué sucederá
con las generaciones sucesivas, ni cuáles son los riesgos a largo
plazo. Otros subrayan los problemas hallados en algunos experimentos con animales en los que se ha mezclado el ADN nuclear
y mitocondrial. Y como siempre en estos casos, hay quien teme
que la introducción de esta técnica allane el camino a un mundo
en el que sea lícito crear hijos a medida, con las características
deseadas por los padres.

Hoy en día, la única manera de tratar de evitar dar a luz a
niños que sufran enfermedades es hacer uso del llamado
Diagnóstico Genético Preimplantacional (DGP): analizar las células de embriones obtenidos por fertilización *in vitro* y desechar

los que presenten defectos congénitos. Pero en el caso de las enfermedades mitocondriales, esto no es sencillo.

Es un paso importante, pero la técnica es polémica. Para sus defensores, es la única opción disponible para evitar el nacimiento de niños con este tipo de enfermedades graves e incurables; para sus detractores, podría abrir el camino a la creación de bebés «a la carta», con ojos azules o cabello rubio, de una estatura determinada o un alto coeficiente intelectual. Y el lector, ¿qué opina?

58

¿Existen los genes correctores?

Se llama terapia génica y la idea subyacente es simple: corregir los genes que están detrás de las enfermedades. Por ahora sigue siendo una técnica experimental, y queda mucho trabajo por hacer antes de que se convierta en una realidad.

Las terapias génicas son biotecnologías utilizadas para corregir genes mutados responsables de enfermedades hereditarias. Consisten en la introducción de ADN —contenido en un gen normal— en el núcleo de células del organismo enfermo. El ADN a insertar es transportado a través de un virus modificado, desprovisto de sus efectos patológicos. La terapia génica puede ser gamética, si se lleva a cabo en el núcleo de una de las primeras células del preembrión, o somática, si se realiza en las células de los órganos afectados por la enfermedad.

A muchos de vosotros seguramente os habrá sucedido que os comprasteis un coche o un electrodoméstico nuevo, y descubrísteis que el artículo en cuestión tenía un defecto de fabricación. Lo que probablemente hicísteis fue llevarlo de nuevo a la tienda para su reparación: se sustituye la parte errónea y problema resuelto. También nuestro cuerpo, como ocurre en un coche o un electrodoméstico, a veces presenta defectos de fábrica, errores durante la replicación del ADN que generan mutaciones, lo que se traduce en la aparición de enfermedades genéticas. Sin embargo, a diferencia de lo que ocurre con las máquinas, nuestros defectos no son tan fáciles de reparar. Pero lo que se pretende hacer con la terapia génica es más o menos lo mismo: modificar la información errónea escrita en el genoma de un ser humano, de modo que se elimine (o al menos se rebaje) la enfermedad que lleva acompañada.

Las técnicas de terapia génica gamética son una biotecnología muy sencilla, a partir de la cual se obtienen organismos llamados transgénicos (animales y plantas). Si el ADN del cigoto se modifica, el organismo nacerá sano, pero sobre todo estarán sanos también los hijos nacidos de sus gametos. Por este motivo, este tipo de terapia genética se llama gamética. En sus primeras fases de desarrollo, el cigoto se divide en dos células, después en cuatro, y así sucesivamente hasta el centenar de células, todas iguales entre ellas y carentes aún de una función precisa (las llamadas células madre). El conjunto formado por estas células se define como preembrión, mientras que denominamos embrión a la fase de desarrollo del organismo en la que las células, ya muy numerosas, son capaces de cumplir funciones específicas y diversas (se han especializado).

Cada célula del preembrión, separada de las demás, es capaz de reiniciar el crecimiento de un nuevo organismo. Por tanto, a partir de esas cien células derivadas de la primera, podrían originarse otros cien organismos, todos genéticamente idénticos entre sí, como hermanos gemelos.

Ahora bien, ¿cómo se puede reparar una célula? Tras la unión de dos gametos *in vitro*, el cigoto se desarrolla, hasta que este cuenta con ocho células, aún idénticas entre sí. De estas ocho células, se retira una. Esta célula se examina para confirmar que su ADN contiene la mutación causante de la enfermedad; a continuación, se toma otra célula del preembrión (en este momento, compuesto por siete células) y con una microjeringa se inserta en su núcleo un ADN con el gen normal.

De esta célula modificada se hace crecer de nuevo un preembrión, hasta que tiene 448 células, y sobre una de ellas se procede de nuevo al test para verificar la presencia de la mutación. Si se observa que el gen mutado no se ha reparado, se comienza de nuevo. Si, por el contrario, el gen mutado se ha vuelto normal, se coge otra célula del preembrión (ahora sano) y se multiplica en el útero materno. Es frecuente que esta técnica dé lugar a la formación de un embrión defectuoso, por lo que se mantienen en reserva (congeladas) otras células del preembrión curado para poder ser utilizadas si fuera necesario tener que comenzar de nuevo el proceso. Así hasta lograr el nacimiento de un organismo sano.

Este tipo de terapia génica, y la utilizada para crear animales transgénicos, permiten entender que la terapia génica realizada a partir de un cigoto es posible, pero es muy arriesgada y moralmente inaceptable sobre la base de los criterios de bioética establecidos por todos los gobiernos del mundo. Lo que nos queda, por tanto, es trabajar sobre células somáticas.

Las células de los tejidos (llamadas somáticas) son responsables de todas las funciones del organismo, a excepción de la reproducción (reservada para las células sexuales o gametos). En estas células, los genes mutados a causa de enfermedades genéticas producen proteínas que funcionan mal o que son dañinas para el organismo. La terapia génica somática, menos arriesgada que la gamética, se lleva a cabo para intentar corregir el ADN mutado solo en los órganos responsables de la enfermedad.

Utilizaremos un ejemplo para comprender mejor cómo funciona esta tecnología. Las personas que tienen mutado el gen ADA (adenosina desaminasa) padecen desde que nacen graves defectos inmunológicos. Un grupo de investigadores de Milán, dirigidos por Alessandro Aiuti, se propusieron la misión de introducir el gen normal (un gen corrector) en los glóbulos blancos defectuosos. Para este fin se clonó (ver pregunta 47, «¿Cómo se clona un gen?») el gen humano ADA normal y se introdujo en el genoma de un virus MLV (*Murine Leukemia Virus*, el virus que provoca leucemia en el ratón), inofensivo para el ser humano. El genoma del virus se usó como vector (transportador del gen). El nuevo virus recombinante mantenía plenamente la capacidad de infectar los glóbulos blancos e introducir el gen ADA en el ADN del cromosoma humano.

En la práctica, lo que se hace es tomar células madre (no diferenciadas) de la sangre de una persona enferma desde el nacimiento a causa de la mutación del gen ADA. Tras hacerlas crecer brevemente fuera del organismo (*in vitro*), son tratadas con el virus. Una vez verificada su capacidad para crecer y desarrollarse en los glóbulos blancos normales, las células madre tratadas son reintroducidas en la sangre del enfermo, de manera que se asegure la producción del gen normal.

Para que la terapia génica tenga éxito, es necesario verificar algunas condiciones: el gen normal debe permanecer constantemente en las células tratadas con el virus; las células madre introducidas deben continuar proliferando y desarrollándose en el órgano del enfermo (sangre, hígado, cerebro, en función de la enfermedad), reemplazando a la población de células defectuosas; el virus debe mantenerse inocuo y no desarrollar nunca su capacidad patológica; y el gen introducido no debe ser capaz de insertarse en un gen normal, lo que bloquearía su función.

La técnica, como vemos, no está exenta de riesgos, pero su potencial futuro es sin duda enorme.

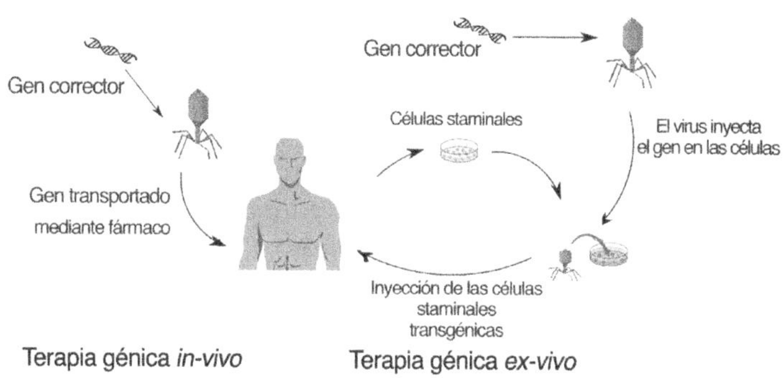

En este esquema se sintetiza el funcionamiento de la llamada terapia génica. Esta técnica se puede realizar *in vivo* o *ex vivo*. En el procedimiento *in vivo*, el gen «corrector» se clona en un virus atenuado (inocuo para el ser humano, pero que mantiene su capacidad de infección e introducción en el organismo). En la terapia génica *ex vivo*, por el contrario, se usan células madre o estaminales tomadas del propio individuo enfermo. Las células madre se infectan externamente con el virus y se inyectan después en el paciente.

59

LOS MAMUTS, ¿PODRÍAN VOLVER A LA VIDA?

Seguramente el lector recuerde *Parque Jurásico*. Y es que, siendo sinceros, ¿a quién no le gustaría tener la oportunidad, aunque sea por un rato, de ver paseando por el jardín a un dinosaurio, un tigre dientes de sable, o un mamut de carne y hueso? Resucitar a especies gloriosas ya extintas, que por muchos años han dominado la Tierra que pisamos, ha sido siempre un sueño y una meta para la ciencia. Por muchos años se ha intentado, pero el resultado siempre ha sido el mismo: un fracaso colosal. ¿Sigue siendo ciencia ficción? Puede que ya no sea así.

En enero del 2000, la caída de un árbol nos dejó sin Celia, el último ejemplar de bucardo, un animal similar a la cabra montés. El 30 de julio de 2003, los científicos usaron sus tejidos y células para crear un clon y el extinto bucardo volvió a la vida. Su regreso, sin embargo, fue breve. Falleció tan solo siete minutos después, por un defecto pulmonar. ¿Otro fracaso? Quizá esta vez no. El caso de Celia es la prueba de que un animal extinto puede volver a la vida, y aunque el bucardo se extinguió hace pocos años, se ha demostrado que una técnica similar, con las debidas modificaciones, podría funcionar para animales más antiguos. Si las muestras de células están lo suficientemente intactas, se puede extraer el núcleo con ADN íntegro e insertarlo en un óvulo no fecundado de una especie descendiente. Y es así como nació el proyecto Revive & Restore, desarrollado por la fundación The Long Now, de California.

Los científicos californianos están trabajando para traer desde el más allá a especies extintas recientemente, como la paloma migratoria o el tigre de Tasmania. Para las especies más antiguas, como el mamut o los dinosaurios, la cosa se complica: el problema principal radica en encontrar muestras de células intactas y utilizables. Durante años, de hecho, la Universidad de Tokio ha tratado de resucitar al mamut, con escasos resultados: el ADN está demasiado dañado por el tiempo.

Pero, he aquí la novedad. Gracias a la reciente técnica de ingeniería genética CRISPR, es posible llevar a cabo cortes en puntos específicos de una secuencia de ADN y después unir o quitar elementos de muchos genes. El grupo del Revive & Restore está intentando recrear así al mamut: modificando, potenciando y haciendo resistente al frío el ADN de su pariente más cercano, el elefante asiático. Y están tan seguros de su éxito, que ya se están preocupando de preparar el hábitat original en el que esta especie desaparecida vivía, para hacerla sentir «como en casa». De hecho, en Siberia se ha construido el Pleistocene Park, un hábitat que recrea a la perfección la estepa ártica en la que vivía el mamut en el Pleistoceno (hace 126.000 años). En conclusión, la desextinción es posible, y de hecho ya se ha producido.

Ahora expliquemos, ¿en qué consiste esta revolucionaria técnica CRISPR?

Como ocurre a menudo, todo comenzó por casualidad. Esta vez el inicio está en el yogur. Emmanuelle Charpentier, microbióloga francesa, estaba estudiando cómo hacer que las bacterias del yogur fueran más resistentes a los virus, de forma que fuera más eficiente su proceso productivo, cuando se encontró con el sistema CRISPR-Cas9. En realidad, las bacterias que la científica estaba utilizando eran menos resistentes al virus cuando en su ADN faltaban ciertas secuencias repetidas, que se encontraban idénticas en el ADN de sus depredadores (el propio virus). Emmanuelle llamó a estas secuencias CRISPR (*Clustered Regularly Interspaced Short Palindromic Repeats,* 'repeticiones palindrómicas cortas agrupadas y regularmente interespaciadas'), e hipotizó que podrían constituir parte de un sistema de defensa bacteriano que, gracias a estas secuencias, reconocía de modo específico y preciso las secuencias similares presentes en el genoma del virus.

De ahí surgieron investigaciones en diferentes laboratorios alrededor de todo el mundo, y sobre todo en el laboratorio de Jennifer Doudna en Berkeley. Todos ellos llevaron a comprender que las piezas de ADN viral incorporadas al ADN bacteriano son transcritas como ARN, pero son interceptadas por una enzima llamada Cas9, que lo usa como guía para reconocer el ADN del bacteriófago y degradarlo.

Se observó, además, que hay diferentes sistemas de CRISPR/Cas9 en diferentes especies de bacterias, y todos ellos implican algún pequeño ARN no codificante (ARNcr) y un conjunto de proteínas Cas. Se descubría así el sistema CRISPR/Cas, una tecnología que permite modificar los cromosomas de plantas y animales, cortando cualquier secuencia de ADN en el punto que se desee, siempre y cuando se sepa construir un ARN complementario, llamado ARN guía (ARNg). El sistema CRISPR/Cas9 solo requiere dos componentes: la enzima Cas9 para cortar la secuencia de ADN deseada, y una molécula de ARN guía que se pegue al objetivo gracias a la complementariedad de bases. El ARN guía forma un complejo con la Cas9 y dirige a la enzima hacia la secuencia de ADN que se desea cortar.

Dejando a un lado la fascinante (y remota) hipótesis de dar vida a un dinosaurio (los dinosaurios vivieron una época tan lejana que no se ha conservado ninguna muestra utilizable hasta

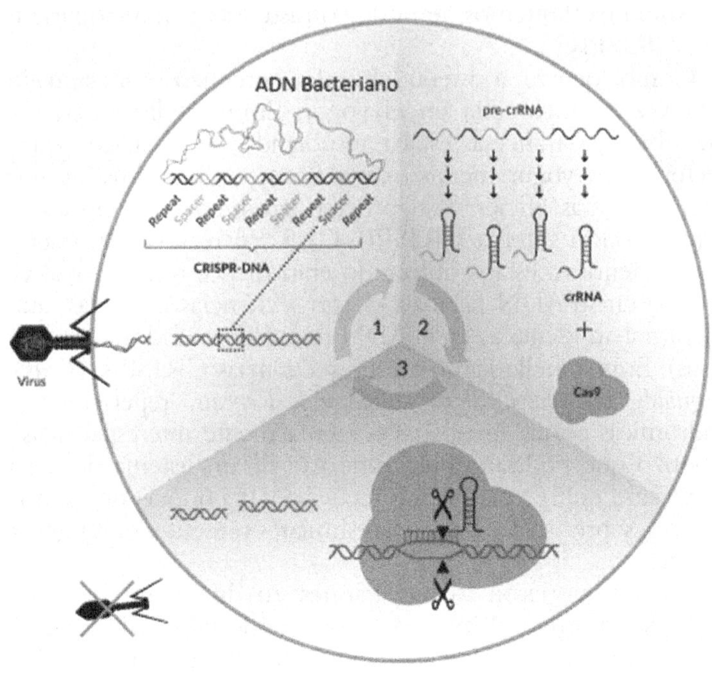

En este esquema se sintetiza el mecanismo de funcionamiento del sistema CRISPR/Cas9. Fase 1: el virus (bacteriófago) infecta a la célula bacteriana e inserta el ADN viral en su interior. Fase 2: La bacteria, a partir de la secuencia CRISPR, transcribe el ARNcr, complementario a la secuencia viral, que es usado como molde (Fase 3) por la enzima endonucleasa Cas9, para cortar y destruir el ADN del virus. Foto modificada de Pflanzenforschung.de, Wikimedia Commons.

nuestros días), la verdadera esperanza del sistema CRISPR/Cas9 la encontramos en sus posibles aplicaciones en el campo de la terapia génica.

Para cumplir con su función, la CRISPR usa el ARN como guía: este ácido, complementario al fragmento de ADN (gen) que se desea eliminar, reconoce este fragmento. En este momento, puede entrar en acción la enzima Cas9, que corta, con la precisión de un bisturí, el ADN seleccionado.

Pensad por ejemplo en virus como el VIH (causante del SIDA) o el VHC (responsable de la hepatitis C). Cuando estos virus infectan células humanas, parte de su ARN termina en el

ADN de las células infectadas. En el primer caso, en el interior de ciertos glóbulos blancos del sistema inmunitario (lo cual produce su debilitamiento, hasta provocar el SIDA); en el segundo caso, en las células del hígado (con la consecuente hepatitis crónica, cirrosis o carcinoma hepatocelular). El CRISPR podría destruir el material genético de ambos virus: una nueva y extraordinaria oportunidad terapéutica que no necesita fármacos.

¿Y en lo que respecta a los dinosaurios? No desesperen, ¡siempre se puede esperar un golpe de suerte!

60

¿Cómo se crean las bibliotecas de genes?

Podemos comparar el ADN con un gran libro de recetas, donde cada gen representa la receta para elaborar una proteína. Como todo libro que se precie, necesitará una biblioteca; y en este caso, al ser un libro hecho con genes, necesitará una genoteca.

Una genoteca es el conjunto de fragmentos clonados que se corresponden con el genoma de una célula, y que se han transferido a un vector (ver pregunta 47, «¿Cómo se clona un gen?»). Incluso a pesar de que cada célula posee un solo genoma, las genotecas que se pueden obtener fragmentando su ADN contienen un número diverso de fragmentos, en función de la técnica utilizada para obtenerlos. Utilizando como ejemplo una célula humana, las veintitrés parejas de cromosomas que nos forman podrían ser consideradas una colección que contiene el genoma entero de nuestra especie. Cada cromosoma sería un volumen de la colección, y contendría como media ochenta millones de pares de bases de ADN, que codificarían para un millar de genes.

Una molécula así de grande no es muy útil a la hora de estudiar la organización del genoma o aislar un gen particular. Por esto, mediante enzimas de restricción, capaces de romper el ADN, los biólogos fragmentan los cromosomas humanos en piezas más pequeñas. Estos fragmentos de material genético constituyen una genoteca, donde la información está contenida en un número mayor de pequeños volúmenes, cada uno de ellos insertable en un vector, con el que podrá ser transferido a una célula huésped.

Si como huésped se utiliza una bacteria, la proliferación de una sola célula da origen a una colonia de células recombinantes, y cada una de ellas alberga muchas copias del mismo fragmento de ADN humano. Cuando los vectores utilizados son plásmidos, para construir una biblioteca del genoma humano harían falta cerca de doscientos mil fragmentos distintos. Si se utiliza el fago λ, un virus capaz de transportar una cantidad de ADN casi cuatro veces superior a un plásmido, el número de volúmenes puede descender a unos cincuenta mil.

Puede obtenerse una biblioteca de ADN de dimensiones mucho menores si se almacenan solo genes transcritos para un tejido particular, que pueden obtenerse a partir del ADN complementario o ADNc. Esta biblioteca se hace a partir de los ARN mensajeros (ARNm) que, como explicamos en preguntas precedentes (ver pregunta 21, «¿Qué diferencia existe entre ARN y ADN?»), son el resultado de la transcripción de las secuencias codificantes del ADN, y son capaces de salir del núcleo y ser usados como «moldes» para la síntesis de proteínas (ver pregunta 24, «¿Cómo se fabrican las proteínas?»).

La primera etapa en la producción de ADNc es la extracción de ARMm de un tejido. Este ARNm funciona entonces como molde para la enzima transcriptasa inversa, capaz de sintetizar ADN a partir de ARN. Se forma así un filamento de ADNc, complementario al ARNm de partida. Como el ARNm es a su vez complementario al ADN, el ADNc formado será idéntico al ADN genómico, pero en lugar de contener toda la secuencia presente en los cromosomas, solo contendrá un fragmento de ADN, aquel codificante para una proteína (lo que llamamos gen).

El conjunto formado por los ADNc obtenidos de un tejido particular en un momento determinado del ciclo biológico de un organismo se denomina biblioteca de ADNc. Los ADNc no duran mucho tiempo en el citoplasma, y a menudo están presentes en pequeñas cantidades, por lo que una biblioteca de ADNc es una buena manera de fijar en el tiempo el patrón de transcripción de la célula y obtener una instantánea de todas las lecturas de genes presentes en una célula en un momento dado (transcriptoma).

Las bibliotecas de ADNc se han confirmado como herramientas de enorme utilidad al comparar la expresión de genes en diferentes tejidos y en distintas fases de desarrollo. El uso de estas bibliotecas ha demostrado, por ejemplo, que un tercio de todos los genes de un animal se expresan solo durante el desarrollo prenatal. El ADNc es también un excelente punto de partida para la clonación de genes eucarióticos, especialmente para los genes que se expresan a niveles bajos y en pocos tipos celulares.

Ahora bien, ¿para qué sirven estas genotecas? Una genoteca de este tipo es como un banco donde sacar el ADN que interesa. En la práctica, la genoteca proporciona el ADN en un formato rápido y fácil de usar, por ejemplo, para mapear o aislar un gen. Pero ¿cómo «rescatamos» un gen dentro de una biblioteca, visto que no existe un índice donde buscar? Para seleccionar un gen se utiliza una de las técnicas más usadas en biología molecular: la hibridación de ácidos nucleicos. Con esta técnica, se usan poblaciones bien caracterizadas de ácidos nucleicos u oligonucleótidos (sondas) para identificar secuencias específicas y a menudo escasamente definidas de ácidos nucleicos.

La hibridación de los ácidos nucleicos se basa en la especificidad en el apareamiento entre bases. Las moléculas de ácido nucleico de la sonda y la muestra experimental se llevan al estado de cadenas sencillas, y se mezclan entre ellas para permitir el apareamiento de la sonda y cualquier secuencia, total o parcialmente complementaria a ella (secuencia diana) que se encuentre en la muestra a analizar, con la consecuente formación de moléculas heterodúplex.

Para poder reconocer los fragmentos que se han apareado, se utilizan piezas de ADN marcado (con bases fluorescentes o radiactivas), de forma que podamos encontrar las secuencias buscadas, que se habrán unido como piezas de lego a las sondas marcadas. A menudo, estas mismas sondas son utilizadas como cebadores para la reacción en cadena de la polimerasa (PCR), técnica que permite amplificar una secuencia específica de ADN (ver pregunta 48, «¿Puedo identificar a un asesino con una gota de sangre?»).

Una genoteca para ser útil debe estar completa y ser representativa, por lo que debe contener todo el genoma de un organismo, y cada parte del genoma debe estar igualmente representada. La creación de las genotecas ha supuesto un paso decisivo para la ciencia, haciendo manejable al ADN y, sobre todo, haciéndolo accesible a todos.

61

¿Para qué sirven los biochips?

Imaginemos un ordenador formado por microprocesadores, en el que en lugar del silicio tradicional se utiliza materia orgánica. Un ordenador a base de ADN o proteínas, capaz de analizar nuestro genoma de forma instantánea. ¿Y si te dijera que ya existe?

La informática y el análisis computacional están permitiendo cruzar límites que parecían imposibles, y los genetistas se están convirtiendo, cada día más, en ingenieros electrónicos. Como ya sabemos, millones de genes y los productos generados por ellos (ARN y proteínas) participan de manera compleja y coordinada en los mecanismos que hacen posible la vida de todos los organismos. Los biólogos, si bien eran conscientes de la enorme complejidad de los seres vivos, no tenían, hasta hace poco, las tecnologías de investigación apropiadas para abordar su estudio.

La biología molecular tradicional operaba, de hecho, sobre la base del criterio de «un experimento, un gen», adecuado para aclarar procesos biológicos sencillos, pero absolutamente insuficiente para afrontar el estudio del desarrollo y funcionamiento de un organismo en su conjunto. La tecnología del biochip de ADN desarrollada en los últimos años ha suscitado un enorme interés y promete ser capaz de dar respuesta a este desafío. Se trata, de hecho, de una técnica que permite examinar en paralelo, de forma rápida y económica, el genoma entero de un organismo, o la totalidad de sus productos, sobre una simple placa de cristal o silicio, un chip.

La tecnología del biochip se basa en la propiedad que tienen los ácidos nucleicos (ADN y ARN) para hibridarse, esto es, unirse con cadenas cuyas secuencias sean complementarias a ellos, según los principios de apareamiento de bases descubiertos por Watson y Crick. Esta característica de los ácidos nucleicos es responsable de muchas de sus propiedades biológicas. Por ejemplo, gracias a esto, un ácido nucleico puede funcionar como sonda específica para el reconocimiento de su secuencia complementaria, permitiendo así identificarla incluso dentro de una mezcla. Este proceso de hibridación es extremadamente selectivo, específico y sensible.

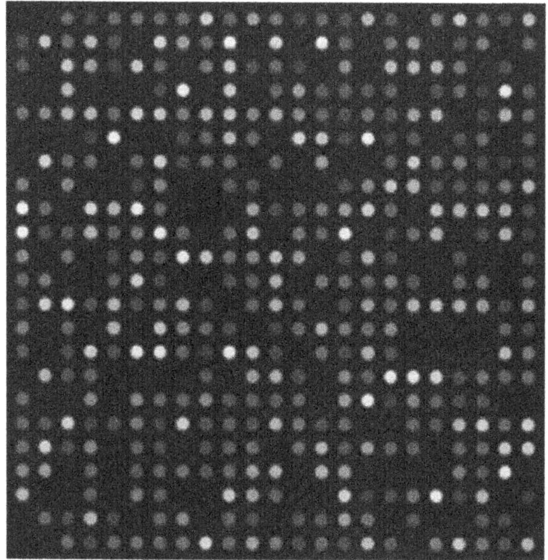

En un biochip las secuencias están unidas al soporte de acuerdo
a un patrón ordenado y determinado, de modo que es posible
identificar qué secuencias génicas se encuentran en cada punto. Las
secuencias pueden ser ADN, ADNc u oligonucleótidos sintéticos. El
funcionamiento del chip se basa en la hibridación molecular entre
secuencias nucleotídicas complementarias, donde la hibridación se
produce entre una secuencia diana inmovilizada sobre el soporte y una
secuencia móvil llamada sonda de ARNm, ADN o ADNc, marcada
con fluorocromo. Un ordenador es capaz de medir con precisión la
cantidad de sonda leída en cada posición del soporte y generar un
perfil de expresión génica para cada tipo celular. Foto de Guillaume
Paumier, Wikimedia Commons.

Los biochips son soportes delgados de plástico o vidrio sobre
los que se encuentran muchos miles de pocillos, cada uno de los
cuales contiene pocos picogramos (1pg $= 10^{-12}$g) de una sonda
de ADN monocatenaria determinada. Cada pocillo tiene una
sonda distinta, formando una matriz de puntos regulares.

Aprovechando el gran número de pocillos, es posible efectuar
en un solo test la búsqueda simultánea de muchísimos genes,
realizando en pocas horas algo que hace un tiempo hubiera re-
querido años de trabajo de laboratorio.

El uso de moléculas fluorescentes hace que la detección
de los pocillos en los que se ha producido la hibridación (el

emparejamiento complementario) sea inmediata, y el color fluorescente indica rápidamente el reconocimiento de una secuencia específica, por lo que es posible efectuar un verdadero análisis genético, con el que rastrear enfermedades genéticas, disfunciones o simples características cromosómicas de forma rápida y eficaz. Las potencialidades son enormes. Solo para que el lector se haga una idea, en el tamaño de un chip (1,28 x 1,28 cm) se pueden efectuar más de cinco millones de análisis simultáneos, repitiendo cada análisis no una vez ¡sino millones de veces!

Los biochips sirven para identificar la presencia y expresión de un gen en un determinado tipo celular o, de forma más general, para trazar el perfil de expresión de ese tipo celular en un momento determinado.

Por todo lo dicho, podemos afirmar que los biochips se prestan a muchísimos usos, y su potencialidad es enorme, como por ejemplo en el campo del diagnóstico de las enfermedades genéticas. A partir de ellos es posible obtener una gran cantidad de datos, cuya gestión requiere el desarrollo de sistemas de tratamiento de la información adecuados, en cuyas manos está gran parte del futuro de la investigación en este ámbito.

62

¿Alguien puede patentar tus genes?

El conocimiento derivado de la secuenciación del genoma humano ha abierto nuevas perspectivas para el tratamiento y prevención de una amplia gama de enfermedades, desde el diagnóstico molecular a la terapia génica. A estos importantes hallazgos han contribuido entes públicos, pero también organizaciones privadas (especialmente en los Estados Unidos) que ahora, tras haber invertido ingentes cantidades de dinero, reclaman la posibilidad de sacar provecho de sus «invenciones».

Ha nacido, por tanto, un conflicto inevitable entre el progreso científico y tecnológico y la necesidad de regular el aprovechamiento por parte de los entes privados que invierten en el mismo. El problema se vuelve especialmente tenso cuando el objetivo de las patentes es el genoma humano. El interés que muchas empresas privadas mostraron desde el primer momento en el Proyecto Genoma Humano, y la investigación que de él se derivó, se basó en la posibilidad de aprovecharse económicamente de la secuenciación del ADN, tras obtener las patentes de sus fragmentos.

Pero la duda es: ¿se puede patentar aquello que existe en la naturaleza?

Partamos de una premisa: se puede patentar una invención, no un descubrimiento. De otro modo, Cristóbal Colón podría haber patentado América. Pero el problema continúa: la biotecnología, ¿es un descubrimiento o una invención?

Un organismo modificado genéticamente (OMG) —una planta, una célula, o incluso solo un fragmento de ADN— representa algo «nuevo» y no hay duda de que es fruto del ingenio humano, aunque está construido a partir de ADN preexistente, de nuestros genes, de nosotros. Si retiramos, añadimos o movemos un gen, ¿deja de ser nuestro?

Otro problema es que los OMG (células, bacterias, plantas, animales) son a menudo cosas vivas. ¿Es posible patentar la vida? Quizá las nuevas tecnologías requieran una nueva distinción entre lo que existe y lo que no existe en la naturaleza, además de la clásica diferencia entre lo vivo y lo inerte.

Pasemos a ejemplos prácticos. En 1990, Myriad —una sociedad privada estadounidense activa en el sector de la biotecnología— descubrió la secuencia de dos genes (BRCA1 y BRCA2). Las mutaciones de estos genes identifican una población con mayor riesgo de desarrollar cáncer de mama y ovario. Conocedora de esto, Myriad desarrolló pruebas para la identificación de mutaciones en BRCA1 y BRCA2. Estas pruebas eran conocidas solamente entre los expertos de la materia, hasta que saltaron a la fama cuando la actriz Angelina Jolie reveló haber sido sometida a una intervención de doble mastectomía preventiva, tras descubrir ser portadora de la mutación. En el año 1995, Myriad reclamó la patente del test para detectar mutaciones en BRCA1 y BRCA2.

Debemos señalar que diversas instituciones públicas de investigación habían contribuido al descubrimiento, pero Myriad —tratando de obtener el máximo beneficio— se atribuyó el derecho a la patente al ser totalmente responsable del test diagnóstico. Un conjunto de médicos, genetistas, investigadores, asociaciones feministas y mujeres enfermas de cáncer de mama recurrieron la solicitud de patente ante el tribunal del distrito de Nueva York. En 2009, este tribunal rechazó la solicitud de patente, argumentando que no se podía patentar un producto que ya existe en la naturaleza (los genes y sus mutaciones no son producto del ser humano, por lo que en la práctica no son una invención).

Obviamente la historia no acaba aquí. Myriad apeló contra la sentencia del Tribunal del Distrito. El Tribunal Federal de Apelación (con dos votos a favor y uno en contra) se pronunció a favor de Myriad: las moléculas de ADN eran patentables porque los métodos para su aislamiento eran fruto de invenciones humanas.

Pero la historia tampoco acaba aquí, y la última palabra llega en junio de 2013, cuando el Tribunal Supremo de Estados Unidos declara por unanimidad que las patentes de genes no son admisibles porque los genes existen en la naturaleza; los genes no pueden ser patentados por el simple hecho de haber inventado un método para aislarlos. Fue una sentencia histórica.

Sin embargo, en otros países como Australia, lo interpretan de forma distinta, considerando un ácido nucleico natural pero aislado como una «materia de fabricación» y, por tanto, una invención.

Ante estas diferentes sentencias en Estados Unidos y Australia, queda demostrado que el tema de la biogenética y las patentes de ADN u otro material biológico (por ejemplo, las células del cordón umbilical) siguen siendo una cuestión abierta y controvertida. El problema de fondo continúa siendo que la patentabilidad de los organismos vivos (sobre todo si son de origen humano) supone una especie de inversión en valores que puede derivar hacia peligrosas formas de mercantilización de la vida.

Por otro lado, es innegable que la investigación científica, el progreso y la cura de muchas enfermedades pasan indudablemente por la aportación de fondos privados, que esperan un beneficio a cambio. En resumen, es la eterna lucha entre el sentido común y el sentido de los negocios.

Tras el fallo histórico en el caso Myriad, el Tribunal Supremo de Estados Unidos ha corregido un poco el rumbo. Patentes sí, pero solo en los genes manipulados en el laboratorio, y no en aquellos tomados directamente del cuerpo humano, aunque las secuencias aisladas de ADN no pueden ser patentadas, solo los productos derivados de ellas, las secuencias sintéticas, como el ADN complementario (obtenido del ARNm de un gen).

Por todo lo visto, la impresión es que la respuesta a esta pregunta está muy lejos de ser cerrada.

63

¿Existe un Google de genes?

La era de la genómica ha sido testigo de un crecimiento exponencial de la información biológica puesta a nuestra disposición gracias a los avances en el campo de la biología molecular. En particular, la secuenciación del genoma humano y de otros organismos ha dado un fuerte impulso al sector de la bioinformática, que se ocupa del estudio del ADN y las proteínas. El gran desafío al que se enfrenta ahora la comunidad científica consiste precisamente en tratar de analizar y comprender esta enorme cantidad de datos obtenidos en el laboratorio. La bioinformática, por tanto, es una disciplina que se ocupa del desarrollo y la integración de aplicaciones de las ciencias de la información al servicio de la investigación científica en el campo biotecnológico.

Para ello, utiliza herramientas informáticas con las que analizar datos biológicos que describen secuencias de genes, composición y estructura de proteínas, procesos bioquímicos en las células, etc. La bioinformática se ocupa, entre otras cosas, de organizar el conocimiento adquirido a nivel global sobre el genoma y el proteoma en bases de datos, con el fin de hacer que la información sea accesible a todos y optimizar los algoritmos de búsqueda de datos para mejorar esta accesibilidad.

Una de las principales actividades de los bioinformáticos consiste en el diseño, construcción y uso de bases de datos de interés biológico. Una base de datos está constituida por entradas (en inglés, *entries*), cada una de las cuales alberga información sobre un objeto característico de la base de datos: secuencias nucleotídicas, referencias bibliográficas y todas las informaciones que hagan referencia a la entrada en particular.

Sin duda, una de las bases de datos más importante y completa es la del Centro Nacional de Información Biotecnológica de Estados Unidos (NCBI, National Center for Biotechnology Information). El propósito de la NCBI es facilitar las búsquedas basadas en la biología molecular y el desarrollo tecnológico. En su página web (http://ncbi.nlm.nih.gov) está disponible y accesible la herramienta BLAST (*Basic Local Aligment Search Tool*).

BLAST es el equivalente a Google para la búsqueda de proteínas o secuencias de nucleótidos. Es decir, es un motor de búsqueda que permite, dada la secuencia de una proteína, de un gen, o cualquier cosa que salga de un experimento, encontrar en la base de datos secuencias ya existentes, idénticas o similares a ella, y averiguar su relación.

BLAST es, por tanto, un instrumento de búsqueda basado en un algoritmo que permite comparar las informaciones contenidas en las secuencias problema con las secuencias conocidas y recogidas en la base de datos. Es tan fácil como buscar una palabra en Google y, sobre todo, está disponible para todo el mundo. ¡Puede el lector probar para creer!

Si va a la página web de BLAST (http://ncbi.nlm.nih.gov/blast) y prueba a seleccionar un genoma secuenciado presente (por ejemplo, el genoma del *Homo sapiens*, o el del chimpancé) e insertar la primera secuencia que tenga a mano (o crear una, tecleando al azar las teclas A–C–G–T), rápidamente aparecerá en la pantalla una lista de resultados que representan todas las secuencias parecidas a la que se ha insertado, en orden de coincidencia decreciente.

Dicho así, parece la cosa más fácil del mundo, pero debemos considerar la enorme cantidad de datos que el programa necesita comparar para hacer un análisis de este tipo. La comparación entre una secuencia y la base de datos completa es una operación muy costosa a nivel computacional, porque requiere analizar cada una de las combinaciones posibles entre la secuencia insertada y el resto. Si no se utiliza el algoritmo preciso, considerando el número de científicos que cada día utilizan BLAST, el ordenador del NCBI terminaría saturándose. No es un problema de fácil solución: todos los días, las bases de datos de secuencias crecen, así que no basta con aumentar la potencia del ordenador, a menos que se hicieran inversiones billonarias.

Para solventar este problema, NCBI-BLAST, en lugar de realizar una alineación base por base, utiliza otros trucos. Compara

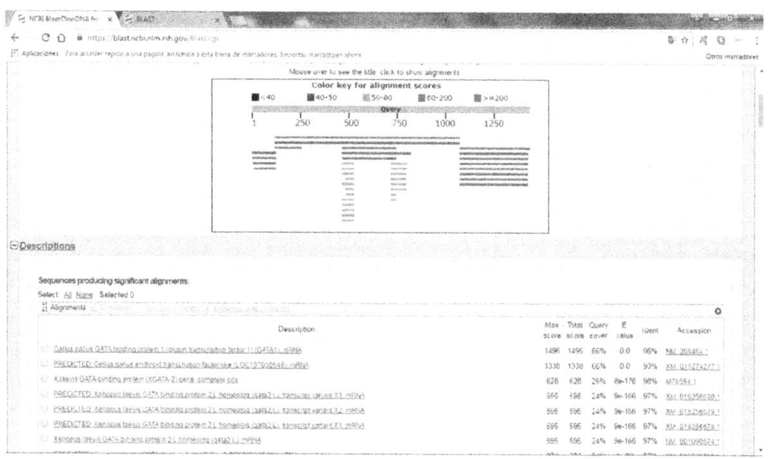

Lo que proponemos al lector es un simpático y sencillo juego bioinformático. ¿Sabían que en el famoso libro *El mundo perdido* —del que se obtuvo la secuela de Parque Jurásico— está escrita la hipotética secuencia de ADN de dinosaurio? Es posible recuperar esa secuencia en la página web del NCBI (ftp://ftp.ncbi.nih.gov/pub/FieldGuide/lostworld.txt). Si el lector prueba a copiarla y usarla para hacer un BLAST (http://ncbi.nlm.nih.gov/blast), descubrirá que los dos organismos principales usados para crear esta secuencia fueron el gallo doméstico (Gallus gallus) y la rana africana de uñas (Xenopus laevis).

parejas, tripletes o pequeñas subsecuencias cada vez, para pasar después a analizar alineamientos más largos, siendo así más razonable y veloz, lo cual permite que toda la comunidad científica pueda usarlo a la vez. Por supuesto que el uso de estos trucos implica pequeños inconvenientes: los resultados obtenidos pueden no ser exactamente los mejores posibles, o pueden estar en el orden equivocado. Pero lo obtenido siempre son resultados satisfactorios.

Del mismo modo que se pueden usar motores de búsqueda de muchas maneras diversas, también BLAST puede ser utilizado para hacer distintas cosas. Por ejemplo, imaginemos que tenemos la secuencia de un gen humano: si la comparamos con el genoma de otro organismo —como un ratón— podríamos encontrar una posible secuencia ortóloga (secuencia que presenta homologías con la estudiada, indicativo de un origen común).

También se pueden comparar dos secuencias entre sí, en lugar de contrastar una con la base de datos, una práctica muy útil en las técnicas de biología molecular. Así podríamos, cómodamente y desde casa, descubrir cuántos genes tenemos en común con un primate, con un ratón o con una levadura. Actualmente se puede analizar en BLAST casi todo: ADN, ARN, proteínas, ADNc… Y los análisis bioinformáticos se han convertido en el punto de partida de casi cualquier estudio genético.

Además, la disponibilidad de las bases de datos genómicas y el desarrollo de algoritmos cada vez más complejos han abierto enormes posibilidades para la caracterización de todas las porciones de ADN que habían sido definidas como «basura» cuando se ignoraba su relevancia biológica. El análisis de las secuencias permite identificar regiones repetidas en el interior del genoma, e hipotetizar y predecir posibles funciones reguladoras de las mismas.

En conclusión, y como hemos visto, nuestro código genético está solo a un clic de distancia.

V

ALTERACIONES GENÉTICAS

64

¿POR QUÉ LOS ALBINOS TIENEN EL PELO BLANCO?

Piel pálida como la leche, cabellos blancos y ojos tan claros que les cuesta adaptarse a la luz del sol. Alrededor del mundo, los albinos muchas veces son víctimas de prejuicios, superstición, marginación social o discriminación. En África, son los «negros blancos» y a menudo son, literalmente, perseguidos. En origen, el término 'albino' se utilizaba para señalar a los negros de África occidental que mostraban una pigmentación blanca, pero actualmente se utiliza para aquellos individuos que padecen una anomalía genética hereditaria (el albinismo), que consiste en la falta total o parcial del pigmento de la piel, el pelo o el iris del ojo.

La piel pálida, el cabello rubio, casi blanco, y los ojos azules muy enrojecidos son peculiaridades del albinismo debido a un déficit en la producción de la enzima tirosinasa, responsable de la síntesis de la melanina, nuestro principal filtro solar natural. Las personas albinas son incapaces de transformar la tirosina en melanina, debido a la ausencia de la enzima tirosinasa, lo que provoca el bloqueo de esa ruta metabólica. A pesar de estas características externas tan llamativas, el principal problema al que se enfrentan estas personas es a menudo la baja agudeza visual. El nombre correcto de esta enfermedad, de hecho, es albinismo oculocutáneo, precisamente porque no solo afecta a la piel y el cabello, sino también a la visión.

El albinismo es una afección genética que se detecta, en mayor o menor medida, en todos los rincones del planeta. Forma parte de la lista de las enfermedades raras, razón por la que es poco conocida y escasamente estudiada. De hecho, casi todos sabemos reconocer los aspectos más visibles de una persona albina, pero casi nadie es consciente de los problemas y dificultades que estas personas viven cada día.

Esta enfermedad sigue un patrón de herencia autosómica recesiva, esto significa que el alelo mutado que provoca el déficit de tirosinasa está localizado en un autosoma (cromosoma no implicado en la determinación del sexo, es decir, no está en el cromosoma X o Y); y por otro lado, para expresarse el fenotipo albino son necesarios dos alelos recesivos del gen (ya que la presencia de un solo alelo dominante no mutado bastaría para determinar la producción normal de tirosinasa).

Las enfermedades autosómicas se transmiten de los progenitores a los hijos acorde a las leyes de Mendel, y se dividen en dos categorías (recesivas o dominantes) en función del mecanismo de transmisión que las caracterice.

Las enfermedades autosómicas recesivas son causadas por la mutación de un solo gen, formado por dos alelos: uno heredado de la madre, y otro del padre. Para que la enfermedad se manifieste, es necesario que el hijo herede el alelo recesivo mutado de ambos progenitores; si, en cambio, hereda un alelo mutado y otro normal, se dice que es portador sano de la enfermedad. Ser portador no implica tener la patología, sino contar en el ADN con un alelo mutado, que puede ser transmitido a las generaciones sucesivas. Normalmente, los padres de un niño enfermo no manifiestan la enfermedad, ya que son portadores sanos: ambos presentan un alelo dominante sano y un alelo recesivo mutado, pero transmiten al hijo este último, de forma que el descendiente expresa la enfermedad.

Ejemplos de enfermedades autosómicas recesivas son: la fibrosis quística, la fenilcetonuria, la anemia falciforme o el albinismo. El hijo de dos portadores sanos tiene una probabilidad sobre cuatro (un 25 %) de heredar el alelo mutado de ambos padres

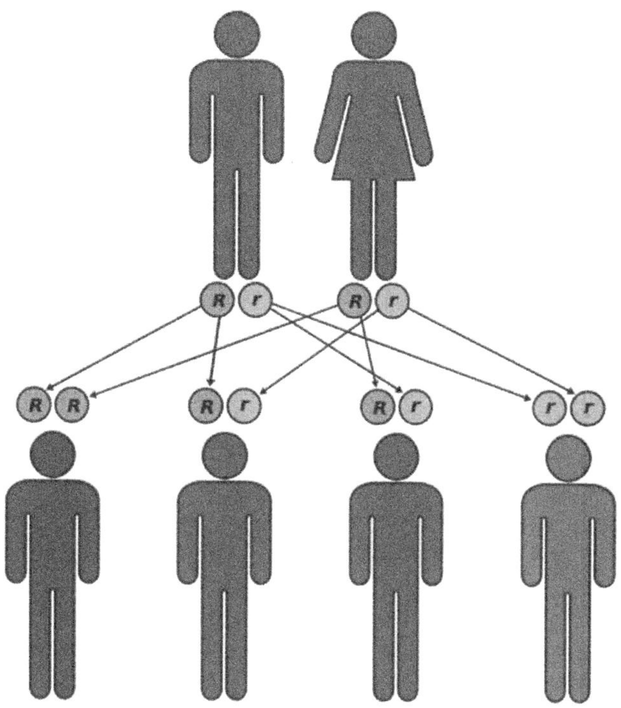

En las enfermedades autosómicas recesivas se debe heredar de ambos padres un gen mutado responsable de la enfermedad para que esta se manifieste. Por tanto, solo los individuos homocigóticos pueden estar afectados por estas patologías, dado que la expresión de un solo gen no mutado sería suficiente para el funcionamiento normal del organismo. Como se muestra en la figura, dos progenitores completamente sanos pero portadores del gen mutado (heterocigóticos Rr) pueden, con una probabilidad del 25 %, generar un individuo enfermo, homocigótico para ambos alelos recesivos (rr), o completamente sano, homocigótico para los alelos dominantes (RR). A su vez, tienen un 50 % de probabilidades de tener un hijo sano pero portador del gen mutado (Rr). Imagen de Radio89, Wikimedia Commons.

(y, por tanto, ser afectado por la patología). Hay dos posibilidades entre cuatro (50 %) de que el bebé herede un alelo mutado de un progenitor y un alelo sano del otro (en este caso, el hijo será portador sano de la enfermedad); y, por último, hay una probabilidad entre cuatro (25 %) de que el hijo herede ambos alelos no mutados (en este caso, ni padecerá ni será portador de la enfermedad).

Estos eventos son completamente aleatorios y los porcentajes se mantienen invariables en cada embarazo. El sexo del recién nacido no influye en la transmisión de estas patologías hereditarias, dado que el gen que las causa está localizado en autosomas, cromosomas no sexuales. Si los miembros de la familia son portadores sanos de la patología sin saberlo, el bebé recién nacido puede ser el primero en manifestarla.

Por el contrario, se dice que una enfermedad sigue una herencia autosómica dominante cuando el gen involucrado en la misma también está localizado en una de las veintidós parejas de autosomas pero el carácter patológico es dominante. Esto es, con la presencia de un solo alelo dominante, causante de la enfermedad, esta se manifiesta. Ejemplos de enfermedades autosómicas dominantes son la hipercolesterolemia familiar y la osteoporosis. Los sujetos afectados generalmente nacen de uniones entre un progenitor enfermo y uno sano.

Pongamos un ejemplo: para un gen dado, el alelo normal se indica como a, y el mutado como A. Tenemos una madre enferma heterocigótica Aa (posee un alelo normal y uno mutado) que produce óvulos que pueden contener uno de estos dos alelos; imaginemos un padre sano, que solo producirá espermatozoides con el alelo normal a. Según el tipo de gametos que se fusionen en el momento de la fecundación, se pueden generar, con un 50 % de probabilidades, hijos que no hereden ningún alelo mutado de sus progenitores (homocigóticos aa), y que nunca transmitirán el alelo mutado; y, con otro 50 % de probabilidades, pueden nacer hijos afectados, que habrán recibido un alelo normal del padre y un alelo mutado de la madre (serán, por tanto, heterocigóticos Aa). Estos últimos tendrán, a su vez, probabilidades de transmitir a sus posibles hijos el alelo mutado A.

Tanto las enfermedades autosómicas que se transmiten de forma dominante como las que lo hacen de forma recesiva afectan por igual a todas las personas, sean hombres o mujeres, ya que no están relacionadas con los cromosomas X o Y que determinan el sexo. En preguntas sucesivas veremos qué ocurre cuando las enfermedades hereditarias sí se encuentran en estos cromosomas.

65

La hemofilia, una enfermedad real, ¿por qué afecta solo a los hombres?

Los descendientes masculinos de la reina Victoria no tuvieron una vida fácil, todos ellos contaron con una salud muy delicada. Leopoldo, uno de los hijos de la monarca británica, murió a causa de una hemorragia después de resbalar y caerse al suelo. El nieto de Victoria, Friedrich, falleció desangrado a la edad de nueve años; mientras que otros dos nietos, Leopold y Maurice, pasaron a mejor vida a la prematura edad de treinta y dos y veintitrés años. El «mal real» se extendió después entre las familias reales europeas a partir de los matrimonios de los descendientes de la reina Victoria, acarreando graves consecuencias para las monarquías de Alemania, Rusia y España. Pero ¿qué mal afectaba a la estirpe de la reina británica? Y ¿por qué pagaron las consecuencias solo los varones?

A partir de los síntomas, alrededor de los años setenta algunos investigadores reconocieron este «mal real» como hemofilia, una enfermedad hereditaria que impide la coagulación sanguínea, aunque los estudiosos carecían de pruebas contrastadas. Una nueva investigación basada en algunos análisis de ADN efectuados sobre los huesos de los Romanov (la última familia real rusa) pareció confirmar la hipótesis de hemofilia.

Según los autores de la investigación, el «mal real» no era más que una forma rara de hemofilia perteneciente al subtipo B. Esta patología impide a la sangre coagular, lo que expone a las personas afectadas a numerosos peligros ligados al desangramiento como consecuencia de una herida externa, o a la posibilidad de morir por una grave hemorragia interna.

La hemofilia se debe a un defecto en los genes que codifican para los factores de coagulación de la sangre. En los pacientes hemofílicos el proceso coagulador se altera porque el factor VIII (hemofilia A) o el factor IX (hemofilia B) de coagulación son poco activos, inactivos, o están presentes en cantidades insuficientes para iniciar y mantener de forma adecuada la formación del coágulo. Esta enfermedad se transmite de generación en generación de forma recesiva (esto es, no se manifiesta en presencia del alelo normal no mutado).

Estas alteraciones de la actividad o de los niveles de los factores de coagulación dependen de los defectos (mutaciones) en los genes responsables de su producción, localizados en el cromosoma sexual X. En las mujeres existen dos copias de este cromosoma (XX), mientras que el hombre tiene solo una copia, acompañando al cromosoma Y (XY), portador de los caracteres sexuales masculinos. Normalmente, lo que se altera es el gen para el factor VIII o IX de la coagulación presente en un solo cromosoma X; por esta razón, los hombres que posean este gen mutado, serán siempre hemofílicos (ya que solo tienen una copia de este cromosoma), mientras que en las mujeres, que poseen dos copias, incluso cuando una de ellas está mutada, el cromosoma X sano es capaz de asegurar la producción de factores de coagulación suficientes para un funcionamiento fisiológico adecuado.

La mujer es, en este caso, portadora de la enfermedad (aunque no la padezca) y, como tal, tiene una probabilidad del 50 % de transmitir a sus descendientes el gen mutado de la hemofilia. En este caso, si el descendiente es varón, desarrollará con toda seguridad la enfermedad. Por el contrario, si el recién nacido es una niña, el cromosoma X materno alterado se une a un cromosoma X paterno sano, y la recién nacida será portadora sana.

Con otro 50 % de probabilidad, el hijo heredará de la madre un cromosoma X sano. Teniendo en cuenta que el padre no era hemofílico, todos los hijos nacerán sin problemas de coagulación, independientemente del sexo, y no podrán transmitir este alelo mutado a las generaciones sucesivas.

Puede suceder, en muy raras ocasiones, que la mujer enferme de hemofilia. Esto ocurre cuando la hija recibe un cromosoma X mutado de un padre hemofílico, y un cromosoma X mutado de una madre portadora. Además, existe otra posibilidad, también poco frecuente, que es que el cromosoma X con el defecto genético de la hemofilia de la pareja XX sea compensado con el cromosoma X sano. Esto puede suceder en dos casos: cuando el cromosoma X sano se apaga erróneamente (por el proceso fisiológico que se produce en todas las mujeres, que prevé el silenciamiento de alrededor del 50 % de los cromosomas X) o por un defecto genético presente desde la concepción, por el que uno de los cromosomas X está ausente (situación rara, que se da en las mujeres que presentan un solo cromosoma X). En este

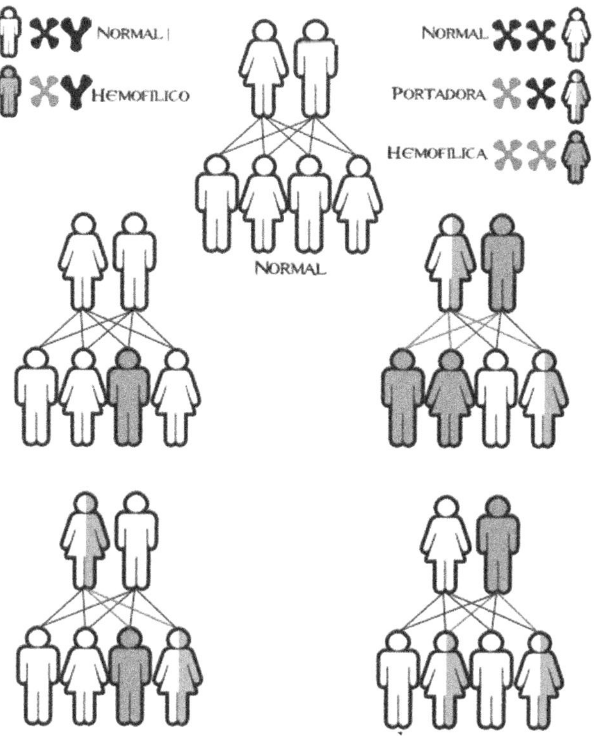

La hemofilia es el ejemplo típico de trastorno genético que afecta casi exclusivamente a los hombres. En realidad, es una enfermedad hemorrágica hereditaria cuya transmisión es recesiva y ligada al cromosoma X, razón por la cual se manifiesta generalmente en hombres (transmisión diagínica). Sin embargo, las mujeres implicadas, salvo en raras ocasiones, no manifiestan la enfermedad pero pueden ser portadoras sanas y transmitirla a sus hijos. La única forma de que una mujer herede la enfermedad es que sea descendiente de una portadora sana y un individuo enfermo, y aun así solo tendría un 50 % de posibilidades de enfermar. Imagen de Andrey Yanusckiewicz, Wikimedia Commons.

último caso, el defecto coagulativo se asocia con otras anomalías de tipo hormonal, del desarrollo sexual y el crecimiento (es el llamado síndrome de Turner).

En el caso en que el padre sea hemofílico y la madre sana, los hijos varones serán todos sanos (al recibir siempre un cromosoma X materno sano), mientras que las hijas mujeres serán todas portadoras del gen con el defecto para la hemofilia (portadoras obligadas), al haber recibido del padre un cromosoma X alterado.

La hemofilia es un ejemplo típico de las denominadas enfermedades genéticas ligadas al sexo, debidas a genes localizados en un cromosoma sexual (X o Y); en la gran mayoría de los casos, son causadas por mutaciones en los genes presentes en el cromosoma X, ya que el cromosoma Y porta un número muy reducido de genes, y las mutaciones en este cromosoma masculino están generalmente ligadas a desórdenes en la diferenciación sexual.

Aunque la mayoría de las enfermedades ligadas al cromosoma X siguen una transmisión recesiva (como la hemofilia), existen formas raras de enfermedades genéticas ligadas al cromosoma X que siguen una transmisión dominante. Esto significa que, si la mujer hereda un cromosoma X normal y un cromosoma X con la mutación, el gen mutado domina sobre el gen normal, y la enfermedad se manifiesta. Si es un hombre el que hereda el cromosoma X con la mutación, será afectado sin duda (ya que solo cuenta con ese cromosoma X). Una mujer (heterocigótica) tendrá por tanto una probabilidad entre dos (50 %) de transmitir la enfermedad a sus hijos, mientras que un hombre afectado (heterocigótico) tendrá hijos normales (a los que solo transmite el cromosoma Y) pero todas sus hijas estarán afectadas.

66

¿Podemos tener ADN de más?

El 21 de marzo, no podía ser elegida otra fecha, se celebra el Día Mundial del síndrome de Down. El día 21 porque el «defecto» (una palabra horrible) afecta a ese cromosoma, y tres (marzo es el tercer mes) porque este síndrome implica tener tres copias del cromosoma 21. Se trata de un evento creado para aumentar la conciencia y el conocimiento sobre el síndrome de Down, para crear una nueva cultura de la diversidad y promover el respeto y la inclusión social de todas las personas afectadas. Ahora bien, ¿en qué consiste este síndrome?

El síndrome de Down es una condición de origen genético en la que las personas afectadas poseen una copia de más del cromosoma 21. Por esta razón, esta afección también recibe el nombre de trisomía 21. Descrito por primera vez en 1866 por John Langdon Down, la evidencia de que era un cromosoma de más el causante de la enfermedad fue descrita en 1959 por el genetista Jérôme Lejeune. Para definir sus efectos, el científico utilizó una comparación musical: «los genes son como músicos que leen sus partituras, cuando todo va bien, todos la leen a la misma velocidad, y la sinfonía es perfecta; pero si hay un músico de más, como en el caso de la trisomía 21, es como si ese músico fuese demasiado deprisa. Seguiría haciendo música, pero cambiando el ritmo». Un artista fuera del coro, capaz de hacer fantásticas sinfonías… para quien sepa escucharlas.

El síndrome de Down es una de las anomalías del cariotipo humano más frecuentes y conocidas.

El cariotipo es el patrimonio cromosómico de un individuo. Todas las células de un ser humano contienen cuarenta y seis cromosomas, divididos en veintitrés parejas, a excepción de las células sexuales (óvulos en mujeres y espermatozoides en hombres), que contienen veintitrés cromosomas. En el momento de la fecundación del óvulo por parte del espermatozoide, se restablece la dotación cromosómica normal, por lo que el embrión tendrá cuarenta y seis cromosomas (23 + 23). Durante el proceso de formación de los gametos femeninos y masculinos, pueden darse errores que conducen, por ejemplo, a la formación de óvulos con veinticuatro cromosomas en lugar de veintitrés. Si un óvulo que contiene veinticuatro cromosomas es fecundado por un espermatozoide con veintitrés cromosomas, da lugar a un embrión con una dotación de cuarenta y siete cromosomas (24 + 23) que, generalmente, estará asociado a un cuadro clínico patológico. Las anomalías numéricas, llamadas aneuploidías, pueden ser «en exceso» o «por defecto», comprenden tanto a cromosomas sexuales como a autosomas, y en la mayor parte de los casos son incompatibles con la vida.

La anomalía numérica «en exceso» más frecuente de los autosomas es la trisomía, esto es, la presencia en el cariotipo de un cromosoma de más en una de las parejas (que, por tanto, se convertirá en un trío). La más común precisamente es la trisomía 21 (presencia de tres cromosomas 21), asociada al síndrome de Down: aparece con una frecuencia de uno de cada mil nacidos, y

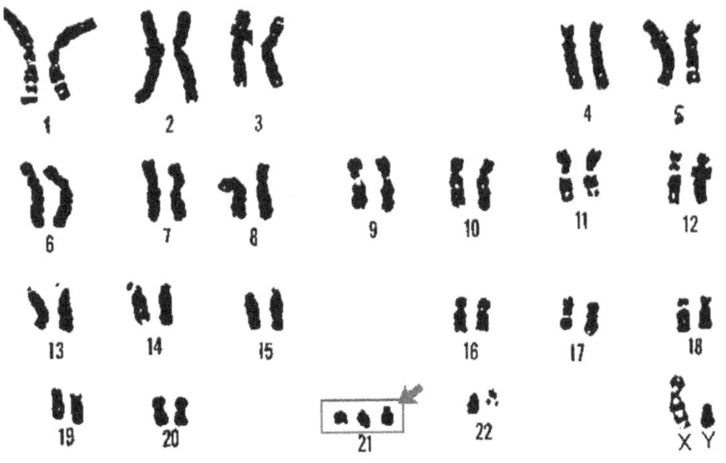

Si se compara el cariotipo de esta imagen con aquel que vimos en la pregunta 4, se verá solo una pequeña diferencia, aparentemente insignificante: en lugar de dos, hay tres copias del cromosoma 21. A pesar de ser pequeño, este exceso de ADN es suficiente para convertir en especial a la persona que lo posee. La trisomía del cromosoma 21 es la anomalía numérica más extendida, y se debe a un reparto desigual de los cromosomas durante la división celular, de manera que las dos copias del cromosoma se quedan en la misma célula hija, dando lugar a óvulos y espermatozoides con dos cromosomas 21. Afortunadamente, en menos de cien años, la esperanza de vida de las personas afectadas por este síndrome ha aumentado de diez a unos sesenta años. Tal incremento se ha debido a la mejora de su calidad de vida a todos los niveles. Especialmente crucial ha sido el avance en la intervención para eliminar o reducir los defectos cardíacos. Imagen del *U.S. Departament of Energy Human Genome Program*, Wikimedia Commons.

conlleva retraso mental, dimorfismo facial, cardiopatías, etc. Más rara es la trisomía 18 (síndrome de Edwards, en uno de cada ocho mil nacidos) y la trisomía 13 (síndrome de Patau, uno de cada diez mil nacidos), que generalmente es causa de aborto temprano, muerte fetal o en los primeros meses de vida.

Las anomalías numéricas «por defecto» son monosomías, es decir, el déficit de uno o dos cromosomas de una pareja, con lo que la dotación cromosómica será de cuarenta y cinco o cuarenta y cuatro cromosomas. Las monosomías de los autosomas no permiten la supervivencia del embrión, y se traducen en un aborto temprano.

Recordemos que se habla de mosaico genético o mosaicismo cuando se verifica la presencia de dos o más líneas celulares, genéticamente distintas, en un mismo individuo. Las alteraciones cromosómicas numéricas pueden ser homogéneas, si el organismo tiene una sola línea celular con la anomalía (todas las células analizadas presentan un cariotipo patológico), o en mosaico, si coexisten células anómalas y células con cariotipo normal.

Una dotación cromosómica en la que cada cromosoma esté presente por triplicado se llama triploidía (sesenta y nueve cromosomas totales). La causa más frecuente que origina triploidías es la fecundación de un óvulo (veintitrés cromosomas) por parte de dos espermatozoides (23 + 2 x 23 = 69 cromosomas) o por parte de un espermatozoide que, durante su maduración, no ha reducido a la mitad su número de cromosomas (23 + 46 = 69 cromosomas). Generalmente, los embriones con triploidía sufren un aborto espontáneo dentro del primer trimestre del embarazo.

Las anomalías cromosómicas, de hecho, son responsables de cerca del 50 % de los abortos espontáneos, y son la causa más importante de malformaciones en los fetos.

67

¿CÓMO SE HEREDA EL SÍNDROME DE DOWN?

Cuando hablamos de enfermedades genéticas, tendemos a pensar automáticamente que estas son hereditarias, es decir, que se transmiten de padres a hijos. Pero ¿esto es siempre así?

Todos conocemos el síndrome de Down, y una de las preguntas más frecuentes sobre esta afección es el modo en que se hereda. Intentaremos aclararlo.

Como hemos visto en la pregunta anterior, el síndrome de Down es una trisomía del cromosoma 21, causada por la presencia de una copia extra del cromosoma 21 (entero, o de una porción del mismo, denominada porción crítica). El síndrome de Down se presenta con una incidencia estimada en torno a 1/600-1/1.000 nacimientos. Desde el punto de vista genotípico, hay tres tipos de anomalías cromosómicas en este síndrome: la trisomía 21 libre o simple, la trisomía 21 libre por mosaicismo y la trisomía 21 por translocación.

En la trisomía 21 libre (95 % de los casos), todas las células del organismo tienen tres cromosomas 21 en lugar de dos. La causa es la no disyunción de la pareja de homólogos del 21, ocurrida en el 90 % de los casos durante la meiosis que origina los óvulos, y en el 10 % de los casos durante la meiosis que da lugar a los espermatozoides (ver pregunta 8, «¿Cómo transmito mi ADN sin perderlo?»).

Por otro lado, la trisomía 21 por mosaicismo (2 % de los casos) se caracteriza por la presencia tanto de células normales con cuarenta y seis cromosomas, como de células con cuarenta y siete cromosomas. En este caso, el reparto desigual de cromosomas se produce durante las primeras divisiones mitóticas del cigoto.

Estos dos tipos de trisomías del 21 no son hereditarias. Esto significa que el síndrome de Down no se transmite a los hijos a partir de progenitores portadores, sino que sencillamente es un incidente genético del que nadie es responsable. Las causas que llevan a esta no disyunción sigue siendo desconocida, pero las investigaciones han demostrado que esta anomalía cromosómica aumenta con la edad de la mujer. Actualmente, no hay estudios científicos que demuestren que el síndrome de Down puede ser causado por ciertos factores ambientales o actividades de los padres antes o durante el período de gestación.

La copia extra, parcial o total, del cromosoma 21 que causa el síndrome de Down puede venir tanto del padre como de la madre. Solo el 5 % de los casos, aproximadamente, se deben al padre. Este síndrome se manifiesta en todas las razas y clases sociales, aunque, como hemos dicho, las mujeres más mayores tienen una probabilidad más alta de dar a luz a hijos afectados por esta enfermedad. Una mujer de 35 años, por ejemplo, tiene una probabilidad entre trescientas cincuenta de concebir un niño con síndrome de Down; pero este riesgo aumenta gradualmente hasta una de cada cien cuando la mujer tiene 40 años. Y a la edad de 45, la incidencia se acerca a una de cada treinta.

La tercera y poco común modalidad del síndrome de Down, la trisomía 21 por translocación (3 % de los casos), ocurre cuando se produce la translocación de parte del cromosoma 21 a otro cromosoma (generalmente, el 14 o el 21). Esta es la única forma hereditaria de esta anomalía, por lo que puede estar presente en varios miembros de una misma familia.

La translocación (como la deleción) es una anomalía cromosómica estructural. En la práctica, consiste en que parte de un cromosoma se une a otro cromosoma distinto. En este tercer tipo, uno de los dos progenitores tiene cuarenta y cinco cromosomas normales, y uno que presenta un cromosoma 21 unido, fusionado a él. En este caso, ambos padres estarán sanos, pero presentarán un riesgo mayor de tener un hijo con síndrome de Down, independientemente de su edad.

Algunos de estos reordenamientos no conducen a ninguna pérdida o ganancia de material genético total dentro de la célula, como cuando dos cromosomas simplemente se intercambian partes o permanecen uno junto al otro. En estos casos, las reorganizaciones no suelen conllevar ningún síntoma, y son conocidas como translocaciones equilibradas. En este tipo de translocaciones, los progenitores asintomáticos son portadores de la translocación. El problema aparece cuando estos progenitores producen óvulos o espermatozoides (lo cual conlleva el reparto de cromosomas en las células hijas); en estos casos, pueden transmitir la translocación a sus descendientes, que corren el riesgo de presentar translocaciones desequilibradas, con pérdida o ganancia de material genético.

Muchos fetos concebidos con translocaciones desequilibradas no llegan al final del embarazo. Los que sí lo hacen pueden sufrir una gran variedad de diferencias físicas y de desarrollo respecto a fetos normales, dependiendo de los cromosomas que están implicados en la translocación. Por esto, una persona normalmente se da cuenta de que es portadora de la translocación equilibrada después de tener un hijo con una translocación desequilibrada o tras una serie de abortos injustificados.

Por ejemplo, un individuo puede tener, sin saberlo, una translocación equilibrada por la que sus cromosomas 21 están unidos en el brazo p (brazo corto). Esta persona no manifiesta ninguna sintomatología, al no haber perdido o añadido material genético. Sin embargo, cada vez que conciba a un hijo, el niño heredará ambos cromosomas 21 (al estar unidos entre sí) que, junto al cromosoma 21 recibido del otro progenitor, supondrá una trisomía en el 21, y con ello el síndrome de Down. Clínicamente, los bebés con este tipo raro de síndrome de Down (debido a una translocación 21-21) no son distintos

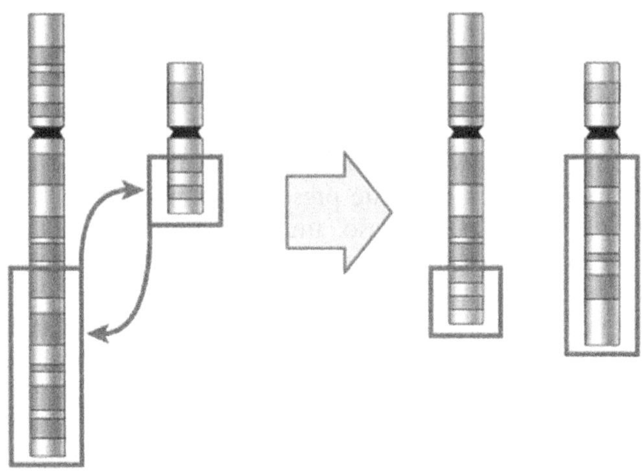

Una translocación cromosómica significa que hay un cambio inusual en la forma de los cromosomas, debido al desplazamiento de una pieza de un cromosoma al otro. Esto puede suceder después de un cambio repentino durante la formación del óvulo o el espermatozoide, o porque el cromosoma se ha heredado ya alterado de la madre o el padre. Existen dos tipos principales de translocación: la translocación recíproca y la translocación de Robertson. La primera se produce cuando dos cromosomas se rompen en fragmentos y se vuelven a conectar cambiando de posición (como el ejemplo mostrado en la figura), mientras que una translocación de Robertson sucede cuando un cromosoma entero se une a otro. Imagen de CNX OpenStax, Wikimedia Commons.

de aquellos que tienen una trisomía 21 libre o simple. Sin embargo, los progenitores de niños con trisomía 21 libre tienen un riesgo relativamente bajo de dar a luz a otro niño con la misma trisomía, mientras que los portadores de la translocación equilibrada 21-21, cuentan con un riesgo del 100 %.

Alrededor del 3 % de los casos de síndrome de Down se deben a una translocación, y estos desplazamientos son hereditarios solo en un tercio de los casos (por lo que en poco más del 1 % de los nacidos con síndrome de Down), siendo no hereditarias (*de novo*) en las otras dos terceras partes (un 2-3 % de los nacidos con síndrome de Down).

En otras palabras, aproximadamente, solo uno entre 75.000 nacimientos tiene síndrome de Down heredado de los padres.

68

Carlos II de España solo tenía cuatro bisabuelos, ¿cómo es posible?

Normalmente, en nuestra sociedad, no consideraríamos casarnos con nuestros parientes, pero las cosas no han sido siempre así. Hasta no hace mucho tiempo, casarse con un pariente cercano era bastante normal, especialmente si formabas parte de la nobleza. Esta costumbre, tras varias generaciones de emparejamientos endogámicos, ha sido la causa de una serie de enfermedades raras entre las familias de sangre azul.

Los matrimonios entre consanguíneos han desempeñado un papel fundamental a lo largo de nuestro pasado, consiguiendo que la genética tuviera más influencia en la historia de lo que nos imaginamos. Ahora bien, ¿qué provoca estas anomalías? ¿Por qué la reproducción entre parientes consanguíneos tiene tanto impacto en la descendencia?

Cuando heredamos el material genético de nuestros progenitores, tomamos la mitad de cromosomas de nuestra madre y la otra mitad de nuestro padre. No es raro que estos cromosomas estén dañados, lo cual puede provocar la aparición de enfermedades o la presencia de rasgos específicos, como por ejemplo, un color del cabello distinto al de los padres. A veces, puede producirse una mutación en uno de los dos cromosomas, pero esto generalmente no es un problema grave porque el gen perteneciente al otro cromosoma suplirá el daño en su pareja, produciendo la proteína que falta. El problema aparece cuando ambos cromosomas portan la mutación para el mismo gen; en estos casos, el niño puede nacer con una anomalía. En ciertas ocasiones, puede bastar con la mutación de un solo gen, como ocurre en el caso del cromosoma X.

Entre nobles, a menudo los parientes se casaban para preservar la «sangre azul» de la familia. Se puede rastrear fácilmente el parentesco de estas familias a través de sus descendientes, y también estudiando los numerosos retratos de sus miembros realizados a lo largo de los siglos. Gracias a estos retratos, se pueden estudiar cientos de años de anomalías. Por ejemplo, los Habsburgo tenían una malformación particular en la barbilla: una mandíbula muy

La costumbre de los matrimonios entre parientes de sangre a menudo ha generado individuos que desarrollaron enfermedades genéticas, algunas de ellas graves. Mientras que en las parejas no consanguíneas la presencia de defectos en el patrimonio genético de un progenitor se compensa con el patrimonio genético sano del otro progenitor, en las parejas consanguíneas esto no ocurre. En estos casos, puede suceder que un defecto genético particular, típico de esa familia, esté presente en ambos progenitores, siendo preservado y heredado por sus descendientes, que desarrollarán la patología asociada. Un ejemplo histórico es el de Carlos II, último miembro de la Casa de Habsburgo que se sentó en el trono de España. Desde que era niño, el monarca mostró una salud muy débil, sufriendo continuamente fuertes migrañas, ataques epilépticos, claros signos de raquitismo y un retraso mental y físico que le impidió aprender a hablar hasta los cuatro años, y caminar hasta los ocho. Retrato de Luca Giordano.

prominente, así como un labio inferior y, en ocasiones, también la lengua, extremadamente pronunciados.

La Casa de Habsburgo era la dinastía más potente en la Europa medieval y renacentista. A partir del siglo XII gobernó gran parte de Suiza, Austria, Hungría, Italia, Francia y España. Un estudio reciente ha demostrado que la endogamia en la familia Habsburgo era tan elevada que Carlos II, el último descendiente de la rama española de los Habsburgo, tenía un grado de consanguinidad más alto que el que encontraríamos en un niño concebido entre hermanos. Su abuela, Juana de Castilla, era fruto de catorce generaciones de matrimonios entre primos, tanto que Carlos tenía cuatro bisabuelos en lugar de ocho, y seis tatarabuelos en lugar de dieciséis.

Es muy probable que este grado de consanguinidad provocara la aparición de un gran número de enfermedades y muertes prematuras en el seno de la familia real. Carlos II tenía una mandíbula tan prominente que no podía masticar la comida, y babeaba continuamente debido al grosor de su lengua. Apenas conseguía hacerse entender por sus interlocutores, y el hecho de ser estéril le impidió engendrar sucesores. Debido a todos estos síntomas, sus contemporáneos lo apodaron como «el Hechizado». También Juan Carlos I, exrey de España, es un descendiente lejano de los Habsburgo, y se puede notar en la ligera forma de su mentón Habsburgo.

La teoría más aceptada es que Carlos II sufría el Síndrome de Klinefelter, una enfermedad genética rara que afecta a un niño de cada mil nacidos. Los hombres normales tienen cuarenta y seis cromosomas: cuarenta y cuatro autosomas, el cromosoma X (heredado de la madre) y el Y (del padre). Los pacientes con este síndrome, sin embargo, tienen cuarenta y siete cromosomas: en lugar de XY, sus cromosomas sexuales son tres: XXY. Algunos sujetos, de hecho, tienen incluso más copias en exceso; se han observado estructuras cromosómicas XXXY e incluso XXXXY, que provocan trastornos incapacitantes para la vida. Además, en el síndrome de Klinefelter puede darse mosaicismo cuando el cromosoma X en exceso no se encuentra en todas las células sino en algunas de ellas.

La responsabilidad de este trastorno recae en la falta de disyunción de los dos cromosomas X durante el proceso de meiosis, que se produce cuando por alguna razón una pareja de cromosomas no se separa en la fase de creación del óvulo. En consecuencia, cuando este óvulo y un espermatozoide se unen para formar el embrión, este contendrá una estructura XXY. El cromosoma de más es copiado y transmitido en cada célula del recién nacido.

Muchos hombres no descubren el síndrome hasta que deciden tener hijos y se enfrentan a un problema grave: la esterilidad. Para el resto de varones XXY, el cuadro sintomático es extremadamente variado. Los elementos más comunes aparecen con la pubertad, e incluyen la tendencia a acumular grasa en las caderas, la presencia de poco pelo en el cuerpo, un desarrollo marcado de los senos, una estatura superior a la media, bajos niveles de testosterona, azoospermia (ausencia de espermatozoides) u oligozoospermia (concentraciones de espermatozoides inferiores a la media), timidez, descenso de la atención, dificultad para socializar y bajo rendimiento académico, particularmente en las matemáticas.

En su raíz, esta enfermedad no se hereda, se genera por endogamia.

69

¿Pueden dos gemelos tener distinto sexo?

Cuando hablamos de hermanos fruto de un mismo parto, podemos distinguir entre mellizos y gemelos, individuos dicigóticos y monocigóticos en términos biológicos. Los individuos dicigóticos o mellizos son el tipo más común (cerca de dos tercios de los partos múltiples son de este tipo). Derivan de la fecundación de dos óvulos por parte de dos espermatozoides, y por tanto genéticamente se parecen tanto como se parecerían dos hermanos nacidos en partos separados. Pueden tener, o no, el mismo sexo.

Por el contrario, los gemelos o individuos monocigóticos derivan de una sola célula huevo fecundada por un espermatozoide. Su vínculo es muy especial, más fuerte que la unión normal entre hermanos, y ha sido muy estudiado, al ser los únicos casos en que, de forma natural, se encuentra un material genético idéntico en dos humanos. Esto sucede porque, durante la multiplicación celular, el embrión se separa en dos embriones absolutamente idénticos, cada uno de los cuales continuará su propio desarrollo. Estos gemelos, por lo tanto, poseen el mismo patrimonio genético, por lo que tienen los mismos ojos, el mismo pelo, el mismo grupo sanguíneo y… ¿el mismo sexo? Veámoslo.

Debemos hablar de nuevo de los cromosomas X e Y. Ya hemos visto como en la especie humana el fenotipo sexual viene determinado por estos dos cromosomas. Las mujeres poseen una dotación con dos cromosomas X (cuarenta y seis, XX), mientras que los hombres tienen un cromosoma X y un cromosoma Y (cuarenta y seis, XY). Este último contiene un gen definido como «factor determinante testicular» (el gen SRY, *Sex-determining Region Y*), que supervisa con precisión el desarrollo de los testículos. Pero los dos cromosomas sexuales contienen también otros caracteres no relacionados con el sexo: en el cromosoma X hay numerosos genes involucrados en el desarrollo del cerebro y otros órganos, y el cromosoma Y contiene información genética relacionada con la fertilidad, al regular la maduración de los espermatozoides y el crecimiento del cuerpo (justificando en parte el hecho de que, en promedio, los hombres sean más altos que las mujeres).

En los primeros momentos del desarrollo, los embriones son indistinguibles desde el punto de vista sexual: a la cuarta semana de gestación, las estructuras embrionarias que originan los genitales internos y externos son idénticos en los embriones masculinos y femeninos, y la decisión de continuar el desarrollo de una manera u otra depende de factores genéticos. Como ya hemos dicho, en esta decisión interfieren los cromosomas sexuales: los embriones que posean dos cromosomas X se desarrollarán como hembras, mientras que los que tengan un cromosoma X y uno Y se convertirán en machos.

En torno a la sexta semana del embarazo, en el embrión XY el gen SRY se activa y desencadena un proceso complejo, en el que intervienen numerosos genes, que conducen a la gónada embrionaria indiferenciada a convertirse en testículo. El testículo comenzará así a producir hormonas, entre ellas la testosterona, que dirigirá el desarrollo de los genitales masculinos internos y externos (octava semana).

En el embrión XX, en ausencia del factor determinante testicular, las gónadas embrionarias se transformarán en ovarios y desarrollarán los órganos sexuales femeninos, internos y externos, eventos que no dependen de la producción de hormonas. En cierto sentido, podríamos definir el desarrollo sexual femenino como un programa que se activa automáticamente si las gónadas embrionarias no reciben información para transformarse en testículos.

Ahora bien, existen individuos con defectos en el número de cromosomas sexuales. Los sujetos afectados con el síndrome de Turner, por ejemplo, tienen un solo cromosoma X (cuarenta y cinco, XO) y presentan ovarios poco desarrollados, un aspecto infantil femenino con ausencia de menstruación, son estériles, de estatura baja, y en algunos casos presentan anomalías cardiovasculares y renales.

En el síndrome de Klinefelter, al cromosoma Y le acompañan dos cromosomas X (cuarenta y siete, XXY); estos individuos son hombres estériles con testículos poco desarrollados, que ocasionalmente pueden tener senos desarrollados y tendencia a acumular grasa en las caderas, como las mujeres. Existen también personas con un cromosoma X y dos cromosomas Y (cuarenta y siete, XYY), así como mujeres con tres cromosomas X (cuarenta y siete, XXX), generalmente normales y fértiles.

Pero, incluso en los casos de estas anomalías cromosómicas, el desarrollo sexual del sujeto sigue siempre la regla del cromosoma Y: en su presencia, el sujeto desarrolla un fenotipo masculino, y en su ausencia, femenino.

El paso crítico en el desarrollo sexual de un individuo es la «elección» de las gónadas embrionarias de convertirse en testículos u ovarios (determinación gonadal del sexo). El fenotipo sexual final es una consecuencia de este acontecimiento fundamental, que depende a su vez de la acción secuencial de numerosos genes que actúan con posterioridad a esta elección, muchos de los cuales no están localizados en los cromosomas sexuales.

En cualquier etapa de este complejo proceso pueden darse anomalías de la diferenciación sexual, que podrían conllevar varios grados de afección: desde la ambigüedad genital hasta una completa inversión del sexo fenotípico respecto al cromosómico: féminas XY y varones XX. En la mayoría de los casos, los varones XX se deben a un error en la transmisión del patrimonio genético del padre al hijo: un segmento del cromosoma Y del padre que contiene el gen SRY se desplaza por error a otro cromosoma, desencadenando el proceso que lleva a las gónadas embrionarias a convertirse en testículos. Por otro lado, las féminas XY pueden ser consecuencia de la pérdida o alteración de ese mismo segmento del cromosoma Y.

Cuando el fenotipo sexual no se distingue claramente, con genitales ambiguos, se habla de pseudohermafroditismo (individuos con la constitución genética de un sexo pero los órganos genitales del otro), mientras que usamos el término hermafroditismo para designar a las personas que poseen órganos sexuales externos de ambos sexos. En realidad, el hermafroditismo es una condición en la que están presentes, simultáneamente, testículos y ovarios (o la gónada es en parte testículo y en parte ovario). En estos sujetos, el fenotipo sexual es muy variable y depende de la cantidad de tejido testicular que posean.

Retomando ahora la pregunta sobre los gemelos, tras lo que hemos visto, comprobamos que es teóricamente posible, aunque muy raro, que dos gemelos puedan tener sexos distintos. En el caso mas sencillo, por ejemplo, esto podría suceder por causa de la pérdida o inactivación del cromosoma Y en uno de los embriones, de tal manera que uno de los dos sería un varón normal (XY), mientras que el otro tendría una dotación cromosómica X0, es decir, sería una mujer con síndrome de Turner.

70

¿ES HEREDITARIO EL ALZHÉIMER?

El alzhéimer es una condición absolutamente especial. Dramática, a veces trágica, pero sobre todo impredecible, misteriosa, sensible al ambiente. Resume, en una síntesis muy agria y de pocas palabras, muchas características de la vida misma. Se borran los recuerdos recientes, como si no hubieran existido nunca, para dejar espacio a la memoria de los tiempos lejanos. Los contornos de las caras de los seres queridos se vuelven cada vez más borrosos. Nos olvidamos de los seres que amamos, cerrando las puertas al mundo exterior para alienarnos en un universo de pasado y soledad.

Un ladrón torpe, que roba a la persona a trozos. Cada día vuelve a la escena del crimen para tomar una cosa más: un cajón de recuerdos, un frasco de palabras… Un ladrón maldito. Sin embargo, en su maldad, es también «misericordioso», porque no lo toma todo de golpe como otras enfermedades. Deja mucho tiempo, mucho espacio: para la ternura, el respeto, el estar sin estar. ¿Una maldición? No. Solo una enfermedad entre tantas… siempre que no se les deje solos, siempre que no olvidemos a los que olvidan.

Se trata de una enfermedad degenerativa que afecta al cerebro: las neuronas se atrofian y poco a poco la corteza cerebral deja de funcionar. La enfermedad de Alzheimer es muy común en la vejez. Su frecuencia en los últimos veinte años ha crecido como consecuencia del envejecimiento de la población. Solo en Europa, actualmente afecta al 10 % de las personas mayores de 65 años.

Aunque el 95 % de los casos de esta enfermedad son esporádicos —no tienen carácter hereditario—, existen formas de alzhéimer, denominadas familiares, en las que la enfermedad se manifiesta más en personas pertenecientes a la misma familia. Esto es provocado por una mutación genética, presente desde el nacimiento, que se transmite por herencia autosómica dominante. Esto significa que los hijos de una persona portadora de la mutación tienen un 50 % de probabilidad de heredarla (ver pregunta 65, «¿Por qué los albinos tienen el pelo blanco?»).

En las enfermedades autosómicas (es decir, aquellas en las que las mutaciones no se localizan en cromosomas sexuales) dominantes, es suficiente con tener un solo alelo mutado (de origen paterno o materno) para desarrollar el problema. Normalmente, las formas familiares de alzhéimer aparecen precozmente, mientras que las esporádicas son más típicas en las personas de edad avanzada. Por lo tanto, si tu madre enferma tras los setenta u ochenta años, es probable que sea una forma esporádica, que no implica para ti un mayor riesgo de sufrir la enfermedad.

El inicio de esta enfermedad está también influenciado por factores ambientales y biológicos, aún por determinar. Las formas hereditarias de esta afección pueden ser detectables hasta veinte años antes de que los problemas con la memoria y el pensamiento comiencen a manifestarse en los miembros de la familia que tienen mutaciones. Los individuos que presenten mutaciones en uno de los tres genes responsables (los que codifican para la proteína precursora amiloidea, la presenilina 1 y la presenilina 2) desarrollarán con seguridad alzhéimer temprano, con síntomas que aparecen a los cuarenta o cincuenta años, en algunos casos incluso a los treinta.

Una de las características de la enfermedad es la acumulación de depósitos amiloides entre las neuronas del cerebro. «Amiloide» es un término genérico para indicar un fragmento proteico, normalmente producido en el cuerpo. En los cerebros normales, estos fragmentos se eliminan, mientras que en los cerebros afectados por esta enfermedad, por razones aún desconocidas, se acumulan formando placas.

Dependiendo del gen que esté mutado, existen tres subtipos de alzhéimer de desarrollo temprano: AD1, AD3 y AD4. El gen precursor de la proteína amiloide (APP), localizado en el cromosoma 21, se altera en la forma AD1. Las mutaciones en el APP son raras (solo alrededor de veinte familias hasta ahora identificadas en todo el mundo) y causan una enfermedad de aparición temprana (treinta y cinco a cincuenta años).

El gen que codifica para la presenilina 1 (PSEN1), localizado en el cromosoma 14, resulta alterado en la forma AD3. En concreto, hasta ahora se han identificado más de cincuenta mutaciones diferentes de este gen en pacientes con formas de alzhéimer familiares de inicio temprano (veintiocho a sesenta años). Estas mutaciones representan la causa más común de origen genético temprano de esta enfermedad. Las presenilinas son proteínas cuya función es cortar las proteínas amiloides, por lo que se ha propuesto que la alteración de su funcionamiento podría conllevar la acumulación de estas proteínas.

El gen que codifica para la presenilina 2 (PSEN2), localizado en el cromosoma 1, resulta alterado en la forma AD4. Hasta hoy, solo se han identificado tres mutaciones, en pacientes pertenecientes a familias americanas con origen europeo y en una familia del nordeste italiano. En estas familias, la edad de inicio de la enfermedad puede ser temprana (treinta años) pero también muy tardía (ochenta años).

Recientemente, tanto en las formas familiares como en las esporádicas, junto a la exploración clínica —que sigue siendo esencial— se ha introducido un examen genético para analizar un alelo particular: el alelo 4 del gen de la apolioproteína E (APOE). La APOE es una proteína plasmática, involucrada en el transporte del colesterol, que se une a la proteína amiloide. Existen tres formas: APOE2, APOE3 y APOE4 (codificadas por tres alelos distintos: E2, E3 y E4). Diversos estudios han demostrado que el alelo 4 (E4) es más frecuente en las personas afectadas por alzhéimer, respecto a las personas sanas. La presencia del genotipo E4 supondría un aumento en alrededor de tres veces del riesgo de desarrollar la enfermedad en sus tres formas: aparición tardía, familiar y esporádica.

Por el contrario, el genotipo APOE2 podría tener un efecto protector contra la enfermedad. El genotipado del APOE, sin embargo, solo proporciona un dato aproximado que no basta por sí solo para desarrollar un diagnóstico: de hecho, casi la mitad de las personas afectadas no tienen este alelo, que además puede estar presente en un pequeño porcentaje de personas sanas.

Por lo tanto, respondiendo a la pregunta, hay tres tipos de alzhéimer de desarrollo temprano que sí son hereditarios (AD1, AD3 y AD4). Todos ellos se pueden identificar mediante un test genético. Imaginemos tener casos de alzhéimer en la familia, ¿nos haríamos la prueba para descubrir el riesgo de desarrollar una enfermedad para la que no existe cura ni estrategias de prevención probadas científicamente?

71

Y EL PÁRKINSON, ¿SE HEREDA?

Los movimientos de nuestro cuerpo están controlados normalmente por una sustancia química denominada dopamina, que transporta señales entre las neuronas de nuestro cerebro. Cuando las células que producen la dopamina mueren, aparecen los síntomas de la enfermedad de Parkinson. Esta afección es neurodegenerativa, es decir, empeora con el tiempo. Actualmente no existe cura, pero están en marcha muchos proyectos de investigación prometedores. Aunque se puede vivir con la enfermedad de Parkinson por muchos años, es una afección que progresa a diferentes velocidades en función de la persona.

Tras el alzhéimer, esta es la patología neurodegenerativa más frecuente. Afecta a alrededor de un 1 % de la población mayor de sesenta años, y alcanza un 4 % de prevalencia entre los mayores de ochenta y cinco años. A pesar de que este porcentaje aumenta progresivamente con la edad, no son raros lo casos en que la enfermedad aparece antes de los cuarenta y cinco a cincuenta años (alrededor del 3-4 % de los pacientes con párkinson). Entre ellos, un número muy reducido se ve afectado antes de los veintiún años: son formas de párkinson juveniles, en las que a menudo los signos clínicos clásicos de la enfermedad representan solo una parte de un cuadro neurológico más complejo e incapacitante.

Aunque en un principio se pensó que esta enfermedad era causada por factores ambientales, la observación de una historia familiar positiva en el 10-20 % de los pacientes sugirió desde hace tiempo la implicación de factores genéticos en la patogénesis de la enfermedad. Por este motivo, hoy en día el párkinson es considerado principalmente una enfermedad multifactorial, debido a la interacción de muchos factores de riesgo, tanto genéticos como ambientales. Su contribución varía de unos pacientes a otros, delineando un amplio espectro en cuyos extremos encontramos desde una enfermedad enteramente producida por la alteración de un gen (monogénica) hasta una forma llamada idiopática, en la que la contribución de factores genéticos y ambientales individuales es muy reducida y difícil de identificar.

En los últimos quince años, la investigación genética sobre las formas de párkinson familiar ha dado lugar a importantes descubrimientos, que han revolucionado los conocimientos actuales en este campo. Se han correlacionado diecinueve *loci* y quince genes distintos con formas monogénicas de la enfermedad, en las que la mutación de un solo gen es suficiente para causar la patología. Estas formas, transmitidas según una herencia autosómica dominante o recesiva, son las responsables de cerca del 10 % de los casos de párkinson.

Recientemente se han descubierto importantes factores de riesgo genético, es decir, variantes genéticas que, sin ser suficientes para causar la enfermedad, aumentan notablemente el riesgo de sufrirla (hasta unas cinco o seis veces más respecto a los no portadores). En general, se puede asumir que cuanto más temprano aparezcan los síntomas de la enfermedad, más elevada es la probabilidad de que se trate de una forma monogénica o, por lo menos, una forma con una fuerte base genética.

En las enfermedades autosómicas recesivas, para que la patología se manifieste es necesario que las dos copias del mismo gen (alelos) estén mutadas. Se sospecha de una herencia recesiva en todas aquellas familias donde más de un individuo de la misma generación se ven afectados por la enfermedad, sin estarlo sus padres o sus hijos. A día de hoy, se han identificado ocho genes responsables de esta patología, pero solo tres de ellos (PARK2/Parkin, PARK6/PINK1 y PARK7/DJ-1) causan formas puras de enfermedad de Parkinson. Los otros genes (PARK9/ATP13A2, PARK14/PLA2G6, PARK15/FBXO7, DNAJC6 y SYNJ1) son responsables de formas atípicas de párkinson juvenil, caracterizadas por una rápida evolución y un complejo cuadro clínico en el que los signos parkinsonianos se asocian con otras alteraciones neurológicas.

En las enfermedades autosómicas dominantes, para que la patología se manifieste es suficiente con que un alelo del gen esté mutado. Por lo tanto, se sospecha de este tipo de herencia en las familias donde al menos un individuo en varias generaciones consecutivas está afectado por la misma enfermedad. La presencia de portadores de la mutación asintomáticos (debido a un fenómeno que aún no se ha definido de forma muy clara, llamado penetrancia incompleta) puede, en ocasiones, obstaculizar el reconocimiento de este tipo de transmisión.

En estas formas dominantes, la edad de aparición es variable, por lo general es más tardía que en las formas recesivas, pero se dan antes que las formas idiopáticas. Como ya hemos visto, cuanto más temprano sea el inicio de la patología, más probable es que esté determinado genéticamente. A pesar de los enormes progresos logrados, el papel de la genética en la patogénesis de esta enfermedad sigue sin ser entendido completamente.

Las formas monogénicas de párkinson representan menos del 10 % de los casos, probablemente porque muchos genes están aún por descubrir, y el conocimiento de los factores de susceptibilidad genéticos asociados a la patología son aún escasos y a menudo contradictorios.

Sin embargo, recientemente, con la llegada de las tecnologías innovadoras, como la secuenciación de nueva generación o los estudios de asociación de todo el genoma (*Genome Wide Association Studies*, GWAS), el escenario está cambiando. La posibilidad de analizar el genoma completo, o solo la parte codificante del mismo, ha permitido descubrir, muy rápidamente, numerosos genes y factores de susceptibilidad involucrados en la patogénesis del párkinson. Estamos siendo testigos de una revolución en el mundo de la genética. Solo a través del aumento de este tipo de conocimiento será posible identificar, para así bloquear, los mecanismos responsables de la neurodegeneración que yace en la base de esta terrible enfermedad.

72

¿Sabes hacer tu árbol genealógico?

¿Quién no ha intentado alguna vez reconstruir el árbol genealógico de su familia? Rastrear los antepasados, mirar hacia atrás en la familia buscando pistas sobre el color de los ojos o del pelo de nuestros antecesores. Entender de dónde venimos y por qué somos así. Es un ejercicio que casi todos hemos hecho.

El estudio de la genética humana es complicado por el hecho de que no se pueden hacer cruzamientos oportunamente programados (como Mendel hacía con sus guisantes); esto significa que los genetistas deben estudiar cruces ya producidos (y aleatorios, hechos por amor). La modalidad de herencia de los caracteres humanos viene generalmente determinada examinando los caracteres y comparando en el árbol familiar a los individuos que claramente manifiestan el carácter que se está analizando.

El estudio del árbol familiar se denomina análisis del árbol genealógico, y consiste en la recopilación precisa de datos fenotípicos de la familia a través de varias generaciones. Se utilizan en genética para analizar el modo de herencia de una enfermedad, o un rasgo genético concreto. En otras palabras, el estudio de un árbol genealógico está diseñado para determinar, siempre que sea posible, cómo se transmite un carácter fenotípico en una familia. Esto permite establecer, en el caso de que el rasgo esté determinado por un solo gen, si es dominante o recesivo, autosómico o ligado a un cromosoma sexual. Una vez aclarado el modo de transmisión, es posible atribuir un genotipo (así como su probabilidad) a los miembros de la familia analizada.

En los árboles genealógicos se utilizan símbolos convencionales (cuadrados para los varones, círculos para las mujeres) que son iguales para todos los genetistas del mundo. Las generaciones se colocan por orden de edad, en la parte superior los más ancianos y en la parte inferior los más jóvenes, numeradas con números romanos. En cada generación, las personas son numeradas de izquierda a derecha, con números arábigos. Los hermanos generalmente se ordenan acorde a su fecha de nacimiento, colocando al mayor a la izquierda. Así cada miembro del árbol genealógico puede ser identificado fácilmente con dos números: el de su

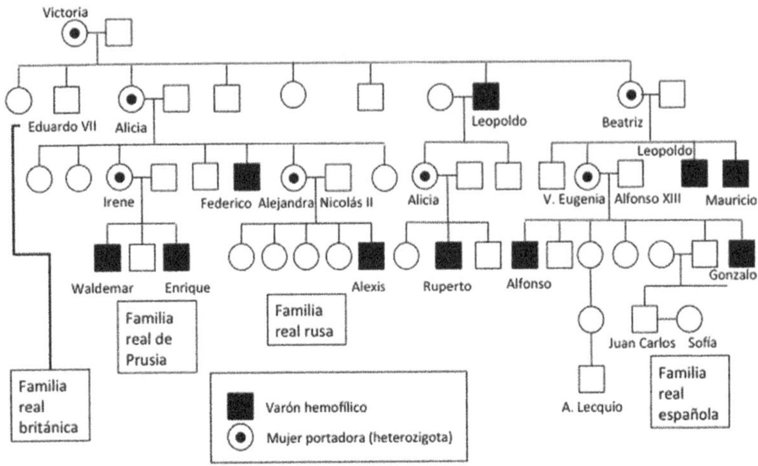

Este es uno de los árboles genealógicos más famosos del mundo, el que muestra la descendencia de la reina Victoria de Inglaterra y el modo de transmisión de la «enfermedad real»: la hemofilia. El estudio de este árbol evidencia como la hemofilia en la familia real se ha transmitido siempre a través de mujeres portadoras sanas, y ha afectado solo a varones. Estas son dos características propias de una transmisión recesiva ligada a un gen localizado en el cromosoma X (ver pregunta 65 para más detalles).
Imagen de Basilio, Wikimedia Commons.

generación y el que le corresponde dentro de la generación a la que pertenezca.

El genetista construye un árbol genealógico comenzando por un individuo de la familia. El individuo «afectado», a partir del que se reconstruye el árbol, es el punto de partida, y es sometido a una serie de preguntas sobre su salud y la de sus parientes: sus padres, hermanos, hermanas, nietos, abuelos, y así sucesivamente. Cuanto más numerosas sean las informaciones, mayores serán las probabilidades de sacar conclusiones sobre el mecanismo de herencia del gen (o genes) responsable del rasgo que se va a analizar. El número de familiares incluidos en el árbol genealógico depende del tipo de enfermedad que se quiera estudiar y de su modelo de transmisión. En general, se intenta rastrear al menos tres generaciones.

Con el desarrollo de las redes sociales, cada vez es más sencillo encontrar información y cruzar datos. Un ejemplo de ello es el caso de Yaniv Erlich, al que se podría definir como un *hacker* del genoma. Este científico, en la reunión anual de la Sociedad Americana de Genética Humana de Boston, presentó el árbol genealógico más grande del mundo. Su investigación se remonta hasta el siglo xv, e incluye a más de trece millones de personas. Lo obtuvo cruzando datos de cuarenta y tres millones de perfiles públicos, trazables en una red social de genealogía llamada Geni.

El investigador y su equipo planean ahora utilizar estos datos para analizar la herencia de rasgos genéticos complejos, como la longevidad o la fertilidad. Los árboles genealógicos han sido puestos a disposición de otros investigadores, pero Erlich y su equipo del Whitehead Institute for Biomedical Research, en Massachusetts, han eliminado los nombres para proteger la privacidad de las personas que forman parte del mismo.

73

EL CÁNCER, ¿PUEDE SER GENÉTICO?

Es una pregunta que surge con frecuencia, un miedo generalizado, que se vuelve más amenazante ante la ausencia de una respuesta definitiva. Pero si nos fijamos en los números nos podemos sentir tranquilos: solo una pequeña parte (menos del 5 %) de todos los cánceres diagnosticados cada año son considerados por los médicos dentro de la categoría familiar, al tener un evidente vínculo de parentesco.

Para hablar de familiaridad se consideran las familias con múltiples casos de sujetos que enferman de cáncer a una edad temprana (menores de cuarenta años), excluyendo las siguientes franjas de edad, en las que la aparición de la enfermedad es mucho más probable debido al envejecimiento celular (la causa más frecuente para el desarrollo de enfermedades neoplásicas).

Los tumores son patologías que se originan a partir de una célula cuyo crecimiento se sale fuera de todo control, multiplicándose sin cesar. En una célula normal, existen muchos genes que controlan los mecanismos que aseguran el proceso de crecimiento celular, garantizando su correcto funcionamiento. A veces, estos mecanismos celulares pueden dejar de funcionar debido a que sus genes de referencia acumulan con el tiempo una serie de errores: las mutaciones. Las mutaciones pueden ocurrir por la exposición a agentes carcinógenos (por ejemplo, el tabaco) o por razones relacionadas con el envejecimiento.

Acumular mutaciones genéticas en el ADN es, de hecho, un fenómeno natural que ocurre gradualmente durante toda la vida de una persona. Para que una célula se convierta en célula tumoral debe acumular numerosas mutaciones, y esto es más probable que suceda cuanto mayor sea el individuo. La exposición a agentes carcinógenos solo aumenta la velocidad a la que se produce este proceso.

La mayoría de las mutaciones responsables de la aparición de tumores son mutaciones somáticas, es decir, ocurren en células de una zona determinada del cuerpo (hígado, páncreas, etc.) que de esta manera se convierten en tumorales. Al no afectar a las células de la línea germinal (las que originan los óvulos y espermatozoides), estas mutaciones no se transmiten a la descendencia. Sin embargo, en un pequeño número de casos, considerados hereditarios, las mutaciones son constitutivas, es decir, están presentes en todas las células del individuo. Pueden ser por tanto transmisibles a la siguiente generación, y su presencia se puede detectar en el ADN extraído de una muestra normal de sangre. En estos casos, el individuo nace con un patrimonio genético ya alterado, y con una mayor probabilidad de desarrollar tumores específicos a lo largo de su vida.

Se dice que una sola célula debe acumular muchas mutaciones genéticas antes de convertirse en célula tumoral, pero no todas las mutaciones tienen la misma importancia en el proceso que lleva al desarrollo de un tumor. Por ejemplo, las mujeres con mutaciones en el gen BRCA1 tienen una probabilidad de desarrollar un cáncer de mama u ovario mayor al del resto de la población (ver imagen).

Cuanto más distante sea la relación de parentesco con el miembro de la familia que posea la mutación, menor será la probabilidad de heredarla. En el caso de que sea uno de los padres el portador del defecto genético hereditario, el hijo tiene un 50 % de probabilidades de heredarlo (ya que la mitad de su material genético proviene de cada progenitor). Además, debemos recordar que el hecho de poseer la mutación en el patrimonio genético propio no implica por sí mismo la certeza de desarrollar cáncer. Lo único que implica es que estos individuos tienen un riesgo mayor al resto, ya que su ADN ya está alterado, y se necesitará un número menor de mutaciones para desarrollar tumores.

La gran mayoría de los tumores (el 95 % de los que no se definen como familiares) tienen naturaleza esporádica, aunque pueden tener un posible componente genético: a través de una prueba de ADN se pueden encontrar los genes que los oncólogos llaman «de riesgo», y que indican una predisposición a desarrollar la enfermedad. Esta predisposición puede ser de dos tipos: hacia el tumor (un gen que, combinado con otro, puede conducir a un cáncer) o hacia los factores ambientales (un gen que, combinado con determinados factores ambientales, como por ejemplo el humo del tabaco, puede conducir al cáncer).

Por lo tanto, el foco está dirigido hacia el intrincado sistema de asociación aleatorio que se produce en el interior de nuestro ADN y que no tiene nada que ver con la familiaridad: la combinación poligénica. Es decir, pueden existir combinaciones de genes desfavorables, que pueden conducir a una mayor predisposición a desarrollar algunos tipos de tumores.

Entonces, ¿qué tipos de cáncer son hereditarios?

Hasta la fecha se han descrito alrededor de quince síndromes neoplásicos con la característica de heredabilidad o familiaridad, pero se ha prestado especial atención a los cánceres de mama, de ovario y de colon-recto. En el año 1994, se identificaron dos genes (BRCA1 y BRCA2) responsables del aumento del riesgo a padecer cáncer de mama u ovario: la presencia de una mutación en uno de estos genes aumenta el riesgo de padecer estas enfermedades hasta un 60 % a lo largo de la vida (en comparación con el 10 % de las mujeres sin mutaciones). La predisposición se transmite como carácter autosómico dominante, por lo que solo es necesario que uno de los dos progenitores la porte para que el hijo pueda heredarla.

Las formas hereditarias del cáncer de mama tienen unas características específicas:

1. Un elevado número de personas afectadas en la misma rama de la familia (materna o paterna).
2. Una aparición temprana.
3. Una elevada frecuencia de tumores en el pecho.
4. Asociación con el tumor de ovario.
5. Presencia de cáncer de mama en los varones.

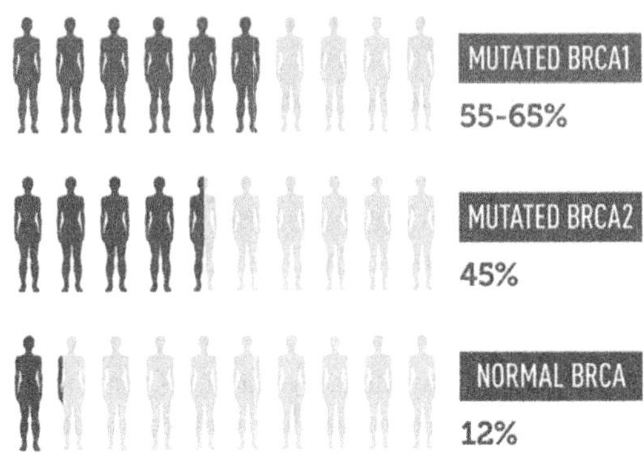

Muchos de los lectores recordarán el clamor mediático suscitado por el caso de la famosa actriz americana Angelina Jolie, quien decidió someterse a una mastectomía preventiva al enterarse de que era portadora del gen defectuoso BRCA1 (responsable de una elevada incidencia de tumores y de la muerte de una tía, su abuela y su madre). El cáncer de mama es una de las pocas formas tumorales con una clara transmisión hereditaria. Para ser más precisos, más que hablar de heredabilidad de la enfermedad, debemos decir heredabilidad del riesgo a padecerla. Los portadores de los genes BRCA1 y BRCA2 mutados tienen un porcentaje mayor de probabilidades de desarrollar este tipo de tumores, como se muestra en la imagen. Fuente: www.cancer.gov

Hoy en día, a diferencia de lo que ocurría hace unas pocas décadas, es posible saber de antemano si somos portadores de una mutación genética que predispone para el desarrollo de tumores. Existen pruebas genéticas que se utilizan para definir el diagnóstico molecular y establecer pautas para mejorar el tratamiento de las personas con un elevado riesgo. Es un tema muy delicado, porque la respuesta puede condicionar la existencia entera de personas, a menudo muy jóvenes; porque solo en los últimos años se ha intentado abordar de una forma sistémica y porque a menudo se propagan noticias alarmistas o difusas.

La familiaridad, o lo que es lo mismo, la recurrencia de la misma patología entre personas emparentadas, es la primera señal de alarma para ponerse en contacto con un especialista, quien evaluará si es adecuado o no efectuar un test genético para detectar posibles mutaciones. Ante todo, no debemos asustarnos. Como hemos dicho, ser portador de una mutación no equivale a una «condena» automática. ¡El conocimiento es poder!

74

¿Cómo podemos saber si tenemos una enfermedad genética?

Se llama diagnóstico molecular y es un conjunto de técnicas de biología molecular que permiten analizar ácidos nucleicos, proteínas y metabolitos, gracias a los cuales se pueden extraer conclusiones de interés diagnóstico en varios campos de la biología y la medicina. Las metodologías, desarrolladas inicialmente para la investigación experimental, fueron después introducidas en la práctica clínica habitual, e incluyen técnicas que determinan la localización espacial y temporal de ADN, ARN y proteínas en el interior de células y tejidos, así como las interacciones entre estas moléculas, su caracterización y su función.

Son muchos los campos en que el diagnóstico molecular interviene, desde los tests genéticos, oncológicos o alimentarios hasta la microbiología clínica. Y es que la aparición de muchas enfermedades se correlaciona con mutaciones en genes específicos o con alteraciones de mecanismos moleculares propios de la expresión o de la traducción génica. Las pruebas genéticas pueden tanto confirmar el diagnóstico clínico de un paciente afectado por una enfermedad hereditaria como identificar a los portadores sanos en riesgo de tener una descendencia afectada por una determinada patología. Un ejemplo de ello es el diagnóstico prenatal, solicitado normalmente por padres con riesgo de tener niños con enfermedades graves, al ser ellos portadores heterocigóticos del gen mutado.

Pero los tests pueden ser también predictivos (medicina predictiva). Estas pruebas permiten la detección de características genéticas que en sí mismas no son responsables de la patología, pero que implican un aumento del riesgo de su aparición, tras la exposición a ciertas condiciones ambientales o a la presencia de otros factores genéticos desencadenantes. Cada vez se desarrollan más tests predictivos, y ya están disponibles, por ejemplo, numerosas pruebas oncológicas para la detección de marcadores tumorales, efectuados sobre los llamados SNP (polimorfismos de un solo nucleótido), regiones de ADN conocidas por estar asociadas estadísticamente a la aparición de tumores.

Y ya se empieza a hablar también de medicina personalizada. En farmacología, de hecho, es posible desarrollar las terapias y pruebas genéticas más apropiadas para un individuo o una población basándose en la información proveniente del análisis de los genomas individuales.

El diagnóstico molecular, como vemos, tiene muchas aplicaciones. Pero ¿en qué consiste exactamente? Resumiendo, este análisis no es más que la búsqueda de mutaciones. Es decir, buscar un gen, o una determinada región mutada del mismo, dentro de nuestro genoma. Como el lector se puede imaginar, esta búsqueda es ardua: nuestro genoma está formado por más de tres mil millones de pares de bases, y la mutación de una sola base es suficiente para alterar la funcionalidad de una proteína.

Imaginemos que tenemos que encontrar un error ortográfico en una sola palabra dentro de una enciclopedia entera formada por cuarenta y seis enormes volúmenes (los cromosomas). La misión parece titánica, y en efecto lo sería si no usáramos ningún truco. Leer toda la secuencia de ADN sería como leerse la enciclopedia entera buscando la palabra equivocada. En lugar de eso, utilizamos un atajo, algo similar a lo que ahora hacemos al usar la función «buscar» en el ordenador e introducir una serie de parámetros que delimitan la búsqueda. El equivalente al «buscar» para el ADN es la técnica llemada hibridación. Y para llevarla a cabo nos basamos en la propia estructura del ADN.

La idea de la hibridación molecular entre secuencias complementarias está implícita en el modelo de ADN propuesto por J. Watson y F. Crick en 1953. La famosa doble hélice de ADN está formada por dos cadenas complementarias, y podríamos decir que una cadena es el negativo de la otra (ver pregunta 2). Estas dos cadenas están unidas entre sí gracias a la capacidad de «aparearse» que tienen las bases nitrogenadas (las «letras» de nuestro alfabeto genético). Estas bases se unen de un modo específico y único: la adenina de una cadena se une siempre a una timina (y viceversa), mientras que a una guanina le corresponde siempre una citosina (o viceversa). Por lo tanto, para cada secuencia de ADN existe siempre otra secuencia capaz de reconocerla y unirse a ella de forma complementaria (como dos piezas de Lego).

Aunque la hibridación de los ácidos nucleicos se puede llevar a cabo de varias maneras, todas tienen un principio unificador

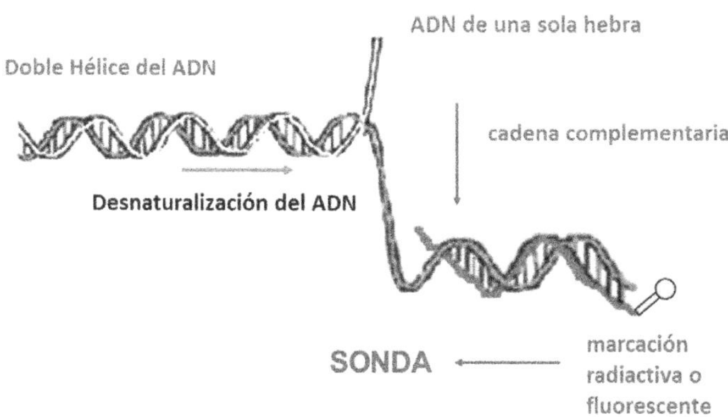

La hibridación de ADN es el principio que está detrás de las pruebas de diagnóstico molecular. Se trata de aprovechar el principio de complementariedad entre bases para buscar secuencias específicas portadoras de mutaciones genéticas. La doble hélice de ADN se desnaturaliza, se separan las dos hebras y se hibrida con una sonda marcada que porta el fragmento de ADN correspondiente a la mutación. Si la sonda se une al ADN analizado, significa que la mutación está presente en el mismo.

común: una población conocida y bien caracterizada de moléculas de ácido nucleico o de oligonucleótidos sintéticos (sondas) que se utiliza para identificar una población compleja y escasamente caracterizada de ácidos nucleicos en una muestra de interés médico o biológico (ver pregunta 56). La muestra que se va a analizar puede contener moléculas de ADN. Por ejemplo, el ADN genómico total extraído de las células de la sangre de un individuo o de un tipo particular de célula tumoral.

En cualquier caso, para ser capaces de formar parte de una reacción de hibridación, las moléculas de ácido nucleico de la muestra de interés deben ser convertidas en monocatenarias. Dado que el ADN, en la naturaleza, se encuentra en forma de molécula de doble hélice (incluso el ARN posee bastantes regiones internas de doble cadena), esos enlaces deben ser disociados, proceso conocido como desnaturalización. La desnaturalización por lo general se lleva a cabo por calor o con el tratamiento de la muestra con soluciones químicas.

Una vez desnaturalizados, tanto la muestra como los fragmentos de ácido nucleico conocidos (que utilizaremos como sondas para localizar las moléculas de interés) se mezclan, permitiendo así el apareamiento entre las hebras individuales de la sonda y la muestra objetivo, hasta producir una molécula mixta. Las regiones parcial o totalmente complementarias se aparearán. Como conocemos las secuencias de nuestras sondas, podremos identificar las secuencias complementarias en la muestra objetivo.

Por lo tanto, si queremos saber si somos portadores o no de una determinada mutación, será suficiente con crear una sonda con la secuencia mutada y simplemente mirar el grado en que esta se aparea con nuestro ADN. Ahora bien, ¿cómo podemos saber si se han producido estas uniones? La solución es sencilla, la sonda se hace trazable al estar marcada (con sustancias radiactivas o fluorescentes) para poder ser fácilmente identificada.

Básicamente se podría decir que la sonda es una pequeña pieza de Lego roja que se usa en un rompecabezas de piezas negras (el genoma), de manera que cuando se una a las piezas complementarias, llamará fácilmente nuestra atención.

75

¿Qué es una dieta genética?

¿Siempre te pones a dieta y no consigues adelgazar? ¡Puede que la dieta genética sea la solución!

Hasta hace unos años hubiera parecido una utopía: echar un vistazo a nuestro genoma para decidir qué dieta hacer para bajar de peso, saber qué tipo de actividad física se adapta más a nosotros, o simplemente tomar decisiones cotidianas que mejoren nuestra salud. Ahorrándose el desembolso que supone el análisis del genoma (con varios miles de euros hoy en día se puede secuenciar el genoma completo de una persona), en internet, por unos doscientos o trescientos euros, se puede obtener una «dieta genética», que nos indica el método más adecuado para perder peso, el deporte que más nos conviene practicar, si debemos preocuparnos por el colesterol alto, o si la diabetes es nuestro talón de Aquiles. Se trata de un programa alimentario a medida que tiene en cuenta el ADN del individuo (una secuencia de nucleótidos en la que, además de encontrarse la información sobre nuestra estatura, color de ojos o del pelo, nos puede proporcionar datos sobre nuestro menú ideal para evitar engordar).

Con el incremento alarmante de los niveles de sobrepeso y obesidad a nivel mundial, los tests genéticos prometen revelar la alimentación «quemagrasa» ideal para cada uno de nosotros. Sin costes excesivos, con un procedimiento sencillo (basta con tomar una muestra de saliva con un bastoncillo, enviarla por correo y esperar un par de semanas a que la dieta genética te llegue a casa), todo ello acompañado con un aura de carácter científico que, a simple vista, lo avala.

Los genes tienen, de hecho, cierto peso en las distintas capacidades que cada uno tiene para metabolizar grasas y carbohidratos, para acumular peso con mayor o menor facilidad, para reaccionar ante las diferentes dietas… Descubrir las características de un puñado de genes implicados en las vías metabólicas de las grasas podría parecer la solución a los problemas de sobrepeso. Se llama nutrigenética y es una nueva disciplina que une el estudio del ADN al de la alimentación. Con ella llega la nueva era de las ciencias de la nutrición, gracias a la cual será posible estudiar el comportamiento de nuestros genes ante algunos alimentos, evidenciando posibles intolerancias, mala absorción, o aumento de peso no relacionado con una mayor ingesta de comida.

Con la nutrigenética se podrá desarrollar una nutrición individual ligada a la propia constitución genética, teniendo en cuenta la variabilidad de los genes implicados en el metabolismo de los nutrientes. De hecho, los alimentos ingeridos con la dieta pueden influir en la expresión y estructura de los genes mismos. La nutrigenética hace uso de pruebas de diagnóstico predictivas (capaces de identificar una predisposición a una enfermedad o patología) como por ejemplo el test genético para la celiaquía. La celiaquía es una intolerancia al gluten, sustancia presente en muchos cereales (en particular, el trigo, el centeno y la cebada). Esta intolerancia desencadena en la persona afectada una respuesta inmunitaria que daña gravemente la mucosa epitelial del intestino, provocando una mala absorción de todos los alimentos.

La eliminación permanente del gluten de la dieta permite la regresión del daño en el intestino, restableciendo así la correcta absorción de nutrientes. Se ha demostrado una fuerte relación entre la celiaquía y los genes del complejo de histocompatibilidad HLA II (un grupo de genes que codifican para las proteínas de membrana reconocidas por los linfocitos durante la respuesta inmunitaria) que codifican para las variantes alélicas DQ2 y DQ8; en el 90 % de los celíacos se encuentra DQ2, y casi todo el 10 % restante resulta ser positivo para el DQ8. Solo un porcentaje muy pequeño de celíacos no posee ninguno de estos alelos. Existen tests similares para la intolerancia a la lactosa y otros metabolitos.

Entonces, ¿funciona de verdad la dieta genética?

Desgraciadamente, la cuestión es bastante más complicada de lo que *a priori* parece. En primer lugar, debemos tener la certeza de la fiabilidad técnica de los laboratorios que ofrecen estos tests genéticos «hazlo tú mismo». Además, hoy en día no existen suficientes evidencias científicas para afirmar que la presencia de un polimorfismo genético (es decir, la forma que asume el gen en un sujeto determinado) indique la necesidad de una dieta en lugar de otra. La interpretación de los resultados de un test de este tipo, por tanto, es siempre un procedimiento complejo y delicado, incluso en los casos de polimorfismos para los que existan mayores certezas de su correlación con datos clínicos (como el riesgo de desarrollar enfermedades específicas).

No discutimos aquí la utilidad de los tests genéticos, se trata de una de las innovaciones más trascendentales de la última década. El riesgo es que se pase del horóscopo al «genóscopo», pensando que los marcadores genéticos pueden decirlo todo de nosotros; la nutrigenética tiene una base lógica, pero sin una ruta crítica, sin saber nada de la persona sobre la que se está haciendo el test, las conclusiones pueden ser equivocadas.

Sobre todo, porque cada uno de nosotros es el resultado de los genes, el ambiente y el azar: los genes pueden explicar algunas cosas, pero no todas. Focalizarse en el genotipo y pensar en establecer una dieta basándose en él puede resultar demasiado reduccionista. Sabemos, por ejemplo, que si en animales de experimentación con el mismo genotipo modificamos la microbiota (todas las bacterias de la flora intestinal) algunos se vuelven obesos y otros no, señal de que mirar solo a los genes nos da una visión muy parcial de lo que somos y de cómo respondemos a la alimentación, y de que hay que tener en cuenta muchos otros factores. Además, aunque se hayan identificado algunos genes correlacionados con la obesidad, sabemos que estos pesan mucho menos que el ambiente o el estilo de vida como causa de la acumulación de kilos.

Tal vez en un futuro tendremos conocimientos más profundos, pero hoy en día los tests para la dieta genética son una huida hacia delante de poca utilidad real. Me temo que, para adelgazar realmente, las viejas costumbres siguen siendo los mejores métodos: un patrón de alimentación equilibrado, combinado con una dosis justa de actividad física, y seguirlo toda la vida. No hay necesidad de costosas pruebas genéticas para lograr resultados, basta con un poco de buena voluntad.

VI

EVOLUCIÓN

76

¿QUÉ FUE ANTES: EL HUEVO O LA GALLINA?

¡No podía faltar esta pregunta!

Preguntarse si ha nacido antes el huevo o la gallina no es tan absurdo como parece, es una cuestión antigua y, sobre todo, tiene una respuesta definitiva. Desde hace mucho tiempo, son muchos los que se lo han preguntado en la religión, la filosofía, incluso desde el punto de vista de la ciencia. El del huevo y la gallina es el típico razonamiento circular. Las gallinas ponen huevos, por lo que un huevo no puede existir sin una gallina. Pero a su vez, las gallinas nacen de un huevo, por lo que no puede existir una gallina sin un huevo previo. Y de ahí volvemos al principio, en un regreso infinito en el que las conclusiones nos llevan al punto de partida y el punto de partida a las conclusiones. Y siempre se llega a la aparente imposibilidad de dar una respuesta, dado que ni el huevo ni la gallina pueden existir el uno sin el otro.

Varios filósofos y científicos de la Antigüedad han estudiado el problema, porque suponía un aspecto serio para la historia de las ideas y el pensamiento. Según las Sagradas Escrituras, lo primero fue la gallina. El libro del Génesis explica que la luz fue creada en el primer día, en el segundo día el aire y el agua, en el tercero las plantas, en el cuarto día Dios se concentró en el sol, la luna y las estrellas, y en el quinto día estos elementos fueron poblados con vida animal, peces y aves. Dios, al ver que el cielo estaba desierto, se cortó un trozo de barba y lo lanzó al aire: en ese momento nacen las aves y con ellas la gallina. Por lo tanto, las gallinas no venían del huevo sino de la barba de Dios.

Aristóteles sostenía la fijeza de las especies, según la cual las especies animales y vegetales son eternas e inmutables, y por lo tanto no evolucionan a través de las generaciones. El filósofo griego afirmaba que lo actual es siempre anterior a lo potencial, y por lo tanto, el hombre precede siempre al esperma, o lo que es lo mismo, la gallina precede al huevo.

Plutarco (46-120 d. C.), que era un pragmático, lo simplifica todo y explica que es probable pensar que primero fuera el huevo, que es más sencillo, mientras que la gallina tiene «un cuerpo más diverso y complejo». Además, lo que viene antes siempre es el principio, el principio es la semilla, y el huevo está «lleno de semillas».

Para superar definitivamente a Aristóteles, en lo que respecta al huevo y la gallina, llegó Diderot en el siglo XVIII, quien escribió: «Si la cuestión de qué era antes, si la gallina o el huevo, nos pone en dificultad, es porque se asume que los animales han sido estáticos desde su origen hasta hoy. ¡Qué locura!». En sus palabras estaba la respuesta definitiva a esta pregunta.

¡Y así llegamos a la ciencia! Y aquí posicionados podemos responder: nació primero el huevo. Y es posible afirmarlo no con base en la lógica, ni a la ontología, sino con una base biológica.

La paradoja habla de «huevo» en sentido general, y no de un huevo en particular, el de gallina. Con la evolución, los huevos en general ya existían antes que las gallinas que hacen huevos de gallina. Los antepasados de las aves y de las gallinas ya ponían huevos, sin ser aves o gallinas en sentido estricto, sino que se convertirían en estos algo más tarde, a partir de las mutaciones genéticas. Los fósiles más antiguos de huevos encontrados tienen aproximadamente ciento noventa millones de años. *Archaeopteryx*, una de las aves más antiguas, a menudo referida como el eslabón perdido entre las aves y los dinosaurios con plumas, vivió en el período Jurásico, hace unos ciento cincuenta millones de años.

Y es que las primeras gallinas no vinieron de huevos puestos por gallinas, sino de huevos depositados por otros animales, que podríamos denominar las «casigallinas». Las *casigallinas*, en cierto momento, pusieron huevos que contenían un ADN de gallina, y de su eclosión aparecieron las primeras aves de esta especie. Las mutaciones genéticas que acompañan a la evolución de una especie no ocurren durante la vida de los individuos de esa especie, sino en el momento de la transmisión del patrimonio genético de los individuos a la descendencia.

En verdad, no hay un momento preciso en el que una *casigallina* generó de repente una gallina. Poco a poco, han sido seleccionadas algunas características hasta llegar a importantes diferencias genéticas, que han llevado al nacimiento de una gallina verdadera. No es posible saber el momento preciso en que esto sucedió, ni en cuánto tiempo, por lo que no es posible afirmar cuál fue la primera gallina que ha existido. Pero esto no importa: es suficiente saber que en un cierto momento, una apareció. No obstante, sabemos que las gallinas domésticas como las conocemos datan de hace unos siete mil años.

Si se desea continuar en el juego de la paradoja huevo-gallina, se puede intentar entender el huevo como, efectivamente, un huevo de gallina, entonces la pregunta se podría hacer de esta manera: «¿Qué fue antes: el huevo de la especie gallina, o la gallina?». O incluso: «¿un huevo de gallina es un huevo puesto por una gallina, o un huevo que contiene una gallina?». Si aceptamos la primera opción, entonces la respuesta debería ser «la gallina», porque sin tener una gallina verdadera, no sería técnicamente posible tener un huevo de esta especie.

En apoyo a esta tesis, en 2010 algunos investigadores de la Universidad de Sheffield, en Reino Unido, publicaron un estudio muy anunciado en los medios que afirmaba haber descubierto una proteína necesaria para la formación del huevo de gallina propiamente dicho, que se encuentra en el ovario de las gallinas, la OV17. Sin embargo, este estudio ha sido muy disputado y no universalmente aceptado.

Independientemente de si se quiere considerar un huevo de gallina o un huevo de *casigallina*, queda el hecho de que la primera gallina «verdadera» nació, necesariamente, de un huevo.

Cuestión resuelta, podemos volver a nuestra vida normal.

77

Según Lamarck, ¿por qué hemos desarrollado el pulgar oponible?

¿Alguna vez has pensado en la cantidad de cosas que no podrías hacer sin el pulgar oponible?

Por supuesto que no podrías hacer autostop, y no existiría el «me gusta» en las redes sociales (lo cual puede que no sea del todo malo). Pero tampoco escribir con un lápiz, coger un objeto, liar un cigarrillo, fabricar herramientas, cambiar el canal con el mando a distancia de la televisión o jugar a la PlayStation. Se podría decir que la evolución humana gira en torno a un dedo, el pulgar en concreto. Y cuando pienso en el típico gesto del autostopista, siempre pienso en que, mientras el pulgar se «opone», el autostopista se «propone».

Un pulgar que se propone a la amabilidad de los conductores. Un pulgar libre, que se lanza a la aventura. Y de este pequeño gesto, que implica una confianza a ciegas en el prójimo, nacen encuentros, amores, conocimiento, y, por qué no, también peligros. No es de extrañar, entonces, que el pulgar oponible haya sido crucial en la evolución del ser humano. Este pulgar nos ha permitido la transición de *Australopithecus*, prácticamente monos, a *Homos habilis*, seres capaces de maniobrar con precisión. La evolución nos ha dotado de manos prensiles. Esto significa que, desde hace millones de años, el ser humano, así como los primates en general, es capaz de agarrar objetos gracias al pulgar oponible, fruto de una lenta evolución de la estructura ósea de la mano. Este detalle ha modificado enormemente el estilo de vida de los homínidos que, en consecuencia, han adaptado su nueva capacidad manual a las necesidades de caza y supervivencia de la especie. Se han cambiado las armas, las herramientas, y con ellas los hábitos, las habilidades. Cuánto poder en un solo dedo.

En la historia humana, el pulgar oponible se ha convertido en una herramienta suprema en la toma de decisiones, hasta llegar a tener un poder de vida o muerte en las personas: un pulgar hacia arriba o hacia abajo decidía la suerte de los gladiadores romanos. El pulgar oponible, así como la infinitamente bella y enorme variedad de formas de plantas y animales que pueblan ahora la superficie de la Tierra, no aparecieron de golpe, sino que han estado precedidos de una sucesión de otras formas diversas, de otros mundos de seres vivos, que han dejado sus huellas, restos de su existencia pasada.

Hoy en día, la evolución gradual de las formas de vida que existen sobre el planeta está generalmente aceptada, tanto como el hecho casi tan innegable de que la Tierra gira en torno al sol.

Como fundadores del moderno evolucionismo son generalmente reconocidos Lamarck, Darwin y Wallace. De hecho, es debido a la acción de estos tres importantes naturalistas, y sobre todo al increíble éxito de *El origen de las especies*, que surgió el gran movimiento evolucionista de la biología moderna.

Jean-Baptiste Lamarck fue el primero en formular una teoría evolucionista, con la publicación en 1809 de la obra *Philosophie zoologique*, en la que llegaba a la conclusión de que los organismos como los conocemos son el resultado de un proceso gradual de modificaciones llevadas a cabo bajo la presión de las condiciones ambientales. En pocas palabras, el uso continuado de algunas o todas las partes del cuerpo conllevaba cambios en los seres vivos, que podían ser heredados por sus descendientes.

En un intento por dar una explicación a la que sería la primera teoría evolucionista, Lamarck basó su teoría en tres ideas:

1. La gran variedad de seres vivos: Lamarck sostenía que algunas especies habían sido capaces de cambiar con el paso de los años.

2. El uso y desuso de algunos miembros: según el científico, las especies con el tiempo desarrollaron los órganos del cuerpo que les permitían sobrevivir y adaptarse al ambiente. Para explicar esta idea, recurría al ejemplo de las jirafas: en un primer momento, según Lamarck, solo existían jirafas de cuello corto; estas, debido al esfuerzo realizado para llegar a las hojas de las ramas más altas, habrían desarrollado cuellos más largos. De forma similar ocurriría con el pulgar oponible, resultado de la necesidad de agarrar objetos.

3. La herencia de los caracteres adquiridos: Lamarck creía que las especies transmitían a su progenie los

Herencia de los caracteres adquiridos, el mecanismo propuesto por Lamarck

Para Lamarck, los antepasados de las jirafas eran animales de cuello corto, habituados a pastar en la hierba. Pero las hojas de los árboles eran muy apetitosas, por lo que, intentando complementar su dieta, algunas jirafas se esforzaron por alargar el cuello y alcanzarlas. Las pequeñas elongaciones del cuello adquiridas por los antepasados de las jirafas durante su vida eran transmitidas a las crías. A lo largo de un gran número de generaciones, el cuello de las jirafas se habría adaptado cada vez más al ambiente, alargándose hasta alcanzar las hojas más altas. Imagen modificada de Sandranadiaedeliaok, Wikimedia Commons.

caracteres que habían adquirido (en el caso de las jirafas, el cuello más largo, y el pulgar oponible en el caso de los homínidos).

Las teorías evolucionistas que aparecieron a continuación abandonaron las ideas de Lamarck, sobre todo en lo que respecta a la herencia de las características adquiridas. Hoy sabemos que las mutaciones somáticas (las que no afectan a las células sexuales, sino al resto del cuerpo) no se pueden transmitir a la descendencia porque no forman parte del patrimonio genético que será pasado a la generación siguiente.

Sin embargo, Lamarck sigue siendo el primer científico que propuso una teoría evolucionista que comprendía las transformaciones de las especies a lo largo del tiempo (idea que será más tarde compartida por Darwin). De este modo, Lamarck alejó a la biología del creacionismo, fundando una perspectiva dinámica de la historia de la naturaleza.

78

¿Y según Darwin?

Lo cierto es que la teoría de Lamarck no fue muy convincente. Su idea de que los órganos se desarrollan con el uso (hasta aquí todo normal, igual que si vamos al gimnasio tenemos más músculos) y que estos rasgos adquiridos pudieran ser heredados por la descendencia dejaba algunos flecos. Si fuera realmente así, significaría que si nuestro padre hubiera hecho culturismo, nosotros naceríamos completamente llenos de músculos.

Para corregir un poco esta aproximación, entró en escena el naturalista inglés Charles Darwin. Darwin, tras un viaje de cinco años alrededor del mundo, regresó a Inglaterra, donde estudió la evolución de todos los seres vivos y del ser humano, intentando entender sus mecanismos. Sus ideas suscitaron entre sus contemporáneos tanto escándalo como interés.

Por alguna razón, cuando se habla de Darwin, siempre hay quien está dispuesto a discutir sobre hombres y monos, negando tener alguna vinculación con estos animales. Lo mismo ocurría en 1859, cuando Darwin expuso su revolucionaria hipótesis científica en el libro *El origen de las especies*. El libro suscitó un gran escándalo y fuertes aversiones, porque las ideas en él expuestas eran demasiado distintas a las de la cultura imperante en ese momento, fuertemente influenciada por las creencias religiosas según las cuales el hombre habría sido creado a imagen y semejanza de Dios, lo cual imposibilitaba que tuviéramos antepasados comunes con los monos.

Contemporáneamente a Darwin, otro estudioso inglés, Alfred Russel Wallace, llegaba a conclusiones similares. Como a menudo ocurre en ciencia, se tiende a personalizar, y mientras Darwin ha sido bautizado como el «padre de la evolución», pocos recuerdan al pobre Wallace, y muchos lo conocen como «el hombre que no era Darwin».

Darwin y Wallace basaron su pensamiento en numerosas observaciones directas (llevadas a cabo sobre todo durante sus viajes a regiones tropicales), que evidenciaban la gran variedad de especies presentes en una misma región y la perfecta adaptación de estas especies al tipo de hábitat y de alimentación.

La explicación de la evolución de Darwin-Wallace, conocida como la teoría de la evolución por selección natural, puede ser resumida de esta manera: entre los individuos de la misma especie existe una gran variabilidad genética (que se manifiesta en pequeñas diferencias en caracteres, como el tamaño corporal, la altura, el color de la piel o los ojos, etc.). Las variaciones individuales deben ser heredables, ya que los hijos se parecen a los padres. Todos los organismos tienden a multiplicarse, pero el ambiente no permite un crecimiento indiscriminado, sino que el tamaño de una población se frena por la mortalidad (selección natural). Sobreviven y se reproducen más fácilmente los individuos que han logrado una mejor adaptación al entorno en el que viven, y que son por tanto favorecidos en la lucha por la vida. Acorde a estos mecanismos, las especies evolucionan en el tiempo, dando lugar a especies nuevas.

Darwin conocía las técnicas de la selección artificial, los medios utilizados durante siglos por criadores y cultivadores para mejorar las razas económicamente útiles, y sugirió que un mecanismo similar podría también actuar en la naturaleza. Lo que ocurre es que el científico no conocía las leyes de la herencia (los estudios de Mendel, su contemporáneo, pasaron casi desapercibidos hasta principios de 1900) y, por tanto, no podía explicar específicamente cómo se origina la variabilidad de caracteres (sean físicos o de comportamiento) sobre la que actúa después la selección natural.

No obstante, la teoría de la evolución tiene el enorme mérito de haber mostrado como los nuevos caracteres se originan independientemente del ambiente. Es decir, no es el ambiente el que crea nuevos rasgos —como sostenía Lamarck— sino que, una vez aparecidos los rasgos, algunos de ellos son seleccionados por el ambiente.

La evolución está, por tanto, dirigida por la selección natural, pero ocurre de forma aleatoria. La selección no se debe considerar como un proceso que genera variabilidad, sino como una forma de preservar los cambios que resultan ventajosos para el individuo en sus circunstancias vitales concretas.

Además, según Darwin, en muchos animales la selección natural es «ayudada» por la selección sexual. Un particular modo de selección que no depende de la lucha contra otros seres vivos

Las jirafas primigenias poseen cuellos de distintos tamaños y distintas complexiones.

La vegetación no se encuentra al alcance de las jirafas con cuellos muy cortos. No sobreviven.

Las jirafas que sobreviven se reproducen y heredan sus características a las siguientes generaciones.

El proceso se repite durante generaciones hasta dar lugar a las jirafas modernas.

Según la teoría de la selección natural de Darwin, en la originaria y primitiva población de jirafas existían ejemplares con cuello normal y otros con el cuello y las patas más largas. Evidentemente, los ejemplares con el cuello más largo tenían ventaja frente a los normales, ya que eran capaces de llegar a las hojas más altas de los árboles. Por ello, prosperaban mejor y tenían más probabilidades de reproducirse, generando hijos también altos. Por el contrario, las jirafas de cuello corto estaban inevitablemente destinadas a sucumbir por su incapacidad de adaptarse al ambiente. Imagen de Unknownwikidata: Q4233718, Wikimedia Commons.

para poder sobrevivir, sino de la lucha entre individuos de un mismo sexo por conseguir aparearse con individuos del sexo contrario.

En esta lucha, la victoria suele estar ligada a la fuerza del macho, aunque algunos de ellos cuentan con unas armas especiales, como la cornamenta del ciervo. La selección sexual asegura que los machos más vigorosos y mejor adaptados puedan dejar el mayor número de descendientes. Si machos y hembras, con similares hábitos de vida, presentan diferencias (en los colores, adornos, etc.), se puede afirmar que estas diferencias se deben principalmente a la selección sexual, que ha favorecido a los machos que poseían ciertas características, transmitiendo a sus descendientes de sexo masculino estas «armas vencedoras».

79

¿QUÉ HUBIERA PASADO SI DARWIN SUPIERA DE GENÉTICA?

En 1859, Darwin no sabía de la existencia del ADN, ni siquiera las leyes de Mendel, y su teoría de la evolución estaba basada únicamente en las observaciones que había hecho viajando por todo el mundo, acompañadas de sus deducciones posteriores. Darwin hablaba de variaciones individuales heredables, pero no era consciente de lo que esto significaba a nivel molecular.

Cuando, a principios del siglo XX, se retoma la obra de Mendel, nace la bioquímica como ciencia, con el consecuente descubrimiento de la estructura del ADN, la replicación, y los mecanismos de transmisión de la información genética. Todo ello aportó nuevas evidencias que apoyaban la teoría evolutiva, y explicaban de modo satisfactorio los mecanismos que determinan las transformaciones de las especies con el tiempo.

El punto débil de Darwin siempre fue que su teoría no era capaz de explicar cómo se generaba la variabilidad entre individuos sobre la que actuaba la selección natural. Se produjo entonces una síntesis de ideas que llevó a la llamada teoría sintética de la evolución, también conocida como neodarwinismo. Esta teoría integraba en la teoría de Darwin los conocimientos moleculares adquiridos, y es considerada la interpretación genética moderna de la selección natural.

En la práctica, de acuerdo al neodarwinismo, los genes de una población que se reproduce de manera sexual constituyen el acervo genético (o *pool* genético). En el acervo genético, cada nuevo gen se origina debido a mutaciones, errores aleatorios en las secuencias de ADN. Una vez que, mediante mutaciones, se ha formado una nueva variante de un gen, esta entra a formar parte del acervo genético de la población porque, mediante reproducción sexual, puede ser transmitido a otros individuos.

Así, cualquier gen del acervo genético puede existir en numerosas variantes, todas debidas a mutaciones producidas en algún momento de la historia evolutiva del gen. Las variantes del mismo gen se denominan alelos, y según la abundancia o rareza de cada alelo en el acervo genético, se habla de alta o baja frecuencia alélica. A nivel genético, por tanto, la evolución puede ser definida como el proceso por el que la frecuencia alélica varía dentro de un acervo genético. Según la teoría sintética de la evolución, todos los organismos descienden de un ancestro común, y la evolución ha sido fruto de la acumulación de variantes (mutaciones).

Por tanto, la variabilidad individual que Darwin no pudo explicar es fruto de las mutaciones que, a través de recombinaciones de alelos, interacciones entre genes y sobrecruzamientos, aumentan el número de diferentes aspectos que cada rasgo puede asumir. La evolución, sin embargo, es un fenómeno poblacional, y no opera sobre el genotipo particular de un individuo, sino sobre todo el patrimonio genético de la población. La selección natural mantiene las mutaciones ventajosas, cuyos portadores aumentarán su frecuencia de una generación a la siguiente, y elimina, con mayor o menor velocidad, las mutaciones desventajosas. El neodarwinismo afirma, en términos muy sencillos, que todas las formas de vida sobre la Tierra se han producido gracias a la acumulación de una serie ventajosa de errores al copiar el ADN.

La teoría sintética de la evolución logra combinar con éxito muchos datos fósiles y genéticos, y se trata indudablemente de una teoría potente, consistente y elegante. Lo cual no significa que sea perfecta. De hecho, contempla una evolución gradual de las especies que no siempre se confirma con los datos fósiles encontrados. A veces, de hecho, hay muchos eslabones perdidos en las supuestas cadenas evolutivas. Se puede pensar que esto es debido a las lagunas paleontológicas, o se puede pensar que el gradualismo implícito en la teoría neodarwinista debe ser de alguna forma superado.

Es por ello por lo que a principios de los años setenta, Eldredge y Gould propusieron un nuevo modelo evolutivo, conocido como la teoría del equilibrio puntuado, cuyo objetivo principal era proporcionar una explicación convincente a la escasez de fósiles de transición. De hecho, esta teoría permite explicar por qué las especies vivas no parecen haber cambiado de forma regular y gradual en el tiempo, sino que parecen mutar mucho más rápidamente en el momento en el que aparecen, para acomodarse después en una larga fase de cambio relativamente modesto o casi nulo (período de éxtasis evolutivo). Esta teoría se confirma con el estudio de los moluscos fósiles del Cenozoico en el lago Turkana, en Kenia. En ellos, la morfología de la concha revela un período de estabilidad de aproximadamente tres a cinco millones de años, intercalado entre períodos breves (alrededor de cincuenta mil años) de transformación y fenómenos de rápida especiación. Hay circunstancias en las que la especiación puede ser muy rápida, incluso para ciertas especies actuales.

El aspecto más importante e innovador de la teoría del equilibrio puntuado es la diferenciación entre macroevolución y microevolución. La diversificación de organismos a nivel de géneros, familias, órdenes y clases ocurriría de forma repentina e impredecible, gracias al éxito de determinadas mutaciones y a transformaciones importantes en la regulación génica a nivel de individuos, y no sería resultado de un cambio gradual en el patrimonio genético de una población.

Otro dato que apoya el que la evolución no sea siempre un fenómeno gradual es el fenómeno de la extinción en masa, es decir, la desaparición repentina de muchas especies en un tiempo geológicamente muy breve. Los paleontólogos actualmente reconocen cinco grandes extinciones en masa (al final del Ordovícico, Devónico, Pérmico tardío, Triásico y Cretácico) y más de veinte episodios menores.

En esencia, se reconoce que, si bien la evolución es en gran medida un fenómeno gradual, a veces ocurren cambios bruscos frente a los cuales es imposible la adaptación genética, lo que los convierte en ocasiones decisivas para la renovación de la biodiversidad terrestre. Esto ha ocurrido en las cinco grandes extinciones, a partir de las cuales los supervivientes han condicionado la evolución posterior en la biodiversidad de nuestro planeta.

Aquí el punto de divergencia corresponde al papel desempeñado por el azar en la evolución de las especies, como demuestra el hecho indiscutible de que las grandes extinciones en masa fueron causadas por una serie de catástrofes (glaciaciones, erupciones volcánicas, cambios en el nivel del mar, impactos de meteoritos…) absolutamente impredecibles.

La evolución actual, por tanto, no solo no es idéntica a la que proponía Darwin, sino que ha iniciado un proceso de transformación. La fluidez relativa de la moderna teoría de la evolución se debe a los descubrimientos del último cuarto de siglo, que requieren una reconfiguración de la teoría sintética.

Y es que ¡también el evolucionismo debe evolucionar!

80

¿Se extinguirán las personas pelirrojas?

Se llama rutilismo, y consiste en la predisposición genética a tener el pelo y el vello de color rojo. El rutilismo se debe a niveles muy altos de feomelanina (responsable de la pigmentación rojiza) y a niveles muy bajos de eumelanina (pigmentación oscura). Además de encontrarse en los seres humanos, se puede encontrar en muchos otros mamíferos, como algunos primates, ardillas, jabalíes, vacas, perros, gatos, zorros y ciervos.

Este color se manifiesta en las personas con dos copias mutadas del gen recesivo MC1R (receptor de melanocortina tipo 1, localizado en el cromosoma 16). Esto significa que, aunque ninguno de los dos padres tenga el pelo rojo, pueden ser portadores del gen y, por tanto, tener un hijo con cabello rojo (con una probabilidad del 25 %). Si uno de los progenitores es pelirrojo y el otro es portador, la probabilidad de tener un hijo con cabello rojo asciende al 50 %. Si, por último, solo uno de los progenitores es portador del gen mutado, la probabilidad de tener un hijo pelirrojo es muy escasa. Por lo tanto, los saltos generacionales son bastante comunes para este rasgo (ver pregunta 9, «¿Es cierto que algunas rasgos, como los ojos azules, pasan de abuelos a nietos?»).

En general, el rutilismo está asociado a una tez muy blanca, a causa de los bajos niveles de eumelanina. Esto supone la ventaja de que incluso una iluminación solar muy baja es suficiente para producir vitamina D, algo muy útil en los países nórdicos. Según algunos estudios, esto podría dar lugar a una menor probabilidad de desarrollar raquitismo, y a retener mejor el calor que las personas con la piel oscura. Se propone, de hecho, que se haya dado un proceso de selección natural, que ha llevado a este color de pelo a ser muy raro en los países de clima más cálido y más frecuente en los países de climas fríos.

Al parecer, el gen recesivo del rutilismo apareció en la Tierra hace entre cincuenta mil y cien mil años, aunque hay quien sitúa su aparición en tiempos más recientes, hace veinte mil años. Aunque puede, a veces, resultar estéticamente atractivo, en la mayoría de los casos es considerado una debilidad genética. Tener el cabello rojo implica, de hecho, molestias: una mayor exposición al melanoma, a la irritación cutánea, y una mayor sensibilidad a los anestésicos. Precisamente a causa de esta debilidad, a menudo se oye decir que los pelirrojos se extinguirán, sucumbiendo a la selección natural. Pero ¿es esto cierto?

Cuando hablamos de selección natural, lo primero que se nos viene a la cabeza son las famosas jirafas de Darwin (ver pregunta 78, «¿Y según Darwin?»). Las jirafas de cuello largo tenían más posibilidades de sobrevivir, al poder comer las hojas más altas y tener, por tanto, una mejor alimentación. Esta mayor probabilidad de supervivencia implicaba una mayor probabilidad de reproducción, transmitiendo sus genes a la descendencia. A menudo se comete el error de vincular la evolución únicamente a la mejor adaptación al entorno, pensando que el motor de la selección natural es la mejor adaptación al ambiente que rodea al individuo. Esto no es así, al menos, no siempre. El verdadero motor de la evolución, lo que realmente decide qué rasgos (léase, genes) se mantendrán y cuáles se perderán en las generaciones futuras es el éxito reproductivo.

La cuestión es bastante lógica: el mecanismo práctico por el que los genes pasan a la descendencia es la reproducción, y mientras que tener el pelo rojo sea sexualmente atractivo, no existe ningún motivo para dudar de que los hombres y mujeres de todo el mundo puedan elegir personas con este color de pelo como parejas sexuales. Incluso podría ocurrir que las personas de cabello rojo fueran consideradas más atractivas y, por tanto, el rutilismo, sin ser una ventaja a nivel de adaptación al medio, se podría propagar mucho más en la población humana.

Algo similar ocurre con los dedos del pie. A menudo se dice que los humanos perderemos estas partes del cuerpo, visto que ya no tienen una funcionalidad clara. Pero la verdad es que esto no ocurrirá, a no ser que tener un pie con los dedos atrofiados sea sexualmente más atractivo que tener un pie normal y entero.

En lugar de la selección natural, por tanto, se debería hablar de una selección sexual, que actúa sobre las características que determinan el éxito reproductivo. En *El origen de las especies*, Darwin le dedicó solo unas pocas páginas, pero más tarde profundizó en el tema en otro libro: *El origen del hombre y la selección en relación al sexo* (1871).

Es evidente que generalmente la selección natural y la selección sexual van de la mano, en el ejemplo de las jirafas, de hecho, es presumible que una vida más larga y una mejor alimentación

En la foto se muestra un ejemplar espléndido de obispo colilargo (*Euplectes progne*). Darwin vinculó la selección sexual con la enorme cola del macho, cuya longitud es mayor a la de la cabeza y el cuerpo juntos. Los machos con la cola más larga, a pesar de tener mayores dificultades para el vuelo, son más atractivos para las hembras de la especie y por tanto tienen mayores probabilidades de apareamiento y transmisión de sus genes a las generaciones futuras. Este es un típico ejemplo de selección sexual, que no necesariamente corresponde con una mejor adaptación del individuo al ambiente. Foto: Attis1979, Wikimedia Commons.

son condiciones suficientes para garantizar un mayor éxito sexual; pero también existen muchos casos en los que los dos procesos pueden estar totalmente desvinculados.

Mientras que la selección natural favorece los rasgos que mejoran la capacidad de sobrevivir, la selección sexual solo afecta al éxito reproductivo. Obviamente, para poder reproducirse un animal debe sobrevivir, pero si sobrevive y no se reproduce, no contribuye de ninguna manera a la generación siguiente. No es por tanto imposible que la selección sexual favorezca algunas características capaces de incrementar la capacidad reproductiva del portador, a pesar de reducir su capacidad para sobrevivir. Un ejemplo de ello es la cola del pavo real, que difícilmente puede verse como una mejora en su habilidad para camuflarse de depredadores o conseguir más recursos del entorno.

En la especie humana, la selección sexual tiene un papel predominante. Se podría decir que el mismo cerebro humano no es más que una muy sofisticada cola de pavo real. El ser humano es un animal muy particular, que ha desarrollado la capacidad del lenguaje, creando su propio ritual de cortejo mediante la comunicación simbólica verbal. El arte, la música, la escritura, así como la bondad, el altruismo, el humor o la tendencia a la superstición o la religión frente a la racionalidad son características exclusivas del género humano, que encuentran explicación en el contexto de la línea evolutiva seguida por el cerebro humano bajo la presión de la selección sexual. Una vez más, podemos decir que ¡todo gira en torno al sexo!

81

¿LA EVOLUCIÓN NOS HARÁ PERFECTOS?

Hemos visto en las secciones anteriores cómo la evolución se basa en la aparición de mutaciones y cómo la selección natural o la selección sexual favorecen las variedades más adaptadas, o más atractivas desde el punto de vista sexual. En este punto surge una pregunta: si la selección natural es tan eficiente en la facilitación de las variedades más adaptadas, ¿por qué razón los seres vivos muestran aún una variedad tan grande?

Sin duda, una de las frases más famosas de *El origen de las especies* de Darwin es la que define la esencia de la teoría misma, es decir, la que define la selección natural como «la conservación de las variaciones favorables y la eliminación de las variaciones dañinas». A partir de esta frase puede parecer que la selección natural sea un camino obligado, pero en realidad esta afirmación es inmediatamente seguida por otra que apenas se cita: «las variaciones que no son útiles ni dañinas no están sujetas a la selección natural». En otras palabras, Darwin no distingue dos, sino tres tipos de variaciones: ventajosas, perjudiciales y neutras.

Mientras que las variaciones ventajosas se propagan en la progenie por selección positiva, las variaciones perjudiciales tienden a desaparecer por selección negativa. En el primer caso, los descendientes del portador de la mutación aumentarán en la población considerada, porque se reproducirán más, mientras que en el segundo caso disminuirán, porque se reproducirán menos. Las variaciones neutras, sin embargo, escapan a la dura ley de la selección natural.

Hoy sabemos que existen muchas mutaciones génicas neutras, es decir, que no implican ni ventajas ni desventajas para el organismo que los porta. El concepto de variaciones neutras fue una importante intuición de Darwin, aunque generalmente no se aprecia como tal. Teniendo en cuenta que, al menos en una primera aproximación, las mutaciones son eventos aleatorios, y dado que las mutaciones neutras representan la enorme mayoría de las mutaciones (al menos en el genoma de los organismos superiores), su evaluación permite estimar la parte aleatoria de la evolución.

Para entender cómo una mutación puede ser neutral, debemos volver a hablar de proteínas y aminoácidos. Habíamos visto como las mutaciones por sustitución implican la sustitución de un aminoácido por otro, y que muchos aminoácidos de una molécula proteica, reemplazados por otros aminoácidos, afectan muy poco al funcionamiento de la proteína. De este modo, estas mutaciones neutrales no se ven influidas por el proceso selectivo, y se fijan al azar en la población. Muchas de las variantes de un gen, por tanto, son «invisibles» a la selección.

El primero en retomar y desarrollar la idea original de Darwin sobre las variaciones neutrales fue, en 1968, el genetista japonés Motō Kimura, quien propuso una teoría neutral de la evolución. La teoría neutralista no niega la acción de la selección natural, pero le confiere un papel de mayor importancia al efecto de deriva genética. El hecho de que la mayor parte de las mutaciones sean neutrales hace que en el acervo genético se produzcan cambios de una manera que la selección natural no puede controlar, ya que no se traducen en cambios en el fenotipo. La hipótesis de Kimura es que las leyes de la evolución fenotípica son sustancialmente distintas a las leyes de la microevolución. En otras palabras, la selección darwiniana actúa sobre fenotipos y produce evolución, pero no tiene en cuenta que los fenotipos están determinados por los genotipos y que, a nivel molecular (es decir, de la estructura interna del material genético), una gran parte de los cambios son promovidos de manera casual.

A pesar de que el principio de la selección neutral es sencillo y bastante lógico —especialmente si pensamos a nivel molecular—, su comprensión general ha sido históricamente difícil de lograr. Los obstáculos con los que ha tropezado surgen de la falta de voluntad de muchas personas a abandonar unas viejas ideas, que resultan muy cómodas por otro lado. Sobre todo la idea de que la evolución debe implicar un progreso inminente. De hecho, muchas personas tienen aún la convicción de que el

Homo sapiens ocupa un lugar especial y prefijado en la economía y la naturaleza.

Sin embargo, a pesar de su poder en el curso de la evolución, la selección natural no es omnipotente. Muchos científicos hoy cuestionan la idea-mito de que toda la complejidad debe ser siempre adaptativa. Prueba de ello es que hemos desarrollado estructuras complejas que han evolucionado por su cuenta, neutralmente, sin ser nocivas ni beneficiosas en un primer momento, pero que luego han resultado sorprendentemente útiles. Los organismos no son máquinas perfectas diseñadas por la selección natural para ser los mejores objetos imaginables en su ambiente, sino que son producto de una historia de millones de años, que los ha obligado a cambiar y a modificarse en un número limitado de maneras.

La teoría tradicional sostenía que las estructuras complejas evolucionan de las más sencillas a través de un proceso evolutivo gradual, durante el cual la selección darwiniana favorece las formas intermedias. Pero en realidad, la complejidad puede emerger también de otro modo, por ejemplo como efecto colateral, incluso sin que intervenga la selección natural. Las investigaciones indican que las mutaciones aleatorias sin efecto en el organismo pueden ser el combustible para el surgimiento de la complejidad, en un proceso llamado evolución neutral constructiva.

Y es precisamente por esta razón por la que la evolución no nos ha hecho, ni nos hará, perfectos.

82

¿EXISTEN LOS GENES EGOÍSTAS?

¿Alguna vez has visto a un animal ayudando a otro en un momento difícil? Recientemente causó sensación un vídeo en el que se veía a un delfín llevar sobre su dorso a un compañero que, por razones que desconocemos, no conseguía nadar, logrando así que pudiera respirar. A partir de las imágenes, quedaba claro que el delfín estaba intentando con todas sus fuerzas salvar la vida de su semejante a través de un acto que solo puede ser descrito como altruista.

Si miramos bien a nuestro alrededor, el mundo animal está lleno de estos fenómenos. Cuando un elefante joven queda atrapado en un charco de fango, o debe recorrer un camino muy cuesta arriba, el resto del grupo lo empuja con la cabeza o la trompa. En los búfalos, cuando un individuo joven o enfermo es atacado por los leones, el grupo entero forma un muro contra el depredador; y en especies como los lobos, algunos individuos renuncian a su propia reproducción por cuidar de los jóvenes del grupo. Estos ejemplos de ayuda desinteresada seguramente testifican que los animales no son máquinas, sino seres vivos capaces de experimentar una amplia gama de emociones, la empatía entre ellas. Pero ¿de dónde deriva este altruismo?

El altruismo tiende a aumentar el número de descendientes de otro individuo a expensas de la propia supervivencia o reproducción, un hecho que no parece concordar con los principales fundamentos de la evolución. De hecho, si el motor de la evolución es la capacidad de reproducción —dejar el mayor número de descendientes posible—, es evidente que un comportamiento altruista lo único que puede aportar al sujeto es una disminución de esta capacidad, un carácter desventajoso que, con el tiempo, debería desaparecer.

Una explicación podría ser la de la reciprocidad, el altruismo es en realidad cooperación, la clásica idea de que la unión hace la fuerza. A veces, dichos episodios de solidaridad llegan a traspasar la frontera de la especie, como en el caso de las adopciones de crías de otra especie, o el comportamiento de ayuda y socorro a individuos de especies distintas.

Habíamos visto como, según el darwinismo «ortodoxo», el objeto sobre el que actúa la selección natural es el ser vivo individual; estos individuos son dotados de características heredadas de sus antepasados, o que se manifiestan en ellos por primera vez a partir de una mutación al azar. La evolución de una especie se produce cuando un individuo que sufre de repente una mutación casual encuentra en ella una ventaja con respecto a sus compañeros para la supervivencia, lo que implica su mayor éxito reproductor y, por tanto, aumenta la probabilidad de que ese nuevo carácter hereditario se transmita a las generaciones siguientes hasta modificar a la especie entera.

Pero lo que Dawkins propone es cambiar el foco de atención del individuo al elemento que hace posible la transmisión de los caracteres hereditarios, que hoy sabemos que son los genes.

Las abejas son el típico ejemplo de animal con un comportamiento altruista, dispuestas a dar su vida para proteger la colmena. Pero hay muchos otros ejemplos de altruismo en el mundo animal. Especies como la marmota cuentan con centinelas que avisan cuando se acerca un peligro, volviéndose así más vulnerables ellos mismos. En las hienas, los lémures y algunos primates, cuando una cría pierde a la madre, otra hembra adulta lo adopta y lo cuida como a un hijo. Pero ¿por qué lo hacen? Y ¿cómo se concilia el altruismo con las duras leyes de la selección natural? Foto: Bob Peterson, Wikimedia Commons.

Se parte de la suposición de que cada carácter somático particular o actitud comportamental del individuo se corresponde con un gen o combinación de genes concretos. Un solo carácter de la persona puede resultar más o menos ventajoso para la replicación de sus genes a través de sus descendientes: de esto se deriva una mayor o menor difusión de tales genes en las generaciones sucesivas. Según Dawkins, no son tanto los individuos como los genes los que luchan por la supervivencia, que consiste en asegurar tantas replicaciones como sea posible. Los genes programan la construcción de los organismos, que son las «máquinas de supervivencia» de las que se sirven para aumentar la probabilidad de reproducirse invariablemente en el tiempo, manteniendo así la estabilidad. Este cambio de perspectiva en la teoría de la evolución, del individuo al gen, permite, según Dawkins, explicar algunos fenómenos observados en el mundo animal, que parecen ir contra la ley de la supervivencia del más apto.

Las actividades de cooperación, solidaridad familiar, comportamientos altruistas, hasta el punto de que un animal puede poner en peligro su propia vida por ayudar a otros individuos de su misma especie, han llevado a algunos a creer que, al menos en ciertos casos, la evolución opera por el bien de la especie, y no de los organismos individuales que la componen.

De tal modo, podemos comprender, por ejemplo, el verdadero motivo por el que una abeja puede sacrificarse a sí misma, picando a los animales que amenazan con comerse la miel: este comportamiento es difícil de explicar desde el punto de vista del bien del individuo, ya que la abeja da la vida por un recurso que solo beneficia a los otros miembros de su grupo. Se podría pensar que está trabajando por el bien de la colmena. Acorde a la teoría de Dawkins, esto ocurre porque el gen que ha establecido este tipo de comportamiento tiene mayores probabilidades de propagarse en las generaciones futuras respecto de otro gen que la invitase a prevenir el acto suicida. La abeja, de hecho, es estéril, y el único modo que tiene para transmitir sus propios genes es preservando a toda costa la vida de los descendientes de la abeja reina, cada uno de los cuales tiene en sus cromosomas tres cuartos de genes comunes con las abejas «kamikazes».

Describiendo los genes como egoístas, Dawkins no tiene la intención de afirmar que están dotados de una voluntad o intencionalidad propia, pero sus efectos pueden ser descritos como tal. Su tesis es que los genes que se han impuesto en las poblaciones son aquellos que provocan los efectos que les sirven para sus intereses, es decir, para continuar reproduciéndose, y no necesariamente aquellos que sirven a los intereses del propio individuo.

83

¿Qué es un reloj molecular?

Digamos que usted se despierta una mañana con unas ganas locas de descubrir cuándo vivió el último ancestro común entre los humanos y los nudibranquios.

Los nudibranquios son criaturas muy curiosas y peculiares, algunas de ellas nos podrían recordar a los *pokemon*. Por desgracia, los nudibranquios son moluscos, y los objetos blandos tienden a fosilizar muy poco; tan poco, que no se conocen fósiles de nudibranquios adultos, a lo sumo se pueden encontrar algunos restos en estado larvario, cuando estas criaturas aún no han perdido la concha.

Empeñados en encontrar al menos un dato aproximativo, podemos utilizar la información que tenemos sobre este grupo; al contrario que los humanos, los moluscos son invertebrados, y viendo más o menos cuándo se separaron vertebrados e invertebrados, posiblemente nos acerquemos a la fecha buscada.

Esto es en parte así. Retroceder para encontrar un antepasado común entre vertebrados e invertebrados implica mirar mucho hacia atrás. Más de seiscientos millones de años, antes de la explosión cámbrica. Y antes del Cámbrico, todo lo que existía era blando y difícil de fosilizar. El problema se resolvería si la evolución fuese un proceso regular, medible y constante. Pero no hay manera de encontrar regularidad y constancia en la evolución, la selección darwiniana actúa de manera diversa en función del grado en que un rasgo contribuya a la supervivencia de un organismo. John B. S. Haldane una vez propuso una medida de la tasa de evolución: el «Darwin», que medía cambios proporcionales de generación en generación. No obstante, aplicarlo a los fósiles reales era una tortura: no solo porque era necesario, de alguna manera, averiguar cuántas generaciones había entre los fósiles; también porque las tasas resultantes pasaban de los mili-Darwin a los kiloDarwin sin continuidad. Una causa perdida, de hecho. O tal vez no.

En 1962, Linus Pauling tenía 61 años y dos Premios Nobel, y estaba centrado en los orígenes moleculares de las enfermedades. Las técnicas bioquímicas que tenía a su disposición no eran suficientemente precisas, y estaba buscando la manera de perfeccionarlas, trabajando junto a sus doctorandos, entre ellos Émile Zuckerkandl.

Émile trabajaba con la hemoglobina, intentando encontrar un modo para identificar rápidamente las variaciones de su estructura molecular, variaciones que, según Pauling, podrían estar relacionadas con varias patologías. Comparando moléculas de hemoglobina de diferentes especies, los dos notaron un hecho: el número de aminoácidos que cambiaban en la estructura entre las hemoglobinas de dos especies era directamente proporcional a la distancia temporal entre sus dos grupos taxonómicos, estimada a través de los fósiles hallados en los estratos geológicos. En otras palabras, comparando las hemoglobinas de dos especies que se habían separado recientemente (desde el punto de vista evolutivo), como los humanos y los chimpancés, las diferencias eran muy pequeñas. Y estas diferencias aumentaban linealmente con la distancia temporal entre especies.

Apenas un par de años después, apareció otra observación relevante para nuestra historia, y que parecía arruinar nuestro sueño de descubrir la distancia entre el ser humano y los nudibranquios: el principio de la equidistancia genética.

En lugar de hemoglobina, esta vez se usó el citocromo-C (una proteína pequeña que funciona como transportador de electrones). Emanuel Margoliash demostró que las diferencias acumuladas dependían del tiempo de divergencia de la cepa que se estaba estudiando. En la práctica, el citocromo-C de un pájaro era tan diferente al de un humano como al de un caballo, dado que todos los mamíferos se diversificaron después de su separación de la línea genealógica que llevaba a las aves. Esto ya suponía un logro, porque permitía reconstruir ciertas relaciones de parentesco en árboles genealógicos complicados. Pero también implicaba una novedad: el citocromo-C variaba más rápido que la hemoglobina, aunque siempre con una tasa constante. Y nadie, en 1963, tenía una teoría clara para explicarlo. Hasta 1968, cuando Kimura desarrolla un sistema teórico muy simple pero extremadamente potente.

Imaginemos una población de cien individuos, cada uno con su genoma. Una nueva mutación aparece en un solo individuo, en un punto concreto de su material genético. La frecuencia de esta mutación, siendo tan nueva, es muy próxima a cero; en una población relativamente pequeña como la del ejemplo, la frecuencia será de 1/100. Esta mutación posiblemente sea absolutamente neutral (ver pregunta 81, «¿La evolución nos hará perfectos?»), como la mayor parte de las mutaciones que existen (según Kimura). Su difusión en las generaciones siguientes no dependerá por tanto de la selección natural.

Cuando una mutación alcanza el 100 % de una población, se dice que está «fijada», se ha convertido en el estándar. Esto sucede rápidamente si la selección natural favorece la nueva mutación respecto al tipo no mutado, pero puede suceder que, en un cierto número de generaciones, las mutaciones estén presentes en todos los organismos por puro azar (es la llamada deriva

Más pequeños que una mano, con forma aplanada o cilíndrica pero, sobre todo, con mucho color, los nudibranquios (*Nudibranchia*) son moluscos de cuerpo blando y flexible, pertenecientes a la familia de los caracoles de mar; son muchos y tienen las formas más variadas. Se estima que hay más de tres mil especies conocidas, pero se identifican individuos nuevos casi cada día. Son conocidos como los «payasos» de las profundidades: sus colores brillantes, a menudo combinados con una cierta toxicidad, sirven para defenderse de sus depredadores, advirtiéndolos del posible peligro. Ahora bien, ¿cuánto tenemos en común con estas extrañas criaturas? Foto: Minette Layne, Wikimedia Commons.

genética). Kimura no solo se limitó a formular este principio, también mostró que si la mutación es real y totalmente neutral, la tasa con la que se fija en la población es exactamente idéntica a la tasa de mutación.

Esto fue un descubrimiento épico para aquellos que quieren saber cuándo se produjo la bifurcación entre seres humanos y, por ejemplo, nudibranquios. Para ello, se toma un gen presente en ambas especies, se cuenta la cantidad de bases nitrogenadas (letras) diferentes, y se calcula que, de forma aproximada, la mitad de las mutaciones se fijaron en el último antepasado común hacia los seres humanos y la otra mitad en el último antepasado común hacia los nudibranquios. El número de diferencias que obtenemos es el número de tics del reloj molecular. Basta saber cada cuánto tiempo hace tic el reloj, multiplicarlo por el número de tics, y el cálculo está hecho.

84

¿Qué relación hay entre evolución y biodiversidad?

La impresionante biodiversidad de las formas de vida presentes en nuestro planeta y su contribución en el mundo siempre han despertado la admiración y curiosidad de muchos científicos y naturalistas apasionados.

El término biodiversidad, o diversidad biológica, se refiere al conjunto de estas formas de vida. Muy a menudo, la biodiversidad viene definida como el número de especies presentes en un determinado ambiente, pero esta definición resulta muy restrictiva, el concepto de biodiversidad no puede reducirse a un simple número. Esta incluye variaciones de la materia viva a todos los niveles: en los genes, individuos, poblaciones, especies y comunidades (o ecosistemas, si incluimos también los factores fisicoquímicos que condicionan a los organismos).

El concepto de biodiversidad incluye, por tanto, la diversidad genética en el interior de una población, el número y distribución de las especies en un área, la diversidad de los grupos funcionales (productores, consumidores, descomponedores) en el interior de un ecosistema, y la diferenciación de los ecosistemas dentro de un territorio. Entonces, ¿cuál es la relación entre biodiversidad y genética?

La respuesta ya la sabemos, la biodiversidad en el fondo no es más que un puzle compuesto por muchas piezas, las moléculas. Y debemos conectarlas todas según las leyes de la genética.

La variedad de la vida, la biodiversidad, está presente en todos los lugares del planeta. Por un lado, tenemos cerca de dos millones de especies de seres vivos actualmente conocidos; y por otro lado, contamos con solo cuatro moléculas diversas, los nucleótidos, que constituyen el código genético de la vida: el ADN. Ahora queda entender por qué y cómo aparece la biodiversidad en la Tierra.

Si queremos entender el porqué, podemos decir que la biodiversidad como tal es causa y consecuencia de la evolución misma, representando las premisas y resultado de la adaptación operada por cada especie, con mayor o menor éxito, sobre el planeta a lo largo de los siglos. Pero ¿cómo y dónde se puede apreciar este fenómeno?

La biodiversidad está a nuestro alrededor, en todas partes. La biodiversidad representa la variedad de seres vivos que pueblan nuestro planeta; el ser humano mismo es testimonio de ella. Se manifiesta tanto microscópicamente (en bacterias, invisibles a simple vista) como macroscópicamente (la ballena, el mamífero más grande); su campo de acción pasa del nivel molecular (genes) al celular (organismos y especies), hasta llegar al nivel superior, el de poblaciones y ecosistemas.

La biodiversidad se caracteriza por números enormes. Los seres vivos sobre la Tierra son representados por más de dos millones de especies conocidas, de las cuales cerca de 1.300.000 especies son animales, entre los que existen 50.000 vertebrados (peces, aves, reptiles, anfibios y mamíferos). También existen 270.000 especies de plantas, 70.000 tipos de hongos, 50.000 protoctistas y 10.000 especies distintas de bacterias.

Como hemos visto anteriormente, la doble hélice de ADN, el código de la vida, está formado por tan solo cuatro unidades fundamentales, los nucleótidos. Pero no podemos decir que la naturaleza haya ahorrado energía al crear y mantener genomas complejos, al menos en términos de longitud. Los tres millones de pares de bases de nuestro genoma en el fondo son poca cosa respecto a los ciento cincuenta millones de pares de bases del genoma de *Paris japonica*; aun así, los números son considerables si pensamos en combinaciones de solo cuatro nucleótidos distintos, y de ahí que la longitud misma del genoma puede representar un almacén, un almacén muy completo, al que la biodiversidad puede acudir para autoalimentarse.

Es de hecho conocido como cada división celular representa uno de los momentos en que la selección ejercita su papel. El conjunto de variaciones genéticas, seguidas de errores en la replicación de ADN, puede provocar que la variante genética producida resulte maligna, una mutación dañina para el organismo; pero algunas veces (estadísticamente demostradas) estas variaciones resultan en una ventaja selectiva que puede suponer un salto de calidad evolutiva. Esta ventaja evolutiva puede suponer un mecanismo para crear biodiversidad.

Ahora bien, entre genomas tan similares, en términos de longitud, ¿cómo se puede manifestar la biodiversidad?

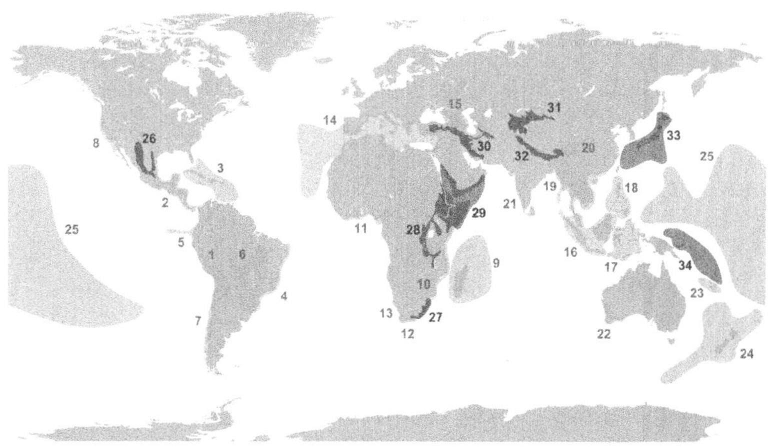

Los *hotspots* de biodiversidad son aquellos maravillosos lugares de la Tierra en los que la cantidad de biodiversidad de las especies animales y vegetales alcanza niveles extraordinarios. Los ambientalistas sostienen que estos puntos son lugares críticos que deben ser defendidos de las amenazas del desarrollo humano y el cambio climático. Aunque la palabra «*hotspot*» significa 'punto caliente', esto no implica que en estas áreas la temperatura sea elevada. Sin embargo, las proyecciones indican que el aumento de temperatura debido al cambio climático será más intenso justo donde los *hotspots* alcanzan su máxima concentración. Imagen de Ninjatacoshell, Wikimedia Commons.

En primer lugar, debemos profundizar, evitando quedarnos solo en la simple longitud de la molécula de ADN, que sería como quedarse en la cantidad bruta de nuestro salario. ¿Cuántos genes hay? ¿Cuántas porciones codificantes para proteínas funcionales hay dentro de dos genomas aparentemente de la misma longitud? Los genes efectivos presentes en los seres vivos les confieren estructuras fenotípicas distintas a sus células, y representan de este modo ejemplos de diversidad biológica.

Pero, en realidad, en nuestro salario también cuentan las tasas, sobre todo si son muchas.

Es por esto por lo que también la parte de ADN no codificante merece una consideración y estudio. Y esto resulta aún más importante si pensamos que generalmente la gran mayoría de cualquier genoma es en realidad no codificante: en el ser humano, por ejemplo, aproximadamente solo un 2 % del ADN está formado por genes codificantes. Las secuencias nucleotídicas que están entre un gen y el siguiente pueden tener un papel funcional esencial en la regulación de la expresión de los propios genes, representando así otro mecanismo de acción en la creación de biodiversidad.

Paradójicamente, en igualdad de número en la secuencia nucleotídica efectiva de los genes, dos organismos podrían ser funcional y fenotípicamente distintos debido a todo el ADN no codificante, ese material que ciertamente no podemos definir, como se hacía hasta hace poco, como «ADN basura».

Y no podemos olvidarnos del polimorfismo, esto es, las variantes genéticas más frecuentes en el genoma. Estas, al menos inicialmente, se confirman como benignas o carecen de efecto. No obstante, hoy en día está demostrado como, en contextos celulares específicos, también estas variantes pueden estar en la base de mecanismos patogénicos. Es más, incluso cuando un polimorfismo se ha demostrado asociado a un fenotipo específico, no significa que todos los organismos (que podrían ser muchos, si se trata de una variante común) portadores de ese alelo concreto manifiesten las mismas características, por ejemplo en términos de gravedad de una enfermedad. Por lo tanto, además del polimorfismo específico debe existir otro, a nivel genético o ambiental, responsable del resultado final. Esto también puede ser visto en un contexto de biodiversidad a nivel molecular.

Podemos por tanto concluir que, a pesar de que solo existen cuatro nucleótidos distintos en el ADN, la biodiversidad es, y será, responsable de todas las formas de vida en el planeta, a través de procesos evolutivos propios de cada especie.

85

¿Es cierto que padecer anemia te protege de la malaria?

La malaria (también llamada paludismo) es una enfermedad infecciosa causada por un protozoo parásito llamado *Plasmodium*. Se transmite exclusivamente a través de la picadura de mosquitos infectados del género *Anopheles*. Estos mosquitos están presentes en América Central y del Sur, África y Asia. Una vez dentro del cuerpo humano, los parásitos de la malaria se multiplican en el hígado y después de un período de incubación variable son liberados al torrente sanguíneo, infectando a los glóbulos rojos.

Solo con nuestras propias fuerzas y disposición para combatir la malaria podemos encontrarnos en grandes dificultades. El sistema inmunitario no es capaz de librarse fácilmente del parásito que causa la enfermedad y, sobre todo, no es capaz de inmunizar al organismo ante un ataque posterior (como sucedería normalmente con otras enfermedades). Solo tras muchas infecciones repetidas a través de los años, el cuerpo consigue finalmente organizar un sistema de vigilancia funcional, que no elimina el parásito pero al menos reduce la gravedad de los síntomas y las complicaciones de la enfermedad. Por eso los niños más pequeños, aún sin protección, son el grupo de mayor riesgo, y de hecho constituyen el porcentaje más grande de las víctimas de esta patología.

A pesar de todo, existe un remedio para la malaria, conocido y utilizado desde hace al menos cuatro siglos: la quinina. El parásito de la malaria pasa gran parte de su vida humana escondido dentro de las células más numerosas de nuestro cuerpo: los glóbulos rojos. Cuando entra en un glóbulo rojo, el protozoo experimenta un hambre patológica y comienza a comer todo lo que encuentra, en particular una proteína muy abundante en estas células: la hemoglobina. Al ser una proteína, es bastante nutritiva, pero tiene en su interior una parte dura y no comestible hecha de hierro.

Mientras digiere la hemoglobina, el *Plasmodium* descarta concienzudamente los residuos ferrosos, que se compactan después para reducir el tamaño (formando una especie de «ecobalas») y se almacenan en una bolsa grande para su reciclaje. Cuando el parásito sale del glóbulo rojo, rompiéndolo, no se preocupará de reciclar los residuos ferrosos, sino que estos se dispersarán por la sangre, causando un daño considerable. El fármaco antipalúdico a base de quinina se mezcla con los residuos ferrosos, impidiendo su compactación y la formación de eco-balas. Libre de difundirse en el ambiente celular, los residuos ejercen toda su toxicidad, causando la muerte del propio *Plasmodium*.

La quinina tiene un sabor muy amargo, y también se utiliza para aromatizar bebidas como la tónica. De hecho, esta bebida era en origen un tónico usado para la cura de las fiebres palúdicas, y contenía una cantidad mucho mayor de quinina. Los colonos ingleses en India, que bebían tónica para prevenir la malaria, a menudo la mezclaban con ginebra para enmascarar su sabor terrible. Así nació el *gin-tonic*.

Por lo tanto, existe una cura contra la malaria. Pero si se es un niño africano cubierto desde el nacimiento por mosquitos, la probabilidad de morir antes de poder probar un poco de la amarga quinina es bastante elevada. A no ser que se cuente con un mecanismo alternativo de resistencia a esta enfermedad, esto es, una mutación específica en el gen que codifica para la hemoglobina.

La hemoglobina con la mutación antipalúdica se comporta de una manera más o menos normal hasta que se encuentra ante una situación particularmente estresante: en estos casos, desarrolla una tendencia irresistible a agregarse, es decir, formar cristales duros y alargados que endurecen los glóbulos rojos que los contienen. Estos glóbulos rojos estresados adoptan una forma que recuerda a la de una hoz (y se denomina falciforme, del latín *falx*, 'hoz'). Cuando llegan al bazo en estas condiciones, estas células sanguíneas deformes son rotas y retiradas inmediatamente de la circulación.

Y ¿qué podría ser más estresante que ser infectados por un parásito? Nada (cualquiera que haya viajado a los trópicos podrá confirmarlo). De hecho, los glóbulos rojos infectados con *Plasmodium* se estresan tanto que toman rápidamente la forma de hoz y son eliminados rápidamente (junto con los parásitos que contienen) del sistema inmunitario —no por estar infectados, sino por su deformación—. Esto impide al *Plasmodium* replicarse con eficacia y causar daños serios al organismo. Por esto, quien tiene la hemoglobina mutada tiene una probabilidad muy baja de morir de malaria.

Los problemas llegan si se heredan dos hemoglobinas mutadas, una del padre y una de la madre. En estas personas, los glóbulos rojos son poco menos que un desastre: rígidos, frágiles, y constantemente en forma de hoz, incluso en condiciones normales (en ausencia de cualquier tipo de infección). Esto provoca una anemia considerable —debida a la destrucción sistemática de las células de la sangre— y una serie de consecuencias graves que pueden ser fatales. Esta enfermedad se llama anemia falciforme y se ha generalizado en todos los países históricamente afectados por malaria.

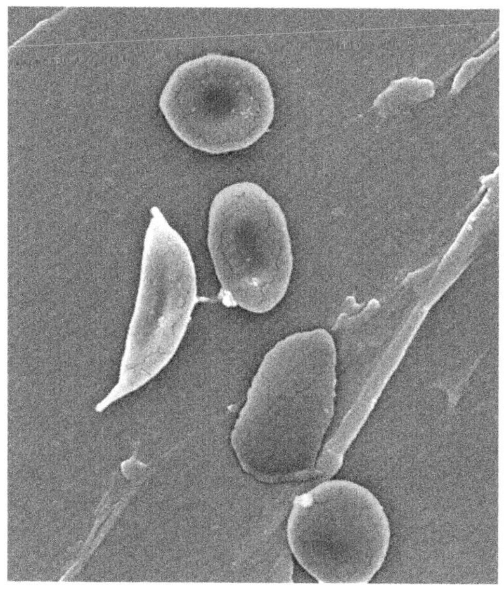

La anemia falciforme es una forma de talasemia debida a una mutación genética en el gen que codifica para la hemoglobina. Cuando la mutación está presente en forma homocigótica, provoca una anemia muy grave que puede ser incluso letal. Sin embargo, en forma heterocigótica puede representar un factor útil de defensa contra la malaria. De hecho, cuando un individuo portador de la mutación para la anemia falciforme se infecta de *Plasmodium* (el patógeno de la malaria), los glóbulos rojos mutados toman forma de hoz y son eliminados por el sistema inmunitario, que los reconoce como anómalos. Esto impide al *Plasmodium* replicarse con eficacia y causar daños al organismo. Foto de OpenStax College, Wikimedia Commons.

La malaria es el ejemplo perfecto de evolución y selección.

El azar ha introducido un defecto potencialmente letal (la mutación de la hemoglobina) que se ha conservado y propagado solo porque es útil para combatir una infección aún más letal (la malaria). Esta mutación es tan beneficiosa que se ha «inventado» de forma independiente en cinco lugares y momentos distintos.

De esta manera, en los países donde la malaria es todavía un problema y no hay una atención adecuada, poseer la mutación sigue siendo una ventaja; mientras que en los países donde la malaria no es un problema frecuente, la mutación falciforme es tan solo un defecto genético, destinado probablemente a desaparecer.

86

Intolerancia a la lactosa, ¿cuestión de genética?

Si el lector se encuentra entre las personas que cada mañana pueden beber la leche del desayuno sin ningún tipo de trastorno intestinal, está experimentando directamente una de las manifestaciones más espectaculares de la teoría de Darwin sobre la selección natural. Y es que ¡la genética también está dentro de una taza de leche!

Ya desde la época romana se sabe que las personas tienen diferentes capacidades para digerir la leche fresca. El azúcar principal contenido en la leche es la lactosa, un disacárido. Para poder ser utilizado como fuente de energía, la lactosa debe ser rota en los dos azúcares simples que la componen: la glucosa y la galactosa. Todos los mamíferos neonatos, incluyendo al ser humano, poseen una enzima en el duodeno (primer tramo del intestino delgado) que logra esto: la lactasa. En el momento del destete, cuando cambia la dieta, para la mayoría de la gente la producción de esta enzima se reduce.

Las personas intolerantes, entre los cinco y los diez años, cesan casi completamente su producción (con un mecanismo y unas razones evolutivas que aún no se comprenden bien). De esta forma, cuando beben leche, la lactosa no digerida pasa al colon, donde se encuentra con las bacterias que lo metabolizan y producen ácidos grasos y varios gases, el hidrógeno entre ellos. Además, la lactosa extrae agua del intestino por efecto osmótico, generando así diarrea, calambres, flatulencias y otros síntomas desagradables asociados a la llamada «intolerancia a la lactosa», mientras que las personas que continúan produciendo esta enzima en la edad adulta (se habla entonces de persistencia de la lactosa) pueden continuar bebiendo capuchino cada mañana sin problemas.

Hasta hace cuarenta años se pensaba que todos los adultos producían de forma normal la lactasa, y se hablaba de deficiencia de lactasa para referirse a los que no eran capaces. Ahora sabemos que es exactamente al revés, y que los primeros estudios habían generalizado una situación típicamente europea; solo el 35 %

de los seres humanos adultos tienen la capacidad de metabolizar la lactosa, mientras que el 65 % restante es incapaz.

En Europa, la persistencia de la lactasa es la situación más común, con picos del 89 % - 96 % en Escandinavia y las islas británicas, y porcentajes más bajos a medida que descendemos, alcanzando solo el 15 % en Cerdeña. También es interesante señalar que en estos países el consumo de leche fresca es culturalmente visto como un símbolo de alimentación sana y nutritiva. Por el contrario, en la mayor parte del resto de Asia, y entre las poblaciones de nativos americanos, la persistencia de la lactosa es muy rara.

La utilización de la leche animal como alimento para los seres humanos se hizo posible a comienzos del Neolítico, hace unos diez mil años, con la transición de la vida nómada de nuestros antepasados cazadores-recolectores a una vida más sedentaria, basada en la cría de animales y la agricultura. Durante ese período, se domesticaron por primera vez ovejas, cabras y vacas en Anatolia y el Próximo Oriente, para después extenderse en los siguientes milenios por Oriente Medio, Grecia, los Balcanes, y más tarde en toda Europa. Alrededor del 6400 a. C., cabras, ovejas y ganado, fuente de leche, ya estaban presentes en el sur y sureste de Europa.

Gracias al análisis del genoma, ahora sabemos que la producción de lactasa está controlada por un único gen del cromosoma 2. Los primeros estudios realizados en Europa demostraron que los individuos «persistentes» tenían una mutación genética que les proporcionaba la capacidad de digerir la leche como adultos. Nuestros antepasados del Neolítico, sin embargo, todavía no eran capaces de hacer esto, porque la mutación apareció en tiempos más recientes.

Este rasgo, genéticamente dominante, apareció y se extendió hace menos de diez mil años en algunas poblaciones de pastores, solo después de que se transmitiera culturalmente el hábito de alimentarse con leche. En África y Oriente Medio han sido encontradas mutaciones en diferentes regiones del ADN, de origen independiente, pero con efectos similares: en los adultos se sigue produciendo lactasa, y es muy probable que se descubran otras mutaciones similares en varias poblaciones persistentes de la lactosa en el mundo, como la India.

Es importante recordar que las mutaciones genéticas se producen de un modo totalmente aleatorio, sin ningún tipo de finalidad.

No era la presencia de la leche como alimento lo que provocó la mutación. Dado que la persistencia de la lactosa es hoy común en muchas poblaciones, se puede concluir que la mutación genética aleatoria, aparecida de forma independiente en diferentes poblaciones, ha sido seleccionada y distribuida en los pastores en un período de tiempo bastante corto. La mutación aportó una ventaja evolutiva a los que la poseían y sus descendientes, respecto a aquellos que no la portaban, y con el paso de las generaciones («solo» unas cuatrocientas) en algunas zonas llegó a ser dominante, debido a que poder tomar leche suponía mayores probabilidades para sobrevivir y tener más hijos, y por tanto transmitir la mutación a las generaciones siguientes.

Sigue siendo objeto de debate el confirmar cuál era exactamente la ventaja evolutiva. Algunos piensan que en las zonas del norte de Europa, con una baja exposición al sol, el consumo de leche fresca podría haber supuesto una valiosa fuente de calcio y vitamina D, una sustancia que en la mayoría de los países del sur se produce en la piel por la acción de la luz solar o es asimilada a través de una dieta rica en pescado. La vitamina D regula la absorción de calcio y por lo tanto la ingesta de leche fresca habría podido prevenir la aparición de enfermedades como el raquitismo.

En las zonas áridas de África, por otro lado, la explicación más probable es que la capacidad de tomar leche como adultos habría supuesto una ventaja definitiva a los portadores de la mutación, al proporcionarles acceso a un líquido relativamente no contaminado y rico en calorías y nutrientes, y evitar así diarreas y la consiguiente deshidratación, que resultarían fatales para aquellos que no podían digerir la leche. Sea por un motivo u otro, la propagación de la mutación es un hecho comprobado.

La persistencia de la lactasa es probablemente el mejor ejemplo de coevolución gen-cultura producida en los seres humanos en tiempos relativamente recientes. La transmisión por vía cultural de la tradición de utilizar la leche como alimento ha creado una fuerte presión selectiva, que ha seleccionado aquellas mutaciones genéticas que hacían posible el consumo de leche fresca, que a su vez ha fortalecido la tradición y la cultura del consumo de leche.

Darwin habría estado encantado con estos descubrimientos y, quién sabe, tal vez lo habría celebrado brindando con un vaso de leche.

87

¿Procedemos todos los humanos de Eva?

Se llama Eva, pero no tiene nada que ver con el jardín del Edén.

Esta mujer, quienquiera que fuese, posiblemente no era consciente de ser tan especial y de que un día los genetistas estarían interesados en ella. Ni siquiera era la única mujer en su especie que vivía en ese momento, y seguramente no se llamaba Eva ni se apellidaba Mitocondrial. Sin embargo, hoy en día, se le llama así en homenaje a la figura bíblica de Eva, gracias al hecho de que solo ella, entre todas las mujeres que vivían en su tiempo, ha tenido una serie ininterrumpida de descendientes femeninas continuada hasta nuestros días.

El nombre actual proviene del hecho de que el ADN contenido en las mitocondrias de nuestras células es diferente al del núcleo. A diferencia del ADN nuclear, este material genético no se hereda de ambos padres, sino únicamente de la madre (ver pregunta 17, «¿Te pareces más a mamá o a papá?»). De hecho, el ADN contenido en las mitocondrias de los varones se encuentra en un callejón evolutivo sin salida: no dejará descendientes. Esto explica que el ADN mitocondrial de cada uno de nosotros proviene de aquel transmitido por Eva. Una comparación del ADN mitocondrial de individuos de diferentes grupos étnicos y regiones sugiere que todas estas secuencias de ADN han evolucionado molecularmente a partir de la secuencia de un ancestro común.

La Eva mitocondrial, por tanto, es el ancestro común más reciente de todos los seres humanos que viven actualmente, según un linaje exclusivamente femenino. En palabras sencillas, es la madre, de la madre, de la madre... de mi madre, pero también la madre, de la madre, de la madre... de la madre del lector, o de la de cualquier otra persona.

Además de la Eva mitocondrial, debe haber existido también un Adán Y-cromosómico. De hecho, el cromosoma Y es heredado exclusivamente del padre. El Adán Y-cromosómico es, por tanto, el ancestro común más reciente de todos los hombres actuales (esta vez las mujeres están excluidas, al no tener cromosomas Y) en un linaje exclusivamente masculino. Lo que a veces resulta difícil de entender o visualizar mentalmente es que, a diferencia de la historia bíblica, la Eva mitocondrial y el Adán Y-cromosómico nunca fueron marido y mujer. Probablemente ni se conocían (y tal vez, de haberlo hecho, ni siquiera se hubieran gustado) y es muy probable que vivieran en diferentes épocas.

Nos podríamos preguntar en este punto qué es lo que Eva tiene de especial para atraer la atención de los biólogos, ya que es solo uno de nuestros antepasados, con la única particularidad de tener un gran número de descendientes femeninas. La única razón por la que Eva es más famosa que sus contemporáneos es que, gracias a las características del ADN mitocondrial, se la puede rastrear.

Y es que nunca vamos a saber cuál era su nombre verdadero y quién era en realidad, pero ya tenemos una idea de cuándo y dónde vivía. El ADN mitocondrial de nuestras células, como se ha mencionado, es precisamente el de Eva, a excepción de las mutaciones; y a diferencia del ADN nuclear, no se ha mezclado a través de la reproducción sexual con el ADN de otras personas, hasta transformarse en una mezcla irreconocible. Además, tiene una secuencia muy corta, de aproximadamente dieciséis mil nucleótidos. Por ello, si comparamos el ADN mitocondrial de dos personas tomadas al azar, podemos ver rápidamente en qué cantidad difieren, como resultado de mutaciones aleatorias.

Conociendo la frecuencia con la que ocurren estas mutaciones, también podemos estimar cuánto tiempo hace que las dos líneas de ADN comenzaron a diferenciarse. Los resultados de los estudios sobre el ADN mitocondrial señalan, de esta forma, un origen común de la humanidad (al menos por vía materna) hace 150.000-200.000 años, en el continente africano. Estudios posteriores realizados en el cromosoma Y indicarían a su vez que Adán vivió mucho más recientemente, hace unos 75.000 años.

Los investigadores creen que todo nuestro patrimonio genético deriva de una población (no contemporánea) de alrededor de ochenta mil personas. En esas ochenta mil personas se encontraba todo el acervo genético (siempre excluyendo las mutaciones) de los más de siete mil millones de personas que habitan el planeta en la actualidad.

Pero estos resultados, controvertidos y discutidos, no son definitivos. No todo el mundo está de acuerdo con los modelos utilizados, y las estimaciones de la tasa de mutaciones son susceptibles al cambio. Otras objeciones se refieren a la posibilidad

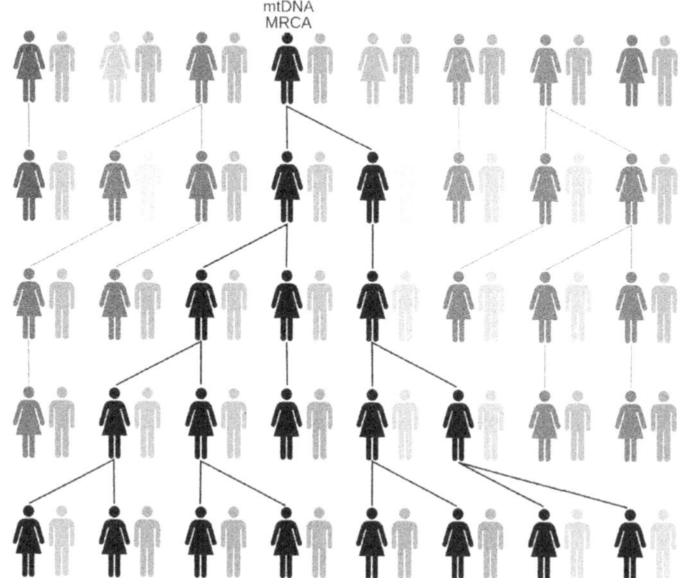

Las mitocondrias son estructuras particulares, presentes en las células, que contienen un pequeño filamento de ADN mitocondrial, con solo treinta y siete genes. Mientras el ADN nuclear está formado por la mitad de ADN procedente de la madre y la mitad procedente del padre, el ADN mitocondrial (ADNmt) proviene únicamente de la madre, por lo que se transmite solo a través de la línea femenina. Al igual que el ADN nuclear, el mitocondrial sufre variaciones a causa de mutaciones. Comparando las variaciones en las moléculas de este ADN entre 145 personas provenientes de los cinco continentes, los investigadores han establecido que el ADN mitocondrial del ser humano moderno deriva de una sola molécula, por tanto, de una sola mujer: la Eva mitocondrial. Imagen de C. Rottensteiner, Wikimedia Commons.

de que las mitocondrias de los espermatozoides puedan ser transmitidas a la descendencia, o que su ADN pueda recombinarse. A pesar de todo, la hipótesis de la emigración africana (teoría Out of Africa) sigue siendo la más apoyada por los datos disponibles en la actualidad. Las divergencias refieren únicamente a la identificación de la Eva mitocondrial, no a su existencia, que ya está confirmada.

88

¿PODRÍAMOS REPRODUCIRNOS CON NEANDERTALES?

Siempre se les ha descrito como brutos y feos, pero estudios recientes muestran que se apareaban con nuestros antepasados, y que se mezclaron mucho. Los científicos, de hecho, están comenzando a ser más amables con los neandertales, superando algunos prejuicios pasados, carentes de base científica.

Hasta hace pocos años, muchos antropólogos no creían posible que los neandertales hubieran contribuido a la propagación de la raza humana, sin embargo, estaban equivocados: algunas pruebas de ADN han demostrado que muchos ancestros de los humanos contemporáneos mantuvieron relaciones sexuales con los neandertales. Y las relaciones sexuales con *Homo neanderthalensis* contribuyeron a la reserva genética del *Homo sapiens* moderno.

Ciertamente, la relación entre el hombre moderno y el neandertal no debió ser fácil; lo que viene siendo un amor complicado.

Hace unos 350.000 años, en África, los humanos prehistóricos comenzaron a diferenciarse en dos ramas. Una de ellas evolucionó gradualmente hasta convertirse en los modernos *Homo sapiens*, hace probablemente unos doscientos mil años. La rama de los neandertales, por otro lado, salió de África y se extendió por Europa y Asia. Mucho tiempo después, los llamados seres humanos modernos se trasladaron al norte, y las dos ramas se encontraron. Las pruebas de ADN muestran que la evolución de las dos ramas tomó direcciones diferentes en el período de separación, pero no lo suficiente para evitar que mantuvieran relaciones sexuales y que se reprodujeran.

Es decir, tras vivir separados durante mucho tiempo, *Homo sapiens* y *Homo neanderthalensis* se encontraron hace aproximadamente 47.000-65.000 años (como pausa de reflexión, no está mal), y su cruce dejó un rastro claro hasta el día de hoy: entre el 1 % y el 4 % del genoma europeo moderno es, de hecho, de origen neandertal. Para demostrarlo, se comparó el ADN del primer espécimen neandertal, descubierto en 1856 en Alemania, en el valle de Neander (de ahí el nombre), con el de cinco personas de nuestro tiempo: un francés, un chino, una habitante de Papúa Nueva Guinea, uno de África del Sur y otro de África occidental. Los investigadores reconstruyeron la secuencia genética neandertal basándose en un análisis de polvos de hueso tomados de los restos de tres mujeres encontrados en Croacia, en la cueva de Vindija; en restos encontrados en Rusia y España; así como en los restos de los «originales» alemanes de Neander. También en Italia se ha documentado la presencia de este homínido en algunas áreas, como las montañas Lessini (en Veneto), Liguria, Toscana, Lazio y Puglia.

La comparación demuestra que, mientras que el hombre moderno de Europa y Asia comparte ADN con los neandertales (entre el uno y el cuatro por ciento de su patrimonio genético, como hemos visto), en el ADN de los africanos no hay trazas de los homínidos extintos. Esto demostraría que se ha producido mezcla, y que ha sucedido en Europa. Los primeros análisis de ADN revelaban que los neandertales tenían el pelo rojo y la piel clara, poseían genes para el lenguaje y la intolerancia a la lactosa. De acuerdo con otras reconstrucciones, basadas en restos óseos, el aspecto físico era el de un hombre de mediana estatura (1,60 metros), muy robusto y musculoso, con una mandíbula prominente y un retroceso de la barbilla.

Ahora, la secuenciación de su ADN ha permitido no solo establecer sus similitudes con el hombre moderno, sino también comparar las características de estos últimos con los de sus antepasados. Los genes neandertales habrían supuesto beneficios en términos evolutivos, especialmente en lo referente a la función cognitiva, el metabolismo energético, el desarrollo del cráneo y las costillas o la capacidad de curar las heridas. El trabajo de comparación genética ha sido una verdadera proeza tecnológica: el problema principal de los análisis hasta ese momento era limpiar el material que se iba a analizar de toda contaminación, debida especialmente a los microbios. El análisis de ADN, sin embargo, se aprovecha de técnicas de secuenciación muy avanzadas, ajenas a estos inconvenientes.

El descubrimiento de la hibridación genética entre *Homo sapiens* y *Homo neanderthalensis* ha hecho caer la vieja hipótesis de la separación entre las dos especies. Después de salir de África (hace entre 125.000 y 75.000 años), la especie *Homo sapiens* se habría encontrado con otras especies del género *Homo*. Individuos de diferente sexo de los dos grupos se aparearían, produciendo descendientes fértiles. Es en este punto cuando la definición teórica

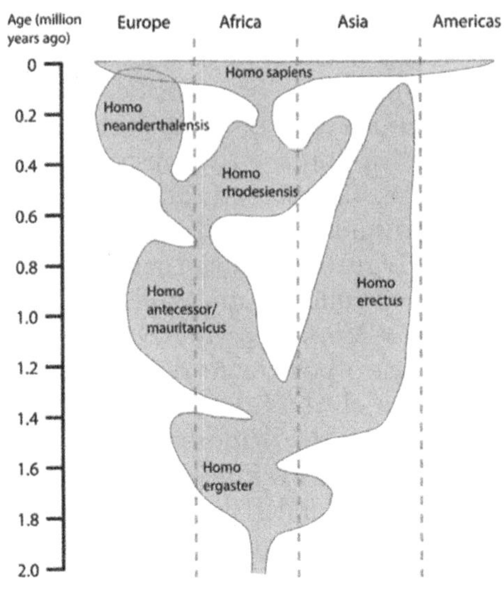

En esta figura se describe la posible historia de la evolución de la especie humana, basada en el registro fósil. Otras interpretaciones difieren en la taxonomía y la distribución geográfica de las especies de homínidos. Como se desprende de la figura, la separación que llevó al linaje de *Homo sapiens* y *Homo neanderthalensis* se generó hace quinientos millones de años, para después reencontrarse (área de superposición) mucho más tarde (hace cincuenta mil años). Imagen de Reed DL, Smith VS, Hammond SL y Rogers AR, Wikimedia Commons.

de especie se tambalea. Al menos, tal y como la propuso Ernst Mayr (ver pregunta 92, «¿Qué entendemos por especie biológica?»). Según Mayr, una especie consiste en un grupo o población natural de individuos, que pueden cruzarse entre sí, pero están reproductivamente aislados de otros grupos.

De esta manera, los chimpancés y los bonobos son especies diferentes, ya que forman grupos reproductivamente aislados: no son capaces de aparearse entre sí y producir descendencia fértil. Burros y caballos también son especies diferentes, ya que, si bien se aparean y producen descendencia (mulas), estas son estériles. De acuerdo con la definición de Mayr, por lo tanto, los sapiens y neandertales no deberían ser consideradas especies diferentes, ya que se han apareado y han generado una descendencia fértil que ha sobrevivido hasta nuestros días.

Esto pone una gran cantidad de pimienta en el plato de la historia humana. Pero también trae consigo algunos problemas teóricos porque las cosas no son tan sencillas. Parece, de hecho, que si bien es verdad que los sapiens y los neandertales se cruzaron entre sí, y produjeron crías fértiles, el éxito reproductivo de las reuniones fue significativamente menor que el que se produjo entre sapiens, o entre neandertales. Los grupos se aparearon entre sí, pero no completamente.

¿Pertenecen, por lo tanto, a la misma especie, o sigue siendo válida la taxonomía antigua, que las establecía como especies distintas? ¿Son «casiespecies»? Si esta ambigüedad se manifiesta en el género *Homo*, imagínate lo que ha podido pasar en otros géneros, filogenéticamente más antiguos y demográficamente más numerosos. La verdad es que la naturaleza, en muchas ocasiones, difícilmente se ajusta a nuestras necesidades de clasificación.

La única cosa que parece cierta de verdad es que en todos nosotros, incluso en los más bellos y refinados, hay un poco de neandertal.

89

¿POR QUÉ SOLO LOS SERES HUMANOS PODEMOS HABLAR?

Es innegable el hecho extraordinario de que, entre todos los seres vivos existentes en la Tierra, ¡solo los seres humanos hablamos! Aunque muchas especies animales tienen sistemas de comunicación más o menos desarrollados, ninguno de ellos se acerca, ni remotamente, al lenguaje humano.

Aun mostrando un buen (a veces, excelente) nivel de inteligencia, nuestros parientes no humanos más cercanos no son capaces de aprender un lenguaje comparable al de los seres humanos, aunque se les intente enseñar. ¿A qué se debe la exclusividad del lenguaje en nuestra especie?

El hecho es sorprendente si tenemos en cuenta la pequeña diferencia en el número de neuronas que, por ejemplo, nos distingue de otros primates. Hay quien piensa que es debido a la inteligencia, de la que estaríamos mejor equipados (hecho aún por demostrar); otros piensan que la complejidad del lenguaje humano es la expresión de una predisposición genética específica en nuestra especie. Es decir, al igual que las arañas están programadas genéticamente para tejer su tela, y las aves migratorias para encontrar sus rutas, los humanos podrían estar programados para aprender una (o más) lenguas.

Gracias a una investigación llevada a cabo por un equipo internacional de científicos dirigidos por investigadores del Instituto de Tecnología de Massachusetts (MIT) de Estados Unidos, recientemente ha sido posible suponer que en el genoma humano han sucedido dos mutaciones genéticas en el gen FoxP2, denominado el «gen del lenguaje». Es, de hecho, gracias a este pequeño fragmento de ADN que nuestra boca y laringe tienen la forma adecuada para moverse de una manera suficientemente refinada como para articular un lenguaje.

Se trata de un tramo de ADN que, si falla, impide a los individuos articular los sonidos de una manera adecuada. Además de los seres humanos, también los chimpancés, otros primates e incluso los ratones tienen el gen FoxP2. Entonces, ¿cuál es la particularidad que nos diferencia de otras especies y nos permite hablar?

FoxP2 codifica un factor de transcripción, es decir, una proteína que se une a segmentos específicos de ADN, determinando así si otros genes se leen y se convierten en sus respectivos productos. Se cree que la proteína FoxP2, actuando como factor de transcripción, actúa como un interruptor «on-off» de cientos (y quizás miles) de genes diana.

Investigaciones realizadas en Estados Unidos utilizaron ratones como sujetos experimentales, en los que se introdujeron dos mutaciones genéticas en el gen FoxP2. Posteriormente, se observaron las posibles modificaciones de la capacidad para aprender de estos ratones, que habían sido «humanizados» al modificarles ese gen. Y, efectivamente, los ratones que habían sido sometidos a la modificación genética humanizante parecían más habilidosos que sus compañeros. Pero esto ocurrió solo cuando las pruebas incluían una combinación de una forma automática de aprendizaje y de otra más explícita, es decir, a base de pistas e instrucciones proporcionadas de forma específica.

Los ratones con el gen mutado y los ratones normales fueron desafiados en una especie de carrera. Los dos tipos de animales se colocaron en un laberinto con el objetivo de encontrar, en el centro del recorrido, una recompensa: el agua. Después de ocho días de pruebas, el equipo observó que los ratones con la forma humana del gen fueron capaces de aprender a seguir pistas visuales y táctiles para alcanzar, en el setenta por ciento de los casos, su premio. Los ratones con la estructura normal del gen, sin embargo, necesitaron cuatro días más para alcanzar el mismo nivel. Los investigadores concluyeron que la forma humana de FoxP2 hacía que los ratones fueran capaces de aprender más rápido.

El mismo grupo de investigación también señaló que las crías de los ratones genéticamente alterados emitían sonidos diferentes a las de los ratones normales, y el estudio del cerebro permitió observar que las neuronas de las primeras tenían ramificaciones (dendritas) mucho más largas que las de las segundas. El hecho de poseer dendritas más largas significa que permitían una mayor conexión entre neuronas.

La secuencia de FoxP2 se conserva en varias especies animales, y presenta muy ligeras diferencias entre ellas. Por ejemplo, en ratones y seres humanos, son idénticos setecientos doce de los setecientos quince aminoácidos que forman la proteína FoxP2. Las mutaciones que provocan el desarrollo del lenguaje en los seres humanos, por tanto, deben atribuirse a muy pocas bases nitrogenadas, que codifican para un máximo de tres aminoácidos (recordemos que un aminoácido está codificado por una secuencia de tres bases). Gracias a estos aminoácidos de más en la nueva secuencia de genes, la boca y la laringe se habrían perfeccionado lo suficiente como para permitir la articulación de sonidos complejos.

Un grupo de científicos del Instituto de Antropología Evolutiva de Leipzig (Alemania) y del Centro de Genética Humana de Oxford (Reino Unido) ha comparado los genes FoxP2 del chimpancé, el gorila, el orangután, el macaco Rhesus y el ratón. Analizando sus diferencias, han tratado de deducir la evolución genética de estas especies. De esta manera, justo detrás del ser humano en la escala evolutiva, con dos aminoácidos de diferencia, se encuentran los chimpancés (capaces, según muchos científicos, de comunicarse con gestos), gorilas y macacos. Y más distanciados se hallan los orangutanes y ratones (con tres aminoácidos diferentes). Ninguna variación genética se ha encontrado, por otro lado, entre las personas de origen étnico diferente.

Las personas con una sola copia funcional de este gen tienen problemas no solo en la articulación del lenguaje, también en su comprensión, en seguir las reglas gramaticales y en mover los músculos faciales. Esto demuestra como la palabra es un fenómeno complejo, que implica seguramente otros genes además de FoxP2. Según los investigadores, la mutación se habría fijado en nuestra especie hace unos doscientos a ciento veinte millones de años. Un hecho que no parece ser casual es que alrededor de ese momento nace el primer *Homo sapiens*, y quizá una de las armas más potentes de estos homínidos fue la capacidad para comunicarse, aunque fuera con una forma primitiva de lenguaje.

90

La sonrisa, ¿genética o cultural?

Una sonrisa significa lo mismo en todas partes, o por lo menos así lo afirman muchos antropólogos y psicólogos evolutivos, que siempre han mantenido que todos los seres humanos expresan las emociones básicas de la misma manera. Pero ¿es esto realmente así?

La hipótesis de que las expresiones faciales transmiten el mismo significado en todo el mundo viene de lejos, precisamente de Charles Darwin. El famoso naturalista identificó seis estados emocionales básicos: felicidad, sorpresa, miedo, asco, ira y tristeza. Su estudio fue después retomado y revisado por el profesor Paul Ekman.

La base del razonamiento de Darwin es la siguiente: si las expresiones faciales son rasgos culturales, transmitidos a través de las generaciones por imitación, su significado en el mundo de hoy debe ser divergente. Una sonrisa sería la señal de felicidad para algunos, y de disgusto para otros. Pero eso no es lo que encontró, basándose en la correspondencia mantenida con investigadores de todo el mundo, utilizando fotografías de diferentes expresiones faciales. De esta forma, Darwin llegó a la conclusión de que los ancestros comunes de todos los seres humanos habían tenido las mismas emociones básicas, con las correspondientes expresiones faciales como parte de nuestra herencia genética. Las sonrisas tienen, por tanto, más genética que cultura.

El arte de ocultar o mostrar las emociones propias a través de las expresiones faciales, por lo tanto, no se aprende observando el comportamiento de los demás, sino que está escrito en el ADN humano. Esto también se refleja en un estudio publicado en el *Journal of Personality and Social Psychology* por investigadores de la Universidad Estatal de San Francisco, según el cual la capacidad de transmitir u ocultar a los demás el propio estado de ánimo no se aprende, sino que es parte integrante de nuestro patrimonio genético.

Los investigadores llevaron a cabo el estudio mediante el análisis de fotos de 4.800 atletas de judo, algunos con deficiencia visual y otros con visión normal, con motivo de la entrega de premios de los Juegos Olímpicos y Paralímpicos de 2004. En particular, fueron examinadas las imágenes que mostraban al primer y segundo clasificado. El análisis mostró que los atletas invidentes y los atletas videntes expresaban su estado de ánimo de la misma manera: los que habían recibido la medalla de oro expresaban alegría, mientras que los que habían llegado en segundo lugar mostraban una sonrisa forzada, con la boca cerrada, que ocultaba su decepción.

Según los investigadores, la correlación estadística entre las expresiones faciales de todos los deportistas era casi perfecta. Esto sugería a los expertos la existencia, en el ADN, de un mecanismo capaz de regular la forma en que se expresan las emociones. Las personas que son ciegas de nacimiento, dicen los científicos, no han tenido la oportunidad de observar a los demás, y por lo tanto no han sido capaces de aprender cómo las diferentes expresiones faciales se relacionan con los distintos estados de ánimo. Y sin embargo, las expresiones de felicidad o tristeza de los atletas videntes e invidentes eran las mismas. La explicación hay que buscarla, según explican los expertos, en la genética: se trataría de un sistema de regulación inherente a la naturaleza humana, un legado de nuestra historia evolutiva.

En el tratado *La expresión de las emociones en el hombre y los animales*, Darwin argumentaba, ya en 1872, que las expresiones faciales tienen una razón evolutiva de ayuda a otros para adaptarse al medio. Por ejemplo, ante la presencia de una amenaza, es importante avisar de forma inmediata, mediante expresiones, a otros miembros del grupo.

La ciencia moderna ha dejado claro que el sistema de referencia de la expresión espontánea de la emoción y la afectividad es en gran parte inconsciente. Se compone de un complejo de regulación reflejo y automático del tono muscular, la actitud postural, la expresión facial y gesticular, la distancia personal, y el uso del espacio circundante. Nuestro sistema nervioso tiene sistemas especializados para estas respuestas, tal vez no muy precisas, pero esenciales para nuestra supervivencia.

Entre los animales, algunos monos insinúan una sonrisa cuando se les provoca cosquillas, pero solo el ser humano es capaz de reír. Sin duda, debe ser el resultado de la evolución. Algunos expertos datan la primera risa cuando el ser humano logró la postura erguida; los homínidos asociarían la risa a la armonía de la manada, y se hacían cosquillas entre sí para mantener las buenas relaciones. En la práctica, mientras que los monos evolucionaron despiojándose, los humanos lo hicimos sonriendo. Pero en ambos casos la base evolutiva sería la misma: la socialización en grupo. Las expresiones faciales son, por tanto, parte integrante del llamado proceso de hominización, es decir, del conjunto de eventos a través de los cuales se logró la evolución de la especie humana.

Tradicionalmente, se sitúa el comienzo de la hominización en África hace setenta millones de años, cuando a partir de los mamíferos evolucionaron los primates, la orden a la que pertenece el ser humano. Los primates originarios eran animales nocturnos, arbóreos, con manos y pies prensiles, hocico plano, y ojos grandes y frontales que les permitían una visión estereoscópica (percepción de profundidad).

Progresivamente algunos llegaron a ser primates diurnos, adquirieron la capacidad de ver los colores y, para pasar de rama en rama, desarrollaron la braquiación. Este método de locomoción, que consiste en quedar suspendidos por los brazos, implicó cambios en la columna vertebral y la pelvis, lo que permitió la evolución posterior de la postura erguida, típica de los homínidos.

Hace veinte millones de años aparece un grupo de primates, los driopitécidos (*Dryopithecidae*), con caracteres humanoides pero todavía de vida arbórea. De los driopitécidos derivaron los *Sivapithecus*, que vivieron hace entre catorce y ocho millones de años. Su aparición se produjo cuando un período largo y frío supuso la retirada de la selva tropical y el desarrollo de las sabanas, un tipo de vegetación que no concordaba bien con la vida arbórea. Se definían así los ancestros del ser humano, con una postura erguida y locomoción bípeda.

La sonrisa es un lenguaje universal, la gente de todo el mundo expresa alegría sonriendo, y este simple gesto está en la base de la conducta social de toda la especie humana. Esta expresión es innata en el ser humano, es decir, está escrita en nuestros genes. Pero ¿por qué es tan importante sonreír y, sobre todo, por qué los seres humanos han aprendido a hacerlo? Foto de Lauraelataimer0. Fuente: https://pixabay.com

Los primeros homínidos pertenecen al género *Australopithecus*, y sus restos fósiles se han encontrado en Tanzania y Etiopía. Al ser bípedo, el australopiteco no tenía ninguna necesidad de utilizar sus extremidades superiores para la locomoción, por lo que estas pudieron mejorarse para la manipulación y el agarre de objetos. Los *Australopithecus* aparecieron hace cerca de 4,4 millones de años con la especie *Australopithecus ramidus*, de la que conservamos solo algunos dientes. En 1974 se descubrió el esqueleto casi completo de una hembra de otra especie, *Australopithecus afarensis*, que fue bautizada como Lucy por sus descubridores.

Hace aproximadamente dos millones de años, a partir de alguna población de otra especie (*Australopithecus africanus*), se originó el *Homo habilis*, capaz de construir herramientas rudimentarias de piedra tallada.

Del *Homo habilis* derivó el *Homo erectus* (hace 1,8 millones de años), más avanzado en la fabricación de herramientas. El *Homo erectus* se desplazó de sus tierras africanas originales hacia Eurasia, aprendió a usar el fuego para mantener el calor, cocinar, cazar animales grandes, e instalarse en campamentos, desarrolló el lenguaje, lo que facilitó la organización de los humanos en tribus.

Hace unos doscientos mil años, el *Homo erectus* fue sustituido gradualmente por el *Homo sapiens*.

Y todo esto se produjo gracias a una sonrisa.

91

¿SOMOS GENÉTICAMENTE BUENOS O MALOS?

¿Tiene sentido hablar de bondad en genética? A menudo se dice que la naturaleza es cruel y la selección natural favorece a los más fuertes a expensas de los más débiles. Una naturaleza feroz, que dejaría poco espacio para los buenos sentimientos.

Yo no creo que esto sea así. En primer lugar, ya hemos visto como no es cierto que la selección natural se corresponda con la ley del más fuerte, sino que favorece a los mejor adaptados al ambiente y, ¿quién ha dicho que los individuos «buenos» no puedan ser los más adaptados? Además, hemos visto cómo en la especie humana, más que de selección natural, muchas veces se debería hablar de selección sexual. Entonces, ¿por qué no? Las personas con almas gentiles suelen ser mejores padres y madres, y tiene sentido que sean favorecidos en el proceso evolutivo, para asegurar una mejor propagación de sus genes. En mi opinión, el ser humano por naturaleza siempre está dotado de un sentido de generosidad y altruismo.

Si echamos un vistazo a nuestros orígenes, descubrimos que en el proceso evolutivo de los seres vivos la selección de la especie humana ha sido un elemento de ruptura. Cuando las condiciones no eran adecuadas para la vida, el ser humano las ha transformado: el fuego, las casas, las semillas para sembrar y abastecerse de alimentos, han sido algunos de los muchos desafíos que los humanos primitivos lanzaron a la selección natural. Para colaborar en esta lucha fue importante también un sentido de altruismo hacia los más débiles e indefensos, así como la capacidad de distinguir entre lo que era correcto y lo que no lo era.

Según el antropólogo Donald E. Brown, de la Universidad de California, algunas actitudes, lo que conocemos como la bondad, la empatía, la generosidad, el reconocimiento de los derechos de otras personas, la condena de la violencia como el asesinato o la agresión sexual siempre han tenido cabida en el corazón humano, desde que vivíamos en cuevas.

El ser humano ha tenido fundamentalmente un ánimo bueno y tranquilo. De hecho, descubrimos inmediatamente la dimensión social, algo diferente a la organización comunitaria que encontramos en las abejas y hormigas, y diferente a las jerarquías que guían a las manadas de animales. La creación de la familia, la crianza de hijos, la defensa de los débiles, habrían sido formas iniciales de colaboración entre los individuos, que luego se juntarían en grupos, después en tribus, hasta convertirse en pueblos.

Durante varias décadas, sobre todo después de que el ADN fuera descubierto, la ciencia de la genética molecular moderna y la antropología evolutiva más avanzada tratan de dar respuesta a algunas preguntas fundamentales: ¿De dónde viene nuestro sentido de la bondad? ¿Por qué somos buenos? Y ¿cómo sabemos discernir lo que es bueno de lo que es malo? Son preguntas que también la ética, la filosofía y la religión han tratado de responder.

Gregory Berns, profesor de psiquiatría de la Universidad de Emory en Atlanta, utilizando técnicas de imágenes cerebrales, encontró que cuando la gente adopta comportamientos altruistas aumenta el flujo sanguíneo en su cerebro, precisamente en las áreas que se activan al ver cosas agradables. Esto vendría a decir que un gesto generoso es suficiente para hacernos sentir felices. Y una explicación biológica, que se basa en la evolución de la especie, podría ser que el altruismo humano actual sería el mismo que desarrolló a los *Homo sapiens* o a cualquiera de sus descendientes de la época paleolítica.

Otro altruismo innato es la exigencia de justicia, argumentado por Steven Pinker, profesor de psicología en la Universidad de Harvard. Este científico sostiene que la moral no deriva de la religión que nos es inculcada; los principios morales que cada uno siente que debe respetar están preprogramados en nuestro cerebro desde el nacimiento y tienen una base neurobiológica. De hecho, parece que los genes que codifican para los receptores de las hormonas oxitocina y vasopresina afectan al comportamiento social.

Otro estudio reciente demuestra que se puede encontrar una explicación de la empatía humana en la genética. La investigación, llevada a cabo por la Universidad de Buffalo en colaboración con la Universidad de California, en Irvine, fue publicada en la revista *Psychological Science*, e implicó una búsqueda en un grupo específico de genes de setecientas once personas.

Además de los análisis genéticos, también se tuvieron en cuenta otros factores, tales como el deseo de ayudar a los demás, la generosidad, etc., con el fin de tener una visión completa de la «bondad» (o mejor dicho, la empatía) de cada individuo examinado. La investigación demuestra que este grupo de genes, junto con la percepción individual del mundo como un lugar más o menos peligroso, puede predecir la mayor o menor generosidad de una persona. En concreto, los participantes del estudio que percibían el mundo como algo negativo y peligroso, también eran menos propensos a ayudar a los demás, a menos que fueran portadores de este grupo de genes asociados con la empatía.

La conclusión es que estos genes permiten a los individuos superar la sensación de peligro asociado con el mundo exterior, y ser así generosos con los demás. El hecho de que estos genes hayan predicho el comportamiento, solo en combinación con las experiencias individuales de la persona examinada y sus puntos de vista sobre el mundo que la rodea, no es una sorpresa. Casi todas las conexiones entre el ADN y el comportamiento son muy complejas, y están profundamente influenciadas por factores sociales. Por ello, no podemos afirmar que se ha descubierto el gen de la bondad, sino que se ha identificado un grupo de genes que contribuyen a que las personas que los posean estén más predispuestas a tener la mente abierta y generosa hacia los demás.

Así pues, ¿estamos predestinados a la bondad por nuestros genes? Pensemos que sí.

VII

GENÉTICA DE POBLACIONES

92

¿QUÉ ENTENDEMOS POR ESPECIE BIOLÓGICA?

Todos nosotros somos capaces de distinguir la cantidad de especies distintas que nos rodean y apreciar su diversidad. Pero ¿qué es exactamente una especie biológica?

La pregunta parece trivial, pero no lo es en absoluto. De hecho, la definición de especie ha cambiado mucho a lo largo de los años. Se han propuesto muchas descripciones diferentes, lo que pone de manifiesto el hecho de que incluir la extraordinaria diversidad de casos en una sola definición no es fácil en absoluto.

Partimos del padre de la clasificación, Carlos Linneo (1707-1778), botánico sueco que en 1735 publica *Sistema Naturae*. Hoy sabemos que la clasificación refleja el grado de parentesco entre las especies, pero, para Linneo, esta disciplina reflejaba el orden dado por Dios al mundo: las especies son muchas, todas ellas creadas desde el principio de los tiempos, y se multiplican según las leyes de la reproducción, pero siempre manteniéndose similares. El enfoque de Linneo era que existía un «tipo ideal», presente como modelo en la mente de Dios, del que la realidad podía diferir solo ligeramente.

Las cosas empezaron a cambiar a principios de 1800, con el nacimiento del pensamiento evolucionista. Y el camino lo abre Lamarck (ver pregunta 77, «Según Lamarck, ¿por qué hemos desarrollado el pulgar oponible?»), allanando el terreno para el concepto de evolución y poniendo en duda el concepto clásico de especie: ya no es una entidad fija, sino en constante cambio. Para Lamarck, cada organismo tiene una tendencia interna hacia la complejidad y el perfeccionamiento progresivo, pero la interacción con el ambiente lo aleja de esa perfección.

Con Darwin, la teoría de la evolución alcanza un desarrollo pleno y completo. Aunque se esperaría una definición rigurosa de especie, la verdad es que en este sentido Darwin simplemente dice que todo naturalista sabe más o menos lo que es, pero no existe una definición que satisfaga a todos. Lo que sí es claramente introducido por Darwin es el principio del gradualismo. La naturaleza selecciona a las especies a través de la selección natural, por lo que estas no aparecen de repente, sino después de numerosos cambios pequeños y graduales.

Con la teoría de la evolución aparecen también las dudas sobre las especies: ¿existen las especies? ¿Cómo se reconocen? ¿Cómo se pueden definir?

Muchas han sido las respuestas a estas sencillas preguntas, dependiendo del tipo de aproximación al problema. Hablaremos de algunas de las definiciones más populares, pero ha habido muchas otras (e incluso hay quien ha propuesto abandonar el concepto de especie).

Sin duda, la definición de especie más popular es la biológica, enunciada por Ernst Mayr: la especie es el conjunto de individuos que pueden reproducirse entre sí para generar descendencia fértil (y aquí todos los maestros dan el ejemplo de la mula, que nace de la burra y el caballo, dos especies distintas, por eso no es fértil). A simple vista, parece una buena definición, pero realmente depende del campo en que se emplee (un paleontólogo no puede verificar si dos fósiles se reproducen entre sí) y de los organismos considerados. Este concepto de especie solo puede aplicarse a organismos con reproducción sexual, que no son tantos. La mayor parte de los organismos de este planeta no utilizan este tipo de reproducción.

Además, imaginemos dos poblaciones aisladas geográficamente. ¿Cómo sabemos si pertenecen a la misma especie? Podríamos poner en la misma jaula un macho y una hembra

Las gaviotas del género *Larus* son el mejor ejemplo conocido de especies
con distribución en forma de anillo. Observando la distribución geográfica
de estas gaviotas alrededor del círculo polar, originada tras sucesivas
migraciones, se ha percibido que, al movernos alrededor del círculo polar,
las gaviotas tienden a ser ligeramente diferentes a las que les preceden o
siguen. Las especies cercanas se cruzan entre sí (se puede hibridar), ya que
son muy parecidas. Las dos gaviotas de la foto son *Larus argentatus* y *Larus
fuscus*, dos especies tan distintas que no pueden reproducirse entre sí, pero
cuentan con toda una serie de especies intermedias que sí lo hacen.
Foto: Tomasz Sienicki, Wikimedia Commons.

de las dos muestras y ver cómo interactúan. Un ejemplo así
ya ocurre con el ciervo rojo (*Cervus elaphus*) y el ciervo del
padre David (*Elaphurus davidianus*): dos especies pertenecientes a
diferentes géneros. En la naturaleza, estas dos especies tienen
áreas de distribución no solapante (la primera es una especie
europea, y la segunda asiática) por lo que nunca se encuentran,
pero en cautiverio se pueden cruzan y producen descendencia
fértil.

Un ejemplo más que demuestra cómo nuestro concepto de
especie puede ser lábil: las especies con distribución en forma
de anillo. Se trata de poblaciones distribuidas alrededor de una
barrera ambiental infranqueable. Las poblaciones adyacentes
presentan unas diferencias muy pequeñas, por lo que pueden
reproducirse entre sí. Muchas de estas especies son en realidad
razas o subespecies, morfológicamente distintas, pero que pueden cruzarse entre sí, mientras que las especies de los extremos
opuestos del anillo pueden haber acumulado tanta variabilidad
que ya no pueden cruzarse. Dos poblaciones se definen como

especies distintas cuando están reproductivamente aisladas, o no pueden cruzarse entre sí.

La definición de especie, por lo tanto, sería mejorada de esta forma: una especie es un grupo de organismos que se reproducen entre sí y están reproductivamente aislados de otros grupos de organismos. La especie correspondería a un acervo genético que no intercambia genes con otros acervos genéticos (otras especies). Esta definición concuerda con la idea de la evolución de los acervos o reservorios genéticos: al producirse un intercambio libre de genes entre individuos, el grupo es una única unidad evolutiva, que evoluciona de forma independiente de otras unidades evolutivas (otras especies), mantiene la homogeneidad intraespecífica, y permite la evolución de genes que interactúan de forma coordinada en el genoma. En esta definición, no hay cabida para el nivel de parecido fenotípico.

Y esta es la definición de especies más utilizada actualmente, aunque sigue lejos de ser perfecta. De hecho, es difícil de aplicar directamente en numerosas plantas y animales que hibridan mucho. Además, ¿cómo la usamos para los organismos que no tienen reproducción sexual, como las bacterias? Las bacterias se clasifican por especies, géneros, familias y órdenes, según sus caracteres comunes, ordenados jerárquicamente. Se usan criterios morfológicos, funcionales, y también estudios de filogenia molecular basados en el contenido de guanina, citosina y las homologías entre los diversos ADN.

93

¿Cómo se crea una especie nueva?

Como sabemos, cada año se descubren especies nuevas. La cuestión aquí es determinar cuáles son los mecanismos que, en un momento dado, se ponen en marcha para que de una especie se produzca otra.

Examinando el registro fósil, los biólogos evolutivos han descubierto dos diferentes modos de especiación. Una sola especie puede transformarse en una especie diferente a lo largo de muchas generaciones (anagénesis o evolución filética) o bien una especie se puede dividir en dos o más especies (cladogénesis). En la anagénesis, los caracteres de las especies cambian debido a factores evolutivos neutros y a factores de adaptación al medio que desencadenan un proceso de selección natural, y como resultado aparecen nuevas especies (o si se prefiere, la vieja especie se convierte en una nueva) mejor adaptadas a vivir en su entorno.

La cladogénesis, por otra parte, es seguramente el mecanismo más común de especiación. Si entendemos las especies como un árbol, la cladogénesis, más que un mecanismo de ramificación (como generalmente se describe), es un proceso de formación de yemas, en el que una sola especie se subdivide en la especie original y en una nueva especie con características distintas, rasgos que impiden a la nueva especie cruzarse con la especie original.

Por lo tanto, la divergencia de una especie en dos o más especies distintas es la forma de especiación más común y, dependiendo de la ubicación geográfica de las poblaciones que están evolucionando, se distinguen varias modalidades de especiación: alopátrica, parapátrica y simpátrica.

La especiación alopátrica (del griego *állos*, 'diferente', y del latín *patria*, 'la tierra de los padres') es probablemente la forma más común de divergencia de una especie. Ocurre cuando algunos miembros de una especie se separan geográficamente del resto. Por ejemplo, puede surgir una cadena montañosa que subdivide una región en dos, o una población puede verse aislada por el lento avance de un glaciar. Cuando dos poblaciones de individuos de la misma especie se encuentran en estado de aislamiento, las nuevas condiciones ambientales favorecen la selección de nuevos cambios genéticos (en cada grupo por separado). Si el aislamiento persiste durante un período suficiente, los individuos de cada población ya no serán capaces de cruzarse entre sí, se habrán formado dos especies distintas.

Un ejemplo típico de especiación alopátrica viene representado por dos especies estrechamente relacionadas de roedores que pertenecen al género *Ammospermophilus*, que ocupan los lados opuestos del gran cañón del Colorado. En el lado sur del cañón está presente la *Ammospermophilus harrisi*, mientras que la especie estrechamente relacionada *Ammospermophilus leucurus* se halla en el lado norte. Es de suponer que las dos especies evolucionaron a partir de una sola especie que existía antes de la formación del cañón.

En la base de todos los modelos de especiación está el aislamiento reproductivo. Los diferentes modelos varían en función de la forma en que se produzca este aislamiento: la alopatría implica una barrera geográfica que separa dos poblaciones; mientras que el aislamiento reproductivo peripátrico se produce por el «efecto fundador», esto es, la migración de un pequeño grupo de la población a un territorio aislado. En la especiación parapátrica y simpátrica, la separación geográfica no es completa (parapátrica), o no existe (simpátrica), y el aislamiento genético se produce por la reducción del flujo de genes en las regiones donde las especies pueden cruzarse, o por eventos drásticos de poliploidías en el genoma. Imagen de Ilmari Karonen, Wikimedia Commons.

La especiación parapátrica (del griego *pará*, 'cerca', y del latín *patria*, 'la tierra de los padres') puede ocurrir cuando los miembros de una especie están solo parcialmente separados. Por ejemplo, una cadena montañosa puede dividir una especie en dos poblaciones, pero a su vez presentar interrupciones a través de las cuales los dos grupos están conectados físicamente. En estas zonas de contacto, los miembros de las dos poblaciones pueden cruzarse entre sí, aunque esto solo ocurre en raras ocasiones.

La especiación parapátrica puede suceder también en ausencia de aislamiento geográfico, simplemente porque algunos organismos son tan sedentarios que tan solo cien o mil metros son suficientes para limitar el cruce entre grupos vecinos (pensemos, por ejemplo, en las plantas o los caracoles). Para que ocurra esta especiación, la cantidad de flujo génico en las zonas donde las poblaciones pueden cruzarse (las zonas de hibridación) debe ser muy limitada. En otras palabras, deben resultar selectivamente desfavorecidos los descendientes producidos en la zona de hibridación.

Por último, la especiación simpátrica (del griego *sýn*, 'junto a', y del latín *patria*, 'la tierra de los padres') tiene lugar entre poblaciones que ocupan el mismo hábitat. En las plantas, por ejemplo, la especiación simpátrica ocurre comúnmente a través de la formación de poliploides (ver pregunta 6, «¿Cuál es la especie con más genes?»). Es decir, la duplicación de los cromosomas por la unión entre gametos derivados de una meiosis en la que no se ha producido una correcta separación del material genético. La formación de un poliploide (rara en animales) puede causar aislamiento reproductivo de forma repentina.

En todos los mecanismos descritos, la formación de una nueva especie implica siempre el aislamiento reproductivo, es decir, la posibilidad de que dos especies relacionadas coexistan sin que se produzca flujo génico. Esto es esencial, y se produce como consecuencia de varios mecanismos, agrupados en dos categorías: las barreras reproductivas prezigóticas y las postzigóticas; dependiendo de que los mecanismos que impiden el cruce entre individuos de especies o poblaciones ocurran antes de la fecundación (prezigóticos) o después (postzigóticos).

Las barreras prezigóticas pueden ser de varios tipos: los individuos de diferentes especies, a pesar de vivir en la misma zona geográfica, pueden elegir diferentes hábitats en los que vivir y aparearse; o tienen períodos reproductivos desfasados; o su fecundación puede estar impedida por diferencias en el tamaño o la forma de los órganos reproductivos, o la incapacidad de los espermatozoides de una especie de adherirse a los óvulos de la otra. A veces, también se produce un aislamiento comportamental, cuando los individuos de una especie no reconocen (o no aceptan) como parejas sexuales a los individuos de la otra.

Las barreras postzigóticas, sin embargo, se deben a diferencias genéticas acumuladas durante el aislamiento que pueden reducir la supervivencia y el potencial reproductivo de los híbridos de diversas maneras (reducción de la vitalidad del cigoto, reducción de la vitalidad del adulto, o la esterilidad de los híbridos, por ejemplo).

La selección natural no favorece la evolución de las barreras postzigóticas directamente, pero sí puede fomentar la evolución de las barreras prezigóticas, cuando la descendencia híbrida está menos adaptada al medio y, por tanto, tiene menos posibilidades de sobrevivir.

94

¿Pueden reproducirse dos especies distintas?

En biología, se denomina híbrido al cruce entre dos especies (o subespecies) diferentes. En el mundo animal, los híbridos no son muy comunes, pero siempre son interesantes: está el ligre (cruce de león y tigre, el felino más grande que existe), el balfín (cruce de delfín y orca) o el cruce sin nombre entre oveja y cabra, apodado como «violador» por sus deseos sexuales incontrolables. Menos exótica, pero no menos extraordinaria, es la mula (fruto de la pasión entre burro y yegua). Esta, al igual que casi todos los híbridos animales, es estéril.

En las plantas, la historia cambia por completo. Los híbridos son muchos y a menudo inesperados. Muchos se sorprenderían al saber que la fresa es un híbrido. Nacida por casualidad hace dos siglos y medio, se convirtió en un éxito en todo el mundo gracias a sus grandes frutos y su resistencia a las bajas temperaturas. ¿Y qué hay del pomelo? También es un híbrido. Así como (aunque no lo crean) el limón y la naranja. Toda esta mezcla se debe al concepto bastante flexible que las plantas tienen de su material genético.

Al igual que todos los seres vivos, también las plantas tienen un ADN subdividido en rodillos más o menos grandes: los famosos cromosomas. En los seres humanos, el número de cromosomas es veintitrés ($n = 23$), cada uno de los cuales está presente en dos copias ($2n$), que hacen un total de cuarenta y seis cromosomas. Las plantas tienen generalmente menos cromosomas, pero casi siempre por duplicado (por lo tanto, también son $2n$). Para ellas, sin embargo, el número de copias tiene una importancia relativa, tanto que en algunas circunstancias puede suceder que los cromosomas se multipliquen como por arte de magia.

La cosa funciona más o menos así. Una célula que se quiere reproducir debe duplicar todos sus cromosomas para ser capaz de dar a la célula hija un material genético completo. Cuando la célula hija se separa de la madre, se queda con la mitad de sus cromosomas. En algunos casos, esto puede llegar a ser fatal: la célula hija roba, antes de separarse, todos los cromosomas, dejando a la célula madre sin restos de ADN, y condenada a un triste final. La célula hija, por su lado, se encuentra con un reparto cromosómico duplicado, que incluye su parte y la de la madre ($2n + 2n = 4n$). Esta situación, que sería fatal en una célula animal, no molesta tanto a una célula vegetal. La planta $4n$ desarrollada a partir de esa célula hija no solo vive bien, a menudo también desarrolla superpoderes: crece mejor, es más resistente, produce más frutas, y estas son más grandes.

En los animales esto es mucho más complicado. Los animales de especies distintas raramente se sienten atraídos entre sí, y las pocas veces que esto ocurre, es inusual que tengan descendencia. Sin embargo, hay casos raros de animales híbridos, y casos aún más raros de animales híbridos que son capaces de tener descendencia. La idea de que una mula, animal nacido a partir del apareamiento de una yegua y un burro, tenga un hijo propio se considera tan imposible, que los antiguos romanos utilizaban el dicho «cuando una mula de a luz» como metáfora de algo imposible; una expresión similar a nuestro dicho «cuando los cerdos vuelen», al dicho turco «cuando los peces suban a los árboles» o a la expresión nigeriana «cuando los pollos tengan dientes». No obstante, ¿es tan imposible que las mulas tengan descendencia?

Con el fin de reproducirse con éxito, dos animales tienen que producir células sexuales (gametos) viables. Las células normales en nuestro cuerpo tienen dos copias del genoma, una procedente del padre y otra de la madre. Si consideramos estas dos copias como dos barajas de cartas, una célula normal puede duplicar las dos barajas y luego dividirlas en dos células idénticas (proceso conocido como mitosis).

Las células de la línea germinal a partir de las que se forman los gametos funcionan de un modo diferente. También duplican las dos copias del genoma pero, antes de la división, mezclan algunas cartas del genoma materno con las del genoma paterno. Luego se dividen en cuatro nuevas células reproductoras, cada una de las cuales será portadora de una única copia del genoma.

El ligre es un cruce entre un león macho y una hembra de tigre. Estos cruces se han documentado solo en cautividad. De hecho, los leones y los tigres normalmente no comparten territorio y, por tanto, no son susceptibles de aparearse entre sí. Actualmente, solo existen casos de coexistencia entre ambas especies en el bosque de Gir, en India. Antiguamente coexistieron también en Persia y China. Los hábitos de las dos especies son muy diferentes, lo que también hace poco probable cualquier cruce de forma natural. El ligre es el felino más grande del mundo por tamaño; algunos ejemplares macho pueden alcanzar los 3,65 metros de longitud y cuatrocientos cincuenta kilogramos de peso. Se cree que esto sucede porque el tigre hembra no transmite ningún gen inhibidor del crecimiento, como ocurre en las leonas, y al no tener este gen, los ligres tienen una tasa de crecimiento mucho más alta.
Foto: Maxitup16, Wikimedia Commons.

Cuando el intercambio de cartas tiene lugar entre genomas de dos animales de la misma especie, estos se intercambian genes que se ocupan de las mismas funciones: por ejemplo, la carta que contiene los genes del color del pelo procedente de la madre se intercambia con la del padre; lo mismo con las que contienen los genes del color de los ojos, el tamaño de las piernas, y así sucesivamente.

En las células de los animales híbridos, como la mula, las dos barajas de cartas no son idénticas, y las cartas no están en el mismo orden, ya que provienen de animales distintos. Por lo tanto, durante la meiosis, una carta que contiene los genes para el color de los ojos se puede intercambiar con una que contiene los genes de las dimensiones de las piernas, o los genes para la formación de huesos con genes para la formación de los riñones.

Este proceso puede conducir a la producción de barajas totalmente desequilibradas, lo que hace que los gametos producidos por los animales híbridos no sean funcionales.

Sin embargo, por razones que aún no se comprenden totalmente, a veces es posible que un animal híbrido sea capaz de saltar el proceso de mezcla de cartas durante la meiosis, desechando el genoma del padre y creando nuevas células sexuales que contienen solamente el genoma de la madre. Este evento se ha observado, por ejemplo, en mulas hembras. En unos pocos casos documentados ha ocurrido que una mula produce óvulos que contienen solo el genoma proveniente de su madre, la yegua. Esto significa que los hijos de esta mula serán también sus hermanos, a nivel genético.

Así que, si bien es cierto que los cerdos no vuelan, por lo que sabemos, las mulas sí pueden dar a luz… aunque muy raramente.

95

¿Existen personas de color con el pelo rubio?

Alrededor de un cuarto de la población del archipiélago de las islas Salomón tiene dos características físicas, que generalmente se consideran incompatibles entre sí: la piel oscura y el pelo rubio dorado.

Esta extraña característica de los habitantes de Melanesia ha desconcertado desde hace años a los expertos en genética. La teoría más popular es que la causa se halla en los cruces con las poblaciones europeas (especialmente británicos y alemanes que colonizaron la zona), pero esto no explica por qué el color rubio se ha extendido tanto, dado que este rasgo, por lo general, es recesivo. Los habitantes locales, por su lado, insisten en que el pelo rubio es el resultado de una dieta rica en pescado y una exposición constante al sol, y que los extranjeros no han tenido nada que ver.

Investigaciones recientes, sin embargo, demuestran que la realidad es distinta. La causa podría encontrarse en una mutación genética aleatoria, lo que ha atraído la atención de los científicos. La idea de investigar esta posibilidad surgió cuando algunos antropólogos observaron que todas las personas rubias tenían exactamente el mismo tono de rubio, no existían variantes intermedias.

De hecho, el estudio de ADN de cuarenta y tres isleños rubios y cuarenta y dos isleños morenos reveló que, en el 26 % de los casos, el color rubio de los habitantes de Melanesia dependía de una mutación recesiva en el cromosoma 9, el gen que codifica para la enzima TYRP1 (proteína relacionada con tirosinasa 1). Esta proteína está implicada en la producción de melanina y en la determinación de la forma de melanosomas, estructuras del citoplasma de los melanocitos que almacenan este pigmento. La mutación identificada se produce por la sustitución del aminoácido cisteína por arginina, lo que hace que la proteína TYRP1 resultante exprese el color dorado del cabello. Se cree que este gen se extendió gracias al hecho de que la población vivía en islas muy pequeñas con una comunidad muy cerrada.

Por tanto, hace unos pocos miles de años, en las islas del archipiélago de Papúa Nueva Guinea, como Nueva Bretaña, hubo una mutación que dio lugar a la aparición del cabello rubio. Al tratarse de poblaciones pequeñas, el nuevo carácter se extendió más fácilmente, y después, cuando las poblaciones de Melanesia emigraron a otras islas, las personas rubias se repartieron por otros lugares, como las islas Salomón. Lo mismo había sucedido muchos años antes en el norte de Europa, donde hoy el pelo rubio, esta vez por selección natural, se ha convertido en el carácter dominante en Escandinavia y los países vecinos.

El pelo rubio de los habitantes de las islas Salomón no es, por tanto, debido a la selección natural de Darwin, sino que es el resultado de un evento al azar: una mutación producida en una población pequeña. Este fenómeno se llama deriva genética.

En las poblaciones de pequeñas dimensiones, la deriva genética —es decir, la reducción aleatoria de la frecuencia de un alelo— puede producir serias modificaciones en las frecuencias alélicas de las generaciones posteriores, que conducen a un tipo de evolución impredecible, al deberse totalmente al azar.

Además de ser producto de mutaciones, la deriva genética también puede ser causada por puro azar. Este fenómeno, de hecho, es mucho más común en la naturaleza de lo que generalmente se ha admitido, y se puede interpretar por medio de cálculos de probabilidad. Es bien sabido que si se tira una moneda un gran número de veces, las posibilidades de conseguir tantas caras como cruces es alto, y aumenta con el número de lanzamientos realizados. Por el contrario, si se lanza la misma moneda un número reducido de veces (por ejemplo, tres), la probabilidad de obtener tres caras o tres cruces consecutivamente, es decir, un resultado que se desvía del teórico, es mayor.

Para trasladar esto a lo que ocurre en la naturaleza, tomemos el ejemplo de una población que vive en una pequeña isla en el Pacífico, el atolón de Pingelap, en Micronesia. Hace siglos, apareció una mutación que impedía al ojo tener sensibilidad a los colores, solo podía ver en blanco y negro. Se trata de un defecto genético, con sus inconvenientes (produce una fuerte miopía y otros trastornos de la visión), pero estos no son tales como para determinar una auténtica desventaja selectiva. Por la noche, por ejemplo, a los afectados por esta acromatopsia —término médico para designar este defecto— pueden ver como quien tiene una visión normal.

Como resultado, la frecuencia de este gen en la población puede aumentar o disminuir, debido principalmente al azar, de generación en generación. En Pingelap, en 1775, un tifón dejó solo treinta supervivientes, uno de los cuales estaba afectado por esta forma de mutación. En los años sesenta, la frecuencia que determina esta enfermedad (incluyendo portadores sanos) era aproximadamente del 23 %, una frecuencia muy alta para una enfermedad genética.

En la deriva genética, por tanto, no se produce la supervivencia del más apto, sino del más afortunado. Y puede suceder que se pierdan alelos beneficiosos, con el consecuente aumento de la frecuencia de alelos perjudiciales.

96

¿Por qué en las islas hay especies tan singulares?

Que la evolución natural está influenciada por el efecto de la selección natural está ampliamente demostrado. Sin embargo, existen otros efectos que influyen en la dinámica evolutiva de las poblaciones y que pueden influir en la diferenciación de las especies. ¿Alguna vez se ha preguntado por qué en las islas encontramos especies tan singulares?

Pensemos, por ejemplo, en Australia: el canguro, el koala o el ornitorrinco son solo los casos más famosos de una diversidad biológica increíble. Existen especies absolutamente únicas que solo se encuentran en esta isla, y que parecen haber sufrido una presión selectiva totalmente diferente y particular.

Ya hemos visto cómo el aislamiento reproductivo es la base para la creación de nuevas especies, y una isla, *a priori*, parece ser de por sí un sitio ideal para provocar aislamiento y, por tanto, especiación (ver pregunta 93, «¿Cómo se crea una especie nueva?»). Pero ¿cómo es posible que los ejemplares de una especie puedan colonizar islas enteras?

La especiación alopátrica (causada por la separación geográfica) se puede generar no solo por la aparición de barreras geográficas (montañas, hielo, etc.), sino también por un segundo mecanismo, llamado efecto fundador, más rápido y frecuente. El efecto fundador se produce cuando un pequeño grupo de individuos migra a un nuevo lugar, geográficamente separado de la población principal. Por ejemplo, una tormenta puede empujar a un pequeño grupo de aves desde el continente a una isla lejana. En este caso, el intercambio genético entre la población de la isla y las poblaciones de tierra firme es muy raro, y en un intervalo relativamente breve de tiempo la población fundadora puede evolucionar por separado (ya que el ambiente de las islas es generalmente muy diferente al del continente).

La peculiaridad de este tipo de especiación radica en el hecho de que se origina a partir de un número muy pequeño de ejemplares. En la práctica, el efecto fundador es la pérdida de variabilidad genética que se produce cuando se establece una nueva población con un número muy pequeño de individuos, proveniente de una población original más amplia. A menudo se traduce en el hecho de que la nueva población se vuelve genéticao morfológicamente diferente a la población original.

Para entender mejor este concepto, imaginemos que un núcleo familiar compuesto solo por personas con el pelo rojo decide irse a vivir a una isla desierta, y que a partir de su asentamiento no vuelven a tener contacto con la gente del continente. Los descendientes de los fundadores derivarán de un patrimonio genético muy reducido (solo con genes para el cabello rojo) y la evolución de sus rasgos podrá desarrollarse solo en estos pocos genes. Es posible, de esta manera, que los tipos de color de pelo que encontremos en la isla sean fenotípicamente diferentes de los del continente, siendo esencialmente variaciones de un solo gen.

La cuestión es puramente estadística. Si un fenotipo está determinado por muchos genes, cada uno susceptible a mutaciones, los fenotipos de la población serán muchos, dado que las combinaciones posibles son muchas (la mutación en cada uno de los genes implicados introduce variabilidad). En una población grande, la selección natural y sexual favorecerá el fenotipo más adaptado al ambiente.

Sin embargo, en una población donde solo hay una variante de un gen, las mutaciones podrán actuar solo en ese gen, y el reducido número de individuos hará que la selección natural y sexual no tenga un papel muy importante en los cruces entre individuos, que al menos en el momento inicial serán obligados (si en la isla desierta solo hay cinco hombres y cinco mujeres, no tienen mucha capacidad de elección) y el azar (por ejemplo, la muerte de algún individuo por un accidente) tendrá un efecto crucial (la selección dictada por el azar se llama deriva genética).

Rara vez se puede observar el efecto fundador en la naturaleza, pero sabemos que existe porque, por ejemplo, las islas siempre se colonizan por nuevas especies. Lo que no está claro es cómo la selección natural y el efecto del fundador interactúan entre ellos.

Para estudiar el efecto fundador y analizar la forma en que interactúa con la selección natural, un grupo de investigadores dirigidos por Jason Kolbe realizó un interesante experimento en las pequeñas islas deshabitadas de las Bahamas. Kolbe y sus colegas recolectaron de forma aleatoria lagartos *Anolis marroni* de una gran isla cerca de Great Abaco, en las Bahamas, y luego liberaron parejas en cada una de las siete islas cercanas, donde la población de lagartos había sido destruida por un huracán reciente.

La isla de origen estaba cubierta por bosques, mientras que las otras islas tenían una vegetación baja y discontinua (matorrales). Las investigaciones anteriores habían descubierto que los lagartos *Anolis* que vivían en los bosques tenían las patas traseras más largas respecto a los lagartos que vivían en hábitats de matorrales. Los lagartos con extremidades largas podían así correr más rápido en las ramas del bosque, mientras que los que tenían patas más cortas estaban mejor adaptados para caminar en la vegetación baja.

Los científicos revisaron las siete islas durante los siguientes cuatro años, para medir la longitud de las articulaciones de los

Australia es considerado el reino de los marsupiales, ya que constituyen la mayor parte de las especies de mamíferos del país. Esto se atribuye principalmente al hecho de que, como resultado de la deriva de los continentes, Australia se aisló muy pronto del resto de tierra emergida, y en consecuencia las especies fueron «atrapadas», evolucionando independientemente. La presencia de unas pocas especies de mamíferos placentarios carnívoros, como el dingo, permitió a los marsupiales sobrevivir y prosperar. A partir de los antiguos ancestros de los marsupiales australianos se han desarrollado muchas formas distintas, ocupando diferentes hábitats. Es un fenómeno típico de radiación adaptativa.
Foto: Erik Veland, Wikimedia Commons.

lagartos, y recogieron muestras de tejido para su análisis genético. Todas las nuevas poblaciones sobrevivieron y crecieron un promedio de trece veces en los dos primeros años, antes de estabilizarse. Así pues, se observó un efecto fundador un año después del inicio del experimento, que había provocado algunas diferencias entre los lagartos en las siete islas.

Dado que la estructura de la vegetación en las islas era diferente de la de la isla de origen, los científicos habían predicho que la selección natural llevaría a los lagartos a desarrollar extremidades más cortas. En los siguientes cuatro años, los lagartos en todas las islas tuvieron una disminución en la longitud de las patas, que podía atribuirse a la selección natural. Y esta disminución se produjo de forma gradual, de manera que los lagartos que originariamente tenían las patas más largas seguían conservando las patas más largas que el resto. Esto demostraba que, tanto el efecto fundador como la selección natural estaban contribuyendo a crear estas diferencias.

El de Kolbe fue el primer estudio en observar este proceso de forma experimental en un entorno natural, y fue capaz de explicar los mecanismos evolutivos que suceden con el tiempo. El siguiente paso de la investigación será determinar por cuánto tiempo persiste el efecto fundador antes de ser eliminado por otros factores.

97

¿SE EXTINGUIERON TODOS LOS DINOSAURIOS?

¿Cuántas especies de dinosaurios existen?

Bueno, depende… si contamos solo las especies extintas serían unas mil conocidas actualmente, pero, contando los dinosaurios reales, hay alrededor de nueve mil más, así que se podría decir que diez mil en total. Probablemente el lector se esté preguntando qué queremos decir al hablar de dinosaurios actuales, pero si lo matizamos como «dinosaurios avianos» tal vez más de uno ya se habrá dado cuenta de que nos estamos refiriendo… a las aves.

¡Porque es así! El registro fósil y los estudios genéticos de las aves modernas convergen hoy en una sola dirección, y no es tanto que las aves sean descendientes de los dinosaurios, sino que ellas mismas han de considerarse como el único grupo de dinosaurios que ha sido capaz de superar la gran extinción ocurrida hace unos sesenta y seis millones de años, al final del período Cretácico.

Las aves evolucionaron a partir de los dinosaurios poco a poco, a lo largo de decenas de millones de años, para finalmente tomar vuelo hace unos ciento cincuenta millones de años: así lo confirma un estudio publicado en la revista *Current Biology*, que establece que los antepasados de las aves comenzaron a desarrollar rasgos aviarios hace doscientos treinta millones de años, casi contemporáneamente a la aparición de los propios dinosaurios.

Las aves tienen una amplia variedad de rasgos característicos, como el plumaje, los huesos huecos, el pico y la fúrcula (hueso en horquilla característico de estos animales). Hace un tiempo, los paleontólogos estaban convencidos de que el *Archaeopteryx* (considerada el ave más antigua) representaba una especie de salto evolutivo tras los dinosaurios. Los descubrimientos realizados en los últimos veinte años, sin embargo, han puesto de manifiesto como muchas de las características típicas de las aves ya habían evolucionado en los dinosaurios mucho antes de la aparición de las propias aves, acaecida hace unos ciento cincuenta millones de años.

Pero ¿qué ocurrió exactamente hace sesenta y seis millones de años? ¿Cómo es posible que desapareciera de repente (geológicamente hablando) casi el 70 % de las especies existentes? ¿Por qué se extinguieron los grandes reptiles que poblaban cielo y tierra, pero no los «dinosaurios avianos»?

Desde comienzos de los años ochenta, una de las teorías más aceptadas es sin duda la del meteorito. Una de las pruebas que apoyaba esta teoría fue la detección, en una zona de Italia central, de una capa de iridio. Esto supone un punto de inflexión (separación) en la secuencia estratigráfica presente en algunas rocas, concretamente entre las capas del Cretácico y las del Paleoceno, que es precisamente el momento en que los dinosaurios desaparecieron. El iridio es un mineral poco común en la corteza terrestre, pero abundante en otros planetas, de ahí la idea de que un cuerpo celeste impactando en nuestro planeta podría haber creado el desastre.

El cráter de Chicxulub, en la península de Yucatán (México), constituyó otra evidencia definitiva. El impacto producido a finales del Mesozoico dejó una gran cicatriz que reveló la existencia de un meteorito con un diámetro estimado de alrededor de doce kilómetros que, impactando a una velocidad de treinta kilómetros por segundo, podría haber causado una liberación de energía comparable a la causada por la explosión de todo el arsenal nuclear disponible en tiempos de la Guerra Fría.

Sin embargo, el meteorito fue solo el golpe final a un planeta que estaba ya poniéndose patas arriba debido a una intensa actividad volcánica. En la actual India, por ejemplo, se pueden ver muchos ejemplos de erupciones volcánicas sucedidas a final de la era mesozoica, que supuestamente provocaron un cambio

Las características anatómicas de *Archaeopteryx*, cuyo primer fósil fue
encontrado en 1860 y datado de hace ciento cincuenta millones
de años, han llevado a los paleontólogos a considerarlo el ave más
antigua y primitiva, es decir, perteneciente al clado *Avialae*. El reciente
descubrimiento de varios fósiles con características similares ha conducido
a la hipótesis de que todas estas familias de dinosaurios con plumas
deberían ser colocados en el clado *Deinonychosauria* ('lagartos de garras
terribles'). La transición evolutiva de los dinosaurios a las aves fue
acompañado de la expansión del cerebro: el tamaño y la estructura del
cerebro de *Archaeopteryx* son intermedios, lo que indica que esta especie
ocupa un punto pequeño en este largo camino filogenético. Imagen de
Daderot, Wikimedia Commons.

drástico en las condiciones climáticas debido a las continuas emi-
siones de CO_2 a la atmósfera.

Todo esto sucedió aproximadamente un millón de años antes
del impacto del meteorito (o meteoritos, porque al parecer en
diferentes latitudes se han descubierto también otros cráteres). Es
como si la Tierra se hubiera cansado de dinosaurios, pterosaurios,
etc., y hubiera ideado un plan mortal para acabar con ellos sin
ceremonias; un cambio drástico que, según algunos expertos,
habría comenzado incluso antes de estos impresionantes fenómenos geológicos y climáticos. De hecho, muchos científicos
sostienen que los dinosaurios (no avianos) ya habían entrado en

una fase de decadencia lenta e inexorable, y que su extinción se hubiera producido igualmente, con o sin volcanes y meteoritos, aunque es evidente que esta afirmación carece de pruebas concretas.

Lo que sí es cierto es que, a pesar de esta decadencia, se han encontrado y clasificado muchas especies del final del Cretácico (*Tyrannosaurus*, *Edmontosaurus*, *Pachycephalosaurus*, *Triceratops* y muchos más), por lo que, si un momento antes (siempre geológicamente hablando) de que los cambios climáticos comenzasen, todas estas especies proliferaron felizmente, es razonable pensar que se hubieran podido mantener durante bastante tiempo más en nuestro planeta... Quién sabe, tal vez ahora en lugar del perro, pasearíamos un *Velociraptor* (con un bonito bozal, claro).

Antes del impacto, los dinosaurios habrían dominado el reino animal por unos ciento sesenta millones de años, sobreviviendo incluso a otras extinciones en masa. Se cree que las aves actuales son sus únicos descendientes, y que sobrevivieron gracias a su capacidad de volar y habitar en nichos diversos, lo que los hizo capaces de pasar por el «cuello de botella» provocado por el desastre ambiental causado por el meteorito.

A la luz de todo estos datos, ¿conseguiremos cambiar nuestra visión de los dinosaurios para verlos como enormes pavos? Si el lector no nos cree, lo invitamos a observar las patas de las aves y pensar en las de los dinosaurios. Parecidas, ¿verdad?

98

¿ES CIERTO QUE TODAS LAS ANGUILAS DE EUROPA FORMAN UNA POBLACIÓN ÚNICA?

Las «cabezudas», anguilas hembras, son un plato típico en las fiestas de fin de año en Italia: se comen en Navidad y Nochevieja, incluso se dice que trae buena suerte comer un trozo de anguila antes de saludar al año nuevo. Las hembras, más grandes que los machos, pueden alcanzar una longitud de aproximadamente un metro, un peso medio de dos kilogramos (llegando incluso a los cinco o seis kilogramos, y al metro y medio), y vivir hasta los cincuenta años; mientras que los machos no suelen superar los cincuenta centímetros, con un peso de ciento cincuenta a doscientos gramos, y viven un máximo de quince años.

La anguila es un pez capaz de soportar diferencias de salinidad significativas: esta característica está ligada a sus hábitos migratorios. Además, es un depredador muy voraz: utiliza su excelente olfato para detectar invertebrados presentes en el fondo marino, peces, huevos de peces, crustáceos, gusanos e incluso anfibios.

Raramente es consumida por mamíferos y peces carnívoros, porque su sangre contiene una sustancia tóxica (la ictiotoxina) que actúa sobre el sistema nervioso y puede resultar también peligroso para los seres humanos si entra en contacto con heridas o llagas en la piel. Es un animal tímido que huye de la luz del sol, durante el día vive escondido en el lodo del fondo o entre la vegetación acuática. Al ponerse el sol, sale de su refugio en busca de alimento. Los antiguos griegos (incluidos Plinio y Aristóteles) creían que estas criaturas se reproducían por generación espontánea a partir del barro, o que nacían de las entrañas de la Tierra, porque nadie era capaz de ubicar el lugar donde nacían ni tampoco dónde morían, las anguilas simplemente «desaparecían» en otoño, cuando en las zonas de captura no quedaba ni rastro de ellas. Pero ¿dónde terminaban en realidad todas las anguilas europeas?

Su ciclo reproductivo, conocido recientemente, es una verdadera maravilla de la naturaleza. En otoño, las anguilas europeas abandonan las costas del Mediterráneo y del Atlántico, y comienzan un viaje de siete mil kilómetros hacia el oeste, hacia las aguas tropicales del mar de los Sargazos. Y es este, al sur de las islas Bermudas, el único lugar conocido en el mundo donde esta especie se reproduce.

El instinto de reproducción es tan fuerte que las anguilas que viven en lagos o estanques cerrados no dudan en salir del agua y alcanzar los ríos o mares, arrastrándose como serpientes. Para limitar los riesgos, lo hacen durante la noche, especialmente en condiciones de lluvia (lo que les permite evitar la deshidratación) y en ausencia de luna. Una vez en su camino hacia los Sargazos, dejan completamente de alimentarse, de forma que su aparato digestivo se atrofia. Después de la migración, todas las anguilas —ahora reducidas a cilindros de piel y huesos— se reproducen, para morir poco después. Y la guinda del pastel: tras la eclosión de los huevos, las pequeñas crías recién nacidas llevan a cabo la

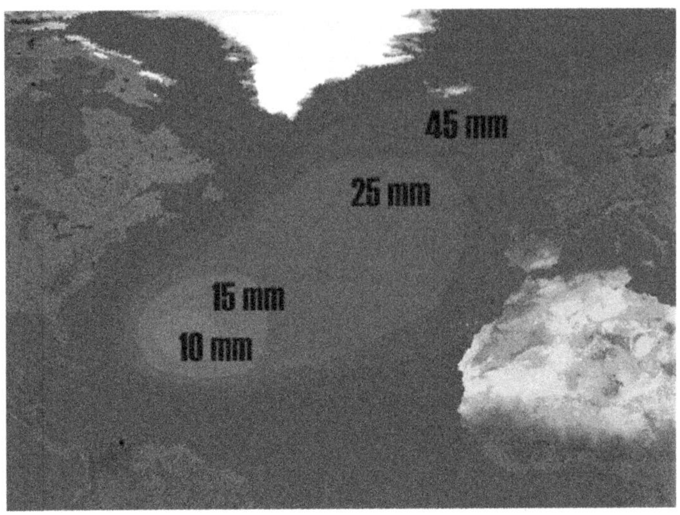

Esta figura muestra la variación del tamaño de las anguilas europeas durante su migración desde América a Europa. Todas las anguilas europeas, de hecho, nacen en el mar de los Sargazos, al sur de las Bermudas, como pequeñas larvas de tan solo diez milímetros. Las larvas se irradian por toda Europa gracias a las corrientes del Atlántico, y durante este largo viaje aumentan gradualmente de tamaño, al alimentarse de plancton. Una vez en los mares europeos, se establecen en ríos y lagos de agua dulce. Al alcanzar la madurez sexual, las anguilas (que pueden llegar a medir un metro y medio) se enfrentan al mismo viaje, esta vez contra la corriente, para volver al mar de los Sargazos, reproducirse y, exhaustas, morir. Imagen de Uwe Kils, Wikimedia Commons.

misma ruta tomada por sus madres para volver a Europa, necesitando unos tres años para completarla.

La anguila europea tiene, como se puede ver, una vida extraordinaria. Lleva a cabo una de las mayores migraciones que existen, un viaje contracorriente hecho por «amor», capaz de cruzar dos continentes. Un viaje todavía envuelto en misterio, ya que sigue siendo difícil explicar cómo hacen para no confundir direcciones y corrientes. Y este pez representa un caso muy raro en genética: una especie formada a partir de una única población.

Desde un punto de vista biológico, una población es un grupo de organismos de la misma especie que ocupan un área geográfica determinada, en la que pueden interactuar y aparearse libremente.

El elemento clave de una población es, por tanto, lo que se llama panmixia (cruzamiento aleatorio), esto es, las condiciones en las que cualquier individuo de un determinado grupo puede, potencialmente, cruzarse con cualquier otro individuo del sexo opuesto. Una especie no es casi nunca un grupo panmítico. Consideremos por ejemplo a los individuos de una especie de peces como el mújol, que vive en el mar Negro, y otros individuos de la misma especie que viven en el mar del Norte. Un macho del mar Negro y una hembra del mar del Norte (o viceversa) pueden generar descendencia fértil, pero la probabilidad de que este cruce ocurra realmente en la naturaleza es tan baja que puede despreciarse.

Los organismos que viven en zonas geográficas que no se comunican no contribuyen a la misma reserva genética y no evolucionan conjuntamente. La compatibilidad genética no es suficiente para asegurar un destino evolutivo común a todos los individuos de la misma especie. En la misma especie pueden, por tanto, existir poblaciones con diferentes destinos evolutivos. Las anguilas, reunidas todas en el mar de los Sargazos, sí que comparten el mismo espacio reproductivo, constituyendo una población mundial única.

99

CON TANTOS MOVIMIENTOS MIGRATORIOS, ¿ACABAREMOS SIENDO UNA RAZA ÚNICA?

Según un reciente análisis de datos genéticos mundiales, los humanos modernos salieron de África y colonizaron el planeta en una serie de pequeños pasos, en lugar de un flujo continuo. Sohini Ramachandran, de la Universidad de Stanford, y sus colegas estudiaron la información genética detallada de más de mil individuos de cincuenta y tres poblaciones de todo el mundo. Los investigadores encontraron una relación entre los genes y la distancia: cuanto menor era la distancia geográfica entre dos individuos cualesquiera (medida por las rutas migratorias originadas a partir de África), más parecido era su ADN. Además, la diversidad genética de las poblaciones resultaba mayor en África y menor en América, último continente alcanzado por las migraciones humanas.

Estos resultados confirman la teoría del efecto fundador serial, según la cual cada ola de migración afecta solo a un subconjunto de la población de la ola precedente (ver pregunta 96, «¿Por qué en las islas hay especies tan singulares?»). La diversidad genética se reduce después de cada ola, y las variaciones genéticas aleatorias en cada grupo fundador pueden influir fuertemente en la composición genética de la población en la que se asientan. La mayor parte de las variaciones genéticas observadas en las poblaciones humanas contemporáneas, según los investigadores, se deben probablemente a los flujos genéticos aleatorios derivados de estos «cuellos de botella» migratorios. La selección natural, si bien fue importante cuando los seres humanos se enfrentaron a entornos nuevos, es responsable de no más del 25 % de nuestras variaciones genéticas.

Debemos tener en cuenta que en aquellos días los humanos migraban a zonas vírgenes, que no estaban habitadas por otros seres humanos; en pocas palabras, la migración no implicaba la mezcla de los genes de los migrantes con los de la población ya presente sino que únicamente se creaba una separación de la población original. Y la separación, lo que los genetistas denominan aislamiento genético, es uno de los motores más potentes de la diversificación.

Por lo tanto, en la historia evolutiva de nuestra especie, han sido principalmente las migraciones las que han creado diversidad, facilitando la diversificación de las poblaciones. Poblaciones que, una vez establecidas en nuevos entornos, serían sometidas a presiones selectivas y adaptaciones específicas. Así se habrían diferenciado las coloraciones de la piel, el color del pelo y todos esos rasgos que caracterizan la gran variabilidad de los diferentes grupos étnicos.

Ahora bien, ¿sucede lo mismo con las migraciones que vivimos hoy en día? Actualmente, migrar no significa invadir un área nueva, sino que significa buscar mejores condiciones de vida —a menudo escapando del hambre o de la guerra—, perseguir los sueños y aspiraciones personales, para integrarse en otra sociedad preexistente.

La movilidad humana, hoy en día, nos afecta a todos, migrantes y nativos, y representa un componente importante de la creciente interdependencia entre las naciones. Migrar hoy significa necesariamente integrarse socialmente y, por lo tanto, también genéticamente con las otras poblaciones. Ya no tiene sentido diferenciarse, sino todo lo contrario, mezclarse. Cuando la gente viaja, también lo hacen sus genes y, en cierto modo, todos somos migrantes genéticos.

La migración de los individuos de una población a otra siempre ha dado lugar a la introducción de nuevos alelos en una población o al cambio de sus frecuencias. Este movimiento de alelos, determinado por la migración, se denomina flujo génico.

No obstante, cuando este flujo de genes es muy recurrente, se convierte en un elemento que disminuye la variabilidad. Los cruces frecuentes contribuyen de forma natural a hacer las frecuencias de los genes uniformes y, por lo tanto, la diversidad entre las poblaciones individuales disminuye. Pero esto no debe ser visto como una pérdida, por el contrario, se debe entender como una enorme riqueza, ya que significa compartir el propio patrimonio de polimorfismos, y enriquecer la gama de posibilidades genéticas.

Si es cierto, como parece, que un mundo donde viajar y conocer gente de todo el mundo va a ser lo más habitual, el futuro probablemente pasará por un planeta en que los ojos rasgados ya no serán una característica exclusiva de los asiáticos, o la piel oscura de las poblaciones africanas. E igualmente cierto es que esta riqueza genética nos hará más fuertes, aumentando las armas genéticas con las que podremos responder a los cambios en las condiciones ambientales.

Quiero subrayar aquí que este gran deseo de «contaminación genética» ha sido la fuerza más grande de la raza humana, que siempre ha tenido la flexibilidad y adaptabilidad al medio como su mejor activo. Esta característica de la especie humana, siempre propensa al desplazamiento, la convierte en una de las pocas especies en el mundo con una diversidad genética muy baja, en la que no tiene ningún sentido hablar de razas. ¡Las razas humanas no existen!

La confusión a este respecto proviene del hecho de que hay quien confunde las características morfológicas bien definidas presentes en los diversos grupos étnicos humanos, desarrollados para la adaptación al medio, con las razas. Pero entonces sería mejor hablar de etnias o pueblos, no de razas. Para hablar de «raza» debe existir una cantidad de genes diferentes, que nadie ha observado nunca entre los humanos (sin embargo, sí se han

Esta escultura moderna se encuentra en Trujillo, Extremadura, y está dedicada a Francisca Pizarro Yupanqui, hija del gran líder Pizarro, nativo también de Trujillo. Francisca Pizarro Yupanqui es considerada la primera mestiza de España; Pizarro la tuvo durante sus hazañas en Perú. De esta forma, el monumento está dedicado a los mestizos, personas de sangre mixta que mezclan los genes de dos o más razas. El mundo está cambiando, los matrimonios mixtos ya no son una rareza, y los hijos mestizos aumentan cada día. Muchas personas todavía tienen miedo de los cruces, las fusiones de los grupos étnicos, pero no deberían: el patrimonio genético se pierde antes si se queda en el pequeño círculo de la etnia. La hibridación, por el contrario, aumenta la cantidad de repartos genéticos, incrementa las probabilidades de heredar una dotación diversa, con menos repeticiones, haciéndonos más fuertes y más resistentes a las enfermedades.

observado en perros, monos, etc.). De hecho, en el ser humano se observa exactamente lo contrario: estudiando el patrimonio genético de personas que pertenecen a diferentes poblaciones, los biólogos han descubierto que cada uno de nosotros es diferente a los demás solo en una milésima parte de su ADN. Y, lo que es más importante, esta diminuta parte presenta más diferencias, por ejemplo, entre dos personas blancas o entre dos personas negras, que entre un individuo blanco y uno negro.

Por supuesto que existen diferencias, debido a la adaptación al ambiente y, sobre todo, hay muchas diferencias culturales. Pero estas diferencias son bastante similares a las que encontramos entre un rubio y un moreno (dentro del mismo grupo étnico), y nadie diría que el primero es de raza rubia y el segundo de raza morena. Si se quiere hablar de forma científicamente correcta, se debe utilizar el término «forma» y no «raza»: *Homo sapiens* de forma rubia, castaña, morena, albina, esquimal, africana, europea, etcétera.

Bien lo entendió Albert Einstein cuando llegó a los Estados Unidos y los empleados de inmigración le solicitaron que indicara a qué raza pertenecía. Sin dudarlo, escribió lo más correcto desde el punto de vista genético: «a la raza humana».

100

¿Se extinguirá el género humano?

Poca duda cabe de que nos dirigimos a toda velocidad hacia un gran colapso del ecosistema terrestre. Estamos destruyendo el clima y la biosfera, envenenando los mares, dispersando metales pesados por todas partes, y creando isótopos radiactivos que nunca habían existido en los cuatro mil millones de años de historia de la Tierra.

Pase lo que pase, no va a ser un espectáculo agradable para los que estén todavía vivos para verlo. Pero ¿ese futuro colapso ambiental significará el fin de la especie humana? Esto no se puede descartar; de hecho, la extinción de las especies es al parecer inevitable. Se han extinguido alrededor del 99 % de todas las especies que se estima han existido, y se cree que la cantidad actual de biodiversidad no tiene probablemente más de un millón de años de vida por delante.

Entonces, ¿es esto lo que debemos esperar para los próximos cien mil años? No necesariamente.

El hecho es que los seres humanos pueden evolucionar. Y pueden evolucionar rápidamente, cambiando sustancialmente en unos pocos miles de años. Prueba de ello es que nuestros ancestros evolucionaron. La idea de que seguimos siendo los mismos tipos que cazaban mamuts durante la edad de hielo requiere urgentemente una actualización. Somos similares a ellos, pero no somos los mismos, en absoluto.

Mucho nos ha pasado durante la transición de cazadores-recolectores a agricultores y ganaderos. Hemos perdido un 3-4 % de la capacidad craneal, muchos de nosotros nos hemos vuelto capaces de digerir leche, hemos desarrollado una resistencia a muchas enfermedades, y hemos adquirido la capacidad de vivir a base de una dieta que es muy diferente de la de los cazadores-recolectores. Estos cambios genéticos han sido el resultado de la necesidad de adaptarse a diferentes estilos de vida, y a una sociedad más compleja.

Por lo tanto, si el ser humano puede sobrevivir al «gran colapso» y continuar viviendo durante otros mil años, ¿cómo va a cambiar? Por supuesto, se trata de una cuestión difícil, pero podemos identificar al menos alguna tendencia. En particular, podemos imaginar que algunas de las tendencias actuales, que solemos ver como principalmente culturales, puedan quedar finalmente inscritas en el genoma humano.

Una cosa que podría suceder es que la raza humana sufra una especiación. Es decir, que pueda gradualmente dividirse en dos o más especies, tan diferentes entre sí que los miembros de una no puedan reproducirse con los de la otra. Ya hemos visto especializaciones considerablemente divergentes entre, al menos, tres grupos humanos diferentes: los cazadores-recolectores, los ganaderos y los agricultores. Cada una de estas tres ramas utilizaba diferentes nichos ecológicos/económicos y desarrolló adaptaciones culturales (en parte, también genéticas) a sus distintos estilos de vida. Extrapolando esta tendencia, en un futuro lejano se tendrían dos (o incluso tres) especies de homínidos que coexistirían en nuestro planeta, repitiendo una situación que era común hace mucho tiempo, cuando varios homínidos coexistieron. El *Neanderthal* y los *Sapiens*, de hecho, fueron contemporáneos y tenían capacidades (aunque muy limitadas) para reproducirse entre ellos.

Si el futuro llegara con más de una especie de *Homo*, entonces cada una se especializará y adaptará a su entorno de forma independiente. La evolución genética y cultural pasada de los seres humanos agrícolas consistió en el desarrollo de las características más sociales: un aumento en la capacidad de vivir en grandes grupos con categorías diferenciadas (agricultores, soldados, artesanos, etc.). Si la tendencia continúa, podríamos ver cómo algunas de estas características culturales son incorporadas en el genoma de la especie.

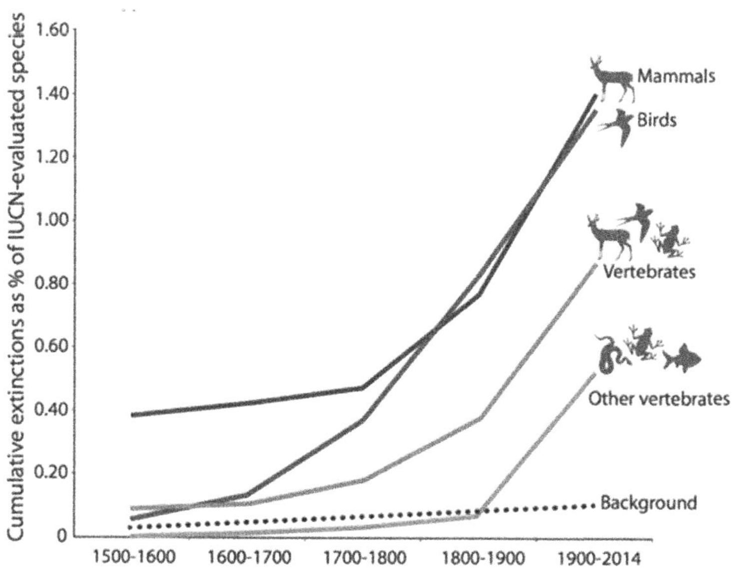

Está bastante claro que la extinción es un hecho casi inevitable. Alrededor del 99 % de las especies que han existido se han extinguido. Lo que nos debe preocupar realmente es el dramático aumento de la tasa de extinción que ha ocurrido en los últimos años a causa de la acción humana. Las actividades humanas en la Tierra provocan la desaparición de una especie cada diecisiete minutos, una tasa estimada que incrementa de cien a mil veces la tasa de extinción natural. Solo en las especies marinas, de las 35.000 especies de peces de agua dulce conocidas en todo el mundo, cientos de ellos han desaparecido a causa de las actividades humanas. Son estos datos preocupantes los que deberían hacernos reflexionar. Pero ¿está el ser humano capacitado para esta reflexión? Imagen de James Dyke, http://theconversation.com.

A largo plazo, incluso, podríamos ser testigos del nacimiento de una raza humana «eusocial», el mismo tipo de estructura social de las abejas, las hormigas o las termitas: una sociedad de obreros y soldados estériles, «reinas» que generan la mayor parte de los individuos, y machos casi inútiles (hay quien pensará que en esto ya hemos avanzado). No es imposible. Ya existen mamíferos cuya organización social es eusocial, uno de ellos es el topo de África central. Por lo tanto, tal vez el futuro de los seres humanos no implicará aparatos tecnológicos avanzados (que tanto nos gustan) sino, más bien, implicará una ingeniería social avanzada, con el desarrollo de una sociedad cada vez más eficiente y estratificada.

¿Es el futuro de la humanidad, por tanto, una colmena? Obviamente, no podemos afirmar esto, es solo una hipótesis fantástica. Probablemente, nuestros descendientes no tendrán coches voladores, ni naves espaciales, ni robots mayordomos que les traerán sus cócteles mientras se relajan en la piscina. Pero los poderes que conlleva la creación de una colmena humana podrían también ser impresionantes, incluso sin las tecnologías de nuestro tiempo. Tal vez la superinteligencia, que algunos consideran presente en nuestros ordenadores, pueda tener en realidad un aspecto propio de una organización humana eusocial.

Estas entidades superinteligentes, ¿evitarán los errores que cometimos nosotros? No lo podemos decir. Obviamente, esto es algo que ninguno de nosotros va a ver, pero el interés por el futuro es parte inherente del ser humano.

BIBLIOGRAFÍA RECOMENDADA

Se refieren a continuación una serie de obras bibliográficas que se han utilizado como referencia a la hora de escribir este libro. Todas ellas son libros de autores reconocidos en el mundo de la genética, que pueden servir al lector como fuente de información adicional y ampliación de conocimientos en este campo. Muchos de estos libros podrán resolver las dudas del lector más curioso. Y todos ellos se recomiendan a aquellos que quieran profundizar en el estudio de la genética en todas sus dimensiones.

BERG, P. y SINGER, M. (1992). *Dealing with Genes: The Language of Heredity*, University Science Book.

Este libro tiene como objetivo transmitir a los no especialistas la emoción y el significado de los recientes descubrimientos científicos relacionados con los genes, y las implicaciones innovadoras que se derivan de estos avances. Los capítulos introductorios trazan la trayectoria histórica y presentan distintos puntos de vista sobre la herencia, introduciendo el concepto de gen, cómo se transmiten los genes de una generación a la siguiente, de qué manera se determinan los rasgos en todos los organismos vivos, y cómo las alteraciones en los genes influyen en estos rasgos, causando enfermedades.

Brooker, Robert J. *Genetics. Analysis and Principles*. Estados Unidos: Addison Wesley Longman, 1999.

El texto de Robert J. Brooker ofrece un tratamiento completo y eficaz de la genética a través de la descripción y análisis crítico de resultados experimentales. El autor ofrece de esta manera la oportunidad de entender los principios de esta ciencia, valorando en paralelo el papel clave del método científico.

El texto presenta una visión equilibrada de las diferentes áreas de la genética. El lenguaje es claro, se articula en diversas secciones ordenadas y ofrece varias sugerencias de razonamiento a los lectores, lo que los llevará sin duda a formular preguntas científicas apropiadas.

Brown, T. A. *Genomes 3*. Oxford: Wiley-Liss, 2007.

Este libro cubre todos los aspectos de la genética molecular, desde los conceptos básicos hasta la expresión del genoma y la filogénesis molecular. *Genomes 3* es un texto pionero que pone los genomas, en lugar de los genes, en el centro de la genética molecular. Es un compañero valioso para todos los estudiantes durante sus estudios en el campo de la genética molecular.

Choudhuri, S. *Bioinformatics for Beginners*. Estados Unidos: Academic Press, 2014.

Una obra útil para los lectores que quieran aprender los principios necesarios para comprender las bases teóricas de los análisis bioinformáticos. El libro demuestra, con ejemplos, este análisis a través de la utilización de las fuentes disponibles y de un *software* basado en la web, así como las bases de datos accesibles al público. El libro también permite a un lector inexperto realizar búsquedas informáticas sencillas, simplemente usando su ordenador personal.

Maddox, B. *Rosalind Franklin: The Dark Lady of DNA*. Reino Unido: HarperCollins Publishers, 2003.

Muchas mujeres —científicas, artistas, escritoras— que han hecho cosas notables han sido olvidadas, sin lograr tener en vida el mérito merecido por su trabajo. Una de ellas es Rosalind Franklin, cuya importante labor pionera sobre la estructura del ADN no ha dejado huella: la estructura del ADN ha tomado el nombre de «doble hélice de Watson y Crick», a quienes se les otorgó el Premio Nobel por ello. El libro de Brenda Maddox permite conocer y hacer justicia a esta formidable científica.

PIERCE, A. B. *Genética. Un Enfoque Conceptual.* Madrid: Editorial Médica Panamericana, 2012.

Obra interesante para los lectores que, sin tener una base previa, deseen adquirir nociones sobre los principios básicos de la genética. El libro usa un lenguaje accesible a todos los públicos, y hace uso de ejemplos ligados a la vida cotidiana para explicar los mecanismos que están en la base de la herencia.

RUSSEL, P. J. *Genetics.* Nueva York: HarperCollins College Publisher, 1996.

Un gran clásico para quien quiera aprender de genética. Didáctico, sencillo, claro y exhaustivo. El lector que busque una aproximación sencilla y completa a esta materia no puede prescindir de este libro.

WATSON, J. D. *Pasión por el ADN.* Barcelona: Editorial Crítica, 2002.

Pasión por el ADN es un libro de ensayos que recoge los artículos escritos por el premio Nobel James Watson entre 1971 y 2001, divididos en cinco bloques temáticos: vuelos autobiográficos, las disputas sobre el ADN recombinante, el *ethos* de la ciencia, la guerra contra el cáncer y, por último, las implicaciones sociales del Proyecto Genoma Humano. Los ensayos autobiográficos están escritos con un estilo vivo y emocionante.

WATSON, J. D., GILMAN, M. y WITKOWSKY, Z. M. *Recombinant DNA.* Nueva York: W.H. Freeman and Company, 1992.

Obra fundamental para los lectores interesados en profundizar en los temas relacionados con la ingeniería genética. El libro trata de genética, biología molecular y bioquímica desde el punto de vista unificador del ADN recombinante, es decir, el conjunto de técnicas de clonación, análisis y manipulación de los genes gracias a los que la biología ha descompuesto la complejidad de los seres vivos en sistemas relativamente sencillos. La aproximación experimental del libro ofrece un punto de vista alternativo a la aproximación descriptiva que generalmente encontramos en los libros de genética clásicos.

BIBLIOGRAFÍA CONSULTADA

Además de los libros señalados previamente, para la redacción de esta obra se ha hecho uso de una serie de referencias bibliográficas, tanto libros como revistas científicas, que se detallan en las páginas siguientes.

AMADOR-MEDINA, L. F. y VARGAS-RUÍZ, A. G. «Hemophilia». En: *Revista Médica del Instituto Mexicano del Seguro Social*, 2013; n.º 51 (6): 638-643.

ANDERSON, K. G. (2017), «Establishment of Legal Paternity for Children of Unmarried American Women: Trade-Offs in Male Commitment to Paternal Investment». En: *Human Nature*, 2017; n.º 28 (2): 168-200.

ANTONARAKIS, S. E. «Chromosome 21: from sequence to applications». En: *Current Opinion in Genetics and Development*, 2001; n.º 3 (11): 241-246.

ANTONARAKIS, S. E., LYLE, R., DERMITZAKIS, E. T. *et al.* «Chromosome 21 and down syndrome: from genomics to pathophysiology». En: *Nature Reviews Genetics*, 2004; n.º 10 (5): 725-38.

ANTONARAKIS, S. E., LYLE, R., DEUTSCH, S. *et al.* «Chromosome 21: a small land of fascinating disorders with unknown pathophysiology». En: *The International Journal of Developmental Biology*, 2002; n.° 1 (46): 89-96.

McCLINTOCK, B. *Autobiografía de Barbara McClintock.* Disponible en: nobelprize.org [Consultado el 13/10/2016]

AVISE, J. C. y AYALA, F. J. *In the Light of Evolution (Volume III): Two Centuries of Darwin.* Washington D. C.: The National Academies Press, 2009.

BAGYINSZKY, E., YOUN, Y. C., AN, S. S. *et al.* «Mutations, associated with early-onset Alzheimer's disease, discovered in Asian countries». En: *Journal of Clinical Interventions in Aging*, 2016; n.° 11: 1467-1488.

BERMEJO-PAREJA, J., BENITO-LEÓN, J., VEGA, S. *et al.* «Incidence and subtypes of dementia in three elderly populations of central Spain». En: *Journal of the Neurological Sciences*, 2008; n.° 264, 1-2: 63-72.

BEYE, M., HASSELMANN, M., FONDRK, M. K. *et al.* «The gene CSD is the primary signal for sexual development in the honeybee and encodes an SR-type protein». En: *Cell*, 2003; n.° 114, supl. 4: 419-429.

BONIFATI, V. «Autosomal recessive parkinsonism». En: *Parkinsonism and Related Disorders*, 2012; n.° 18, supl. 1: S4-S6.

CACACE, R., SLEEGERS, K. y VAN BROECKHOVEN, C. «Molecular genetics of early-onset Alzheimer's disease revisited». En: *Alzheimer's and Dementia*, 2016; n.° 12, supl. 6: 733-48.

CALLAWAY, E. «Dolly at 20: The inside story on the world's most famous sheep». En: *Nature*, 2016; n.° 534 (7609): 604-608.

CALOGERO, A. E., GIAGULLI, V. A., MONGIOÌ, L. M. *et al.* «Klinefelter syndrome: cardiovascular abnormalities and metabolic disorders». En: *Journal of Endocrinological Investigation*, 2017; n.° 40: 705-712.

CHENG, N., RHO, J. M. y MASINO, S. A. «Metabolic Dysfunction Underlying Autism Spectrum Disorder and Potential

Treatment Approaches». En: *Frontiers in Molecular Neuroscience*, 2017; n.° 10, pt. 2: 34.

Colvin, B. T., Astermark, J., Fischer, K. *et al.* «European principles of haemophilia care». En: *Haemophilia*, 2008; n.° 14 (2): 361-374.

Conko, G., Miller, H. I. *Il cibo di Frankenstein. La rivoluzione biotecnologica tra politica e protesta.* Turín: Lindau, 2007.

De la Cierva, R. *Victoria Eugenia, el veneno en la sangre.* Barcelona: Planeta, 1992.

De Neve, J. E. «Functional polymorphism (5-HTTLPR) in the serotonin transporter gene is associated with subjective well-being: evidence from a US nationally representative sample». En: *Journal of Human Genetics*, 2011; n.° 56 (6): 456-459.

Dokal, I. «Dyskeratosis congenita. A disease of premature ageing». En: *The Lancet Supplement*, 2001; n.° 358: S27.

Dorszewska, J., Prendecki, M., Oczkowska, A. *et al.* «Molecular Basis of Familial and Sporadic Alzheimer's Disease». En: *Current Alzheimer Research*, 2016; n.° 13 (9): 952-963.

Eiberg, H., Troelsen, J., Nielsen, M. *et al.* «Blue eye color in humans may be caused by a perfectly associated founder mutation in a regulatory element located within the HERC2 gene inhibiting OCA2 expression». En: *Human Genetics*, 2008; n.° 123 (2): 177-187.

Engdahl, W. E. *Agri-business. I semi della distruzione: dal controllo del cibo al controllo del mondo.* Bolonia: Arianna, 2010.

Fowler, J. H., Settle, J. E. y Christakis, N. A. «Correlated genotypes in friendship networks». En: *Proceedings of the National Academy of Sciences of the United States of America*, 2011; n.° 108 (5): 1993-1997.

Forestiero, S. *La genética.* Disponible en http://www.scienze.uniroma2.it/wp-content/uploads/2009/03/download-gen.pdf [Consultado el 24/09/2016]

Gallo, R. C. y Montagnier, L. «The discovery of HIV as the cause of AIDS». En: *New England Journal of Medicine*, 2003; n.º 349 (24).

García-Sancho, M. «Animal breeding in the age of biotechnology: the investigative pathway behind the cloning of Dolly the sheep». En: *History and Philosophy of the Life Sciences*, 2015; n.º 37 (3); 282-304.

Gardiner, K. y Davisson, M. «The sequence of human chromosome 21 and implications for research into Down syndrome». En: *Genome Biology*, 2000; n.º 1 (2).

Gayen, D., Ghosh, S., Paul, S. *et al.* «Metabolic Regulation of Carotenoid-Enriched Golden Rice Line». En: *Frontiers in Plant Science*, 2016; n.º 7: 1622.

Giri, M., Zhang, M. y Lü, Y. «Genes associated with Alzheimer's disease: an overview and current statu». En: *Journal of Clinical Interventions in Aging*, 2016; n.º 11: 665-681.

Gulcher, J., Kong, A. y Stefansson, K. «The genealogic approach to human genetics of disease». En: *International Journal of Cancer*, 2001; n.º 7 (1): 61-67.

Gurdon, J. B. «Nuclear transplantation, the conservation of the genome, and prospects for cell replacement». En: *The FEBS Journal*, 2017; n.º 284 (2): 211-217.

Heilmann-Heimbach, S., Hochfeld, L. M., Paus, R. *et al.* «Hunting the genes in male-pattern alopecia: how important are they, how close are we and what will they tell us?». En: *Experimental Dermatology*, 2016; n.º 25 (4): 251-257.

Herraiz, C., García-Borrón, J. C., Jiménez-Cervantes, C. *et al.* «MC1R signaling. Intracellular partners and pathophysiological implications». En: *Biochimica et Biophysica Acta*, 2017.

Kamaraj, B. y Purohit, R. «Mutational analysis of oculocutaneos abinism, a compact review». En: *BioMed Research International*, 2014; 905472.

Kelly, E. B. *Encyclopedia of human genetics and disease*. California: Greenwood, 2013.

Kimmelman, J. «Recent developments in gene transfer: risk and ethics». En: *British Medical Journal*, 2005; n.° 330 (7482): 79-82.

Kumar, J., Kumar, M., Pandey, R. *et al.* «Physiopathology and Management of Gluten-Induced Celiac Disease». En: *Journal of Food Science*, 2017; n.° 82 (2): 270-277.

Lane, M., Robker, R. L. y Robertson, S. A. «Parenting from before conception». En: *Science*, 2014; n.° 345 (6198): 756-760.

Lazzaroni, F., Del Giacco, L., Biasci, D. *et al.* «Intronless WNT10B-short variant underlies new recurrent allele-specific rearrangement in acute myeloid leukaemia». En: *Scientific Reports*, 2016; n.° 6: 37201.

Lopez, G. y Sidransky, E. «Autosomal recessive mutations in the development of Parkinson's disease». En: *Biomarkers in Medicine*, 2010; n.° 4 (5): 713-721.

Many, N. y Biedermann, L. (2016) «Adult Celiac Disease». En: *Praxis*, 2016; n.° 105 (14): 803-810; quiz 809-812.

Mingot-Castellano, M. E., Núñez, R. y Rodríguez-Martorell, F. J. «Acquired haemophilia: Epidemiology, clinical presentation, diagnosis and treatment». En: *Medicina Clínica*, 2017; n.° 148 (7): 314-322.

Morgan, A., Fisher, S. E., Scheffer, I. *et al.* (2016), FOXP2 Related Speech and Language Disorders, Pagon RA, Adam MP, Ardinger HH, Wallace SE, Amemiya A, Bean LJH, Bird TD, Ledbetter N, Mefford HC, Smith RJH, Stephens K, editors. GeneReviews® [Internet]. Seattle (WA): University of Washington, Seattle; 1993-2017.

Moriano-Gutiérrez, A., Colomer-Revuelta, J., Sanjuan, J. *et al.* «Environmental and genetic variables related with alterations in language acquisition in early childhood». En: *Revista de Neurología*, 2017; n.° 64 (1): 31-37.

Park, J. S., Blair, N. F. y Sue, C. M. (2015), «The role of ATP13A2 in Parkinson's disease: Clinical phenotypes and molecular mechanisms». En: *Movement Disorders*, 2015; n.º 30 (6): 770-779.

PORTIN, P. «The elusive concept of the gene». En: *Hereditas*, 2009; n.º 146: 112-117.

PRESCIUTTINI, S. *Tre parole chiavi della genetica, Genetica delle popolazioni, 2011-12*. Disponible en: http://statgen.dps. unipi.it/courses_file/GdP/2012/01-GeneLocusAllele.pdf [Consultado el 24/09/2016]

ROBERT, F. *Service, synthetic microbe lives with fewer than 500 genes*. Disponible en http://www.sciencemag.org/ news/2016/03/synthetic-microbe-lives-less-500-genes [Consultado el 19/12/2016]

ROVELET-LECRUX, A., HANNEQUIN, D., RAUX, G. *et al.* «APP locus duplication causes autosomal dominant early-onset Alzheimer disease with cerebral amyloid angiopathy». En: *Nature Genetics*, 2005; n.º 38: 24-26.

RUBIO, M. J. *Reinas de España. Siglos XVIII al XXI. De María Luisa Gabriela de Saboya a Letizia Ortiz*. Madrid: La Esfera de los Libros, 2009.

SALA, F. *Gli ogm sono davvero pericolosi?* Roma: Laterza, 2005.

SANDER, J. D. y JOUNG, J. K. «CRISPR-Cas systems for editing, regulating and targeting genomes». En: *Nature Biotechnology*, 2014; n.º 32 (4): 347–355.

SAMMUT, M., COOK, S. J., NGUYEN, K. C. *et al.* «Glia-derived neurons are required for sex-specific learning in C. Elegans». En: *Nature*, 2015; n.º 526 (7573): 385-390.

SAWINSKA, M. y LADON, D. «Mechanism, detection and clinical significance of the reciprocal translocation t(12;21) (p12;q22) in the children suffering from acute lymphoblastic leukaemia». En: *Leukemia Research*, 2004; n.º 28 (1): 35-42.

SCHROEDER, A. L., METZGER, K. J., MILLER, A. *et al.* «A Novel Candidate Gene for Temperature-Dependent Sex Determination in the Common Snapping Turtle». En: *Genetics*, 2016; n.º 203 (1): 557-571.

Shaw, G. M., Broder, S., Essex, M. *et al.* «Human T-cell leukemia virus: its discovery and role in leukemogenesis and immunosuppression». En: *Advances in Internal Medicine*, 1984; n.° 30: 1-27.

Spinelli, C., Strambi, S., Piccini, L. *et al.* «BRCA1 gene variant p.P142H associated with male breast cancer: a two-generation genealogic study and literature review». En: *Familial Cancer*, 2015; n.° 14 (4): 515-519.

Stefánsson, H., Thorgeirsson, T. E., Gulcher, J. R. *et al.* «Neuregulin 1 in schizophrenia: out of Iceland». En: *Molecular Psychiatry*, 2003; n.° 8 (7): 639-640.

Sybert, V. P. y McCauley, E. «Turner's syndrome». En: *The New England Journal of Medicine*, 2004; n.° 351 (12): 1227–1238.

Watson, J. D. y Crick, F. H. «Molecular structure of nucleic acids; a structure for deoxyribose nucleic acid». En: *Nature*, 1953; n.° 171 (4356): 737-738.

Weiss, R. «Cloning yields human-rabbit hybrid embryo». En: *The Washington Post*, 14 de agosto de 2003.

—, «U.S. Denies Patent for a too-human hybrid». En: *The Washington Post*, 13 de febrero de 2005.

Wolf Horrell, E. M., Boulanger M. C. y D'Orazio J. A. «Melanocortin 1 Receptor: Structure, Function, and Regulation». En: *Frontiers in Genetics*, 2016; n.° 7: 95.

Yang, X. y Xu, Y. «Mutations in the ATP13A2 Gene and Parkinsonism: A Preliminary Review». En: *BioMed Research International*, 2014; 371256.

Yu, N., Kruskall, M. S., Yunis, J. J. *et al.* «Disputed maternity leading to identification of tetragametic chimerism». En: *New England Journal of Medicine*, 2002; n.° 20, vol. 346: 1545-1552.

Zhang, W., Jiao, B., Zhou, M. *et al.* «Modeling Alzheimer's Disease with Induced Pluripotent Stem Cells: Current Challenges and Future Concerns». En: *Stem Cells International*, 2016; 7828049.

Made in the USA
Monee, IL
07 July 2026